基本電學(下)

Introductory Electric Circuit Analysis

David E. Johnson & Johnny R. Johnson　原著

余政光・黃國軒　編譯

全華科技圖書股份有限公司　印行

INTRODUCTORY ELECTRIC CIRCUIT ANALYSIS

David E. Johnson
and
Johnny R. Johnson
Department of Electrical Engineering
Lousiana State University

Prentice-Hall International, Inc.

原　序

這是一本專門寫給電路初學者研讀的教科書，研讀此書不需先具有電學的知識。至於數學課程讀者僅需有代數的基礎即可，如果有複數及三角的知識，於讀此書時，將會更爲容易，不過這些基本知識，並不一定需要具備，當需要時，會先在課文中加以解說。

此書適於作爲電路學一年的課程之用。全書分成兩個部份；上半部解說直流電路，而下半部則解說交流電路。前十章先對包含有電阻及電源的電路及電阻元件作一介紹。並應用歐姆定律及克希荷夫定律來解串聯，並聯，串並聯和一些通用的電阻電路。另以分壓定理、分流定理及網路理論來解電路。前半部最後討論直流電表，導體與絕緣體的一般性質。

從十一章到二十二章，主要是討論交流電路。首先介紹電容器和電感器及此兩元件電場及磁場之基本性質。爾後定義交流電流和採用相量(phasor)與阻抗來解交流電路。最後數章則分別討論穩態功率，三相電路、變壓器及濾波器。如果授課時間不足，則有關於三相電路及濾波器這兩章可以省略不上。

本書採用國際標準單位制度(SI)，並强調使用掌上型電子計算器來解算問題。每章有很多的例題，及含有解答的練習題，並將一些比練習題深的習題擺在每章的後面，單數問題解答則擺在本書的最後面。

有很多人對此書提供了十分有價值的幫助及建議，在此特別要感謝許多廠商提供了他們公司產品的寶貴圖片，這些廠商名稱，將會在圖片中加以註明。最後特別感謝Marie Jinse太太，以她純熟的打字技巧打符號的註脚。

DAVID E. JOHNSON
JOHNNY R. JOHNSON

譯 序

今日，原文書爲大學專校的教科書及參考書，對初學者而言，唸原文書不僅是新鮮而且刺激的挑戰，但我們是學生，爲了唸原文書，費盡心思，翻遍字典，對其內容乃是無法徹底瞭解其中的眞正含意，而喪失學習的興趣，故吾人着手將基本電學一書編譯成易讀易懂的中文書，盼有益於初學者的閱讀。

本書內容包括電學基本觀念，直流電路、磁場、交流電路……等。每章均有詳細說明及實物照片例題與習題、對電學初學者乃是不可多得的好書 。

本書編譯過程中，乃將原書較爲煩雜部份，以簡單易懂而不失原意編譯而成，雖經嚴謹校正，但遺漏疏誤之處必所難免尚祈先進指正爲幸 。

編譯者　謹識

編輯部序

「系統編輯」是我們的編輯方針，我們所提供給您的，絕不只是一本書，而是關於這門學問的所有知識，它們由淺入深，循序漸進。

本書係譯自" David E.Johnson & Johnny R.Johnson "原著的 "Introductory electric circuit analysis"，是針對電路初學者所寫。全書分爲上、下兩冊，上冊敘述直流電路，下冊解說交流電路，循序漸進，由淺入深，脈絡清晰，引人入勝，各章都附有例題及習題，研讀此書時，並不需先具備電學知識，故爲大專「基本電學」課程的最佳書籍，對一般欲自修者而言，也是相當合適的入門書。

同時，爲了使您能有系統且循序漸進研習相關方面的叢書，我們以流程圖方式，列出各有關圖書的閱讀順序，以減少您研習此門學問的摸索時間，並能對這門學問有完整的知識。若您在這方面有任何問題，歡迎來函連繫，我們將竭誠爲您服務。

相關叢書介紹

書號：03947
書名：電子材料
編譯：林振華
20K/272 頁/290 元

書號：02417
書名：各類電池使用指南
編譯：洪芳州
20K/168 頁/150 元

書號：05756
書名：電機電子資訊基礎用語辭典
編譯：吳其政
20K/552 頁/550 元

書號：0042501
書名：最新三用電表
編著：蔡朝洋
20K/176 頁/140 元

書號：05195
書名：電子儀表
編著：蕭家源
20K/368 頁/300 元

書號：02571
書名：電工儀表
編著：游福照
20K/584 頁/380 元

書號：05170
書名：電子線路 DIY
編著：張榮洲
20K/160 頁/200 元

◎上列書價若有變動，請以最新定價為準。

流程圖

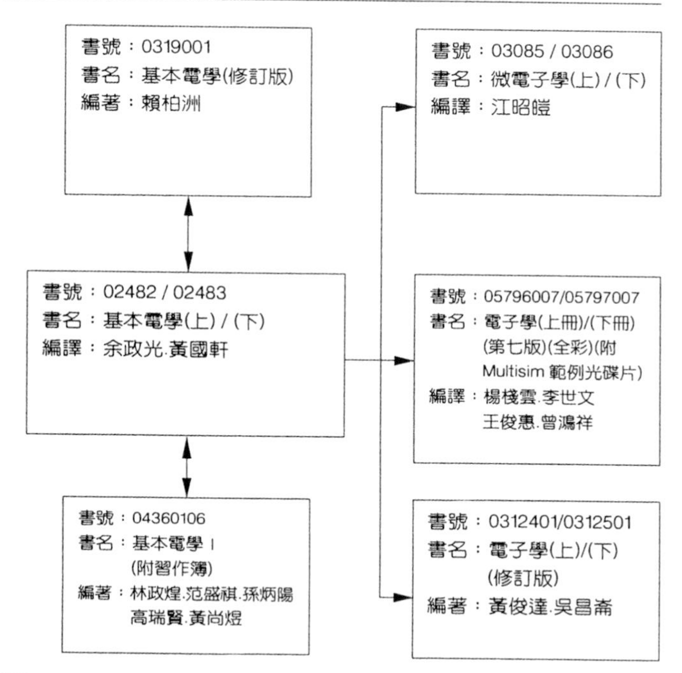

目　錄

第15章

交流電

到目前爲止，所討論的實際電源僅是電池所供給的直流固定電壓。電池提供不同場所使用電動勢的來源。如閃光燈、手提收音機，及計算器。但它無法滿足家庭或工業上所需大能量的需求。

電磁感應法拉第定律，是發電機的原理，爲第二種主要電動勢的來源。且發電機能足夠供應整個城市所需的電力。

本章將了解法拉第定律如何應用於發電機而提供交流電形成的功率及能量。將討論的交流電爲正弦波（sinusoidal）電流。或說由發電機提供的電壓和電流形狀是一種正弦波。將討論正弦波及定義波幅（amplitude）、頻率（frequency）及相位（phase）、平均值（average value）與有效值（effective value）或均方根值。並了解電路在交流正弦波電源如何反應。

下一章節將發展著名的相量法，此方法在分析交流電路既快速又容易。支配交流電路方程式包括導線，本章中亦會了解。但使用向量法可不用這些方程式，而解交流電路和直流電路的分析是非常相似的。

15.1 交流發電機的原理（*AC GENERATOR PRINCIPLE*）

交流正弦波電壓是利用法拉第定律，把線圈在磁場中旋轉產生的。如14.1節的例子，是單匝線圈的簡單形式，如圖14.2所示。而實際上是很多匝的導線繞在轉子上或旋轉圓柱體上，而以外部原動機以定速來轉動。此原動機可爲引擎，或使用蒸氣、氣體的渦輪機，或落水作爲機械能的來源。當轉子轉動時，交鏈至線圈的磁通也改變，依照法拉第定律產生電壓。

正弦波的產生

爲說明交流發電機的正弦波電壓，再考慮圖14.2，假設導線環路由水平位置開始，卽在時間 $t=0$ 時，環路平面與磁力線互相垂直。此時與線圈交鏈的磁通最大，因線圈呈現的面積爲最大值。但與線圈交鏈的磁通在這瞬間並沒有改變，因此所產生的電壓 $V=0$。此情況如圖15.1中位置1時，線圈是水平而電壓爲0。

線圈的旋轉速度可用每秒有多少轉來表示。因每一轉爲360°，故轉速亦可用角度／秒來表示。卽100轉／秒是 $100\times360=36{,}000$ 角度／秒。作圓形運動，通常把角度以弳度（radian）來表示，英文縮寫成rad，並定義爲

$$2\pi \text{ rad} = 360^\circ$$

或

$$\pi \text{ rad} = 180^\circ \tag{15.1}$$

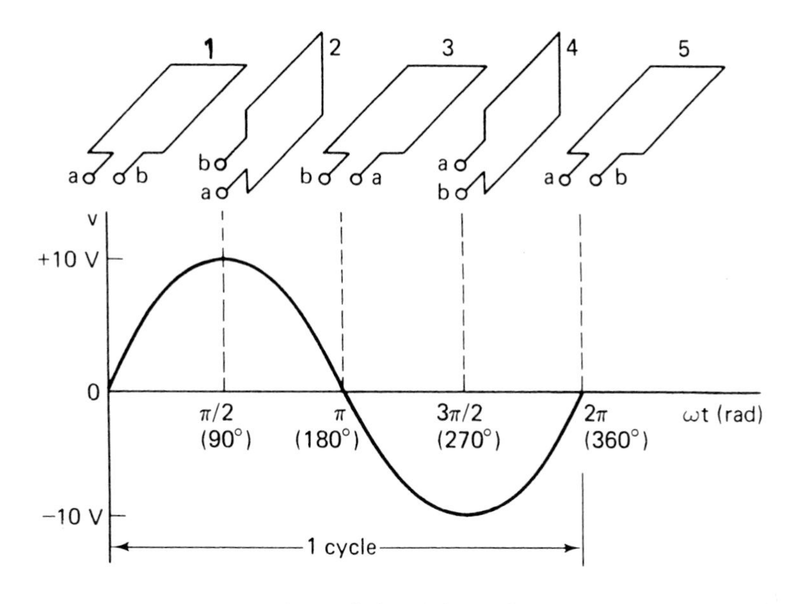

圖15.1　交流正弦波的一個週期

若以ω（小寫希臘字母 omega ）之弳／秒來表示旋轉角速度，則ωt將以弳爲旋轉角度。（t爲時間）

再回到圖15.1中，當線圈已旋轉$\pi/2$弳或90°（$\omega t=\pi/2$），位於垂直位置2。線圈沒有交鏈磁通，但切割磁力線的變化率是峯值。因此電壓也是峯值，此例中爲10伏特。

若旋轉至$\omega t=\pi$弳（180°），線圈位於3再度成水平$v=0$。在位置4時；$\omega t=3\pi/2$（270°），線圈再成垂直，但與位置2方向相反，因此$v=-10$伏特。最後轉到位置5，完成了1週期的旋轉，此時$\omega t=2\pi$（360°），且電壓$v=0$，因位置5和1是相同的。線圈再準備重覆圖形或週期（ cycle ），而執行完整的旋轉。

在圖15.1中電壓波形稱爲正弦波，方程式爲

$$v=10\sin\omega t \tag{15.2}$$

此式讀做“$v=10$乘以 sine 的ωt”，在15.2節中將詳細討論正弦波。因電壓的符號是交變的（先爲正，再爲負，餘此類推），當t增大成爲正弦形式，所以稱爲交變正弦電壓。這將在電阻器中產生同樣形式的電流，並稱爲交流或 AC 。例如美國家庭用電電源是峯值170伏特的電壓，且每秒60週。

交流發電機的符號如圖15.2(a)及(b)中。因發電機有極性，故

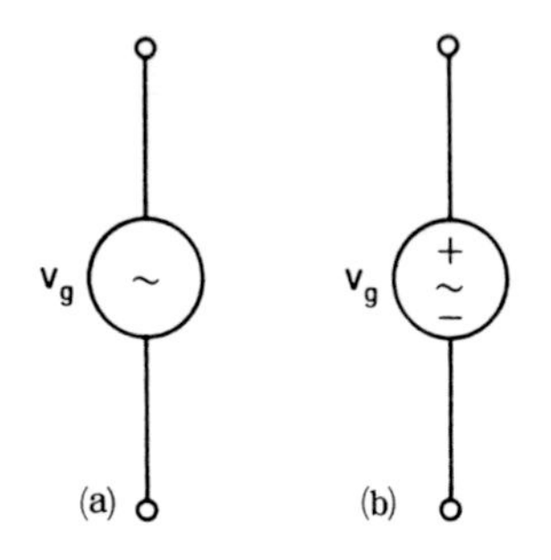

圖 15.2 交流發電機的電路符號

$$v_g = 10 \sin \omega t \tag{15.3}$$

因極性一直在變化，所以很多作者喜歡採用 15.2(a)的符號，此符號中沒有極性。然而，圖 15.2(b)來區別（15.3）式與

$$v_g = -10 \sin \omega t$$

的不同，此式具有相反的極性。

例 15.1：(a)將 45° 換算成弳及(b) 4 弳換算成角度。

解：利用（15.1）式有

$$1° = \frac{\pi}{180} = 0.0175 \text{ rad} \tag{15.4}$$

因此

$$45° = 45 \times \frac{\pi}{180} = \frac{\pi}{4} \text{ rad}$$

同樣使用（15.1）式可得

$$1 \text{ rad} = \frac{180}{\pi} = 57.3° \tag{15.5}$$

由此可得

$$4 \text{ rad} = 4 \times \frac{180}{\pi} = 229.18°$$

這例子可用 $\pi = 3.1416$ 而解題。但很多計算器含有 π 按鍵，而它所產生的數字可達到十個有效位數。因此可以很容易的乘以或除以 π，就如同任何數字一樣（譬如 2），只要簡單按下按鍵就可以。在（15.4）式和（15.5）式的結果是很重要的關係式，且可以很輕易的從掌上計算器上獲得。

例 15.2：求圖 15.3 電路中的電流 i ，分別在(a)所有的時間 t ，(b) $t=\pi/400$ 秒，(c) $t=\pi/200$ 秒，和(d) $t=30$ 毫秒。電壓源是

$$v_g = 100 \sin 200t \text{ V} \tag{15.6}$$

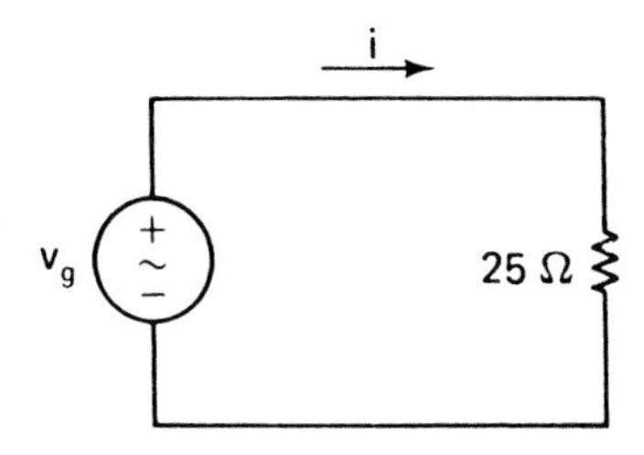

圖 15.3　具有交流電源的電路

解：在所有的時間，使用歐姆定律

$$i=\frac{v_g}{25}=\frac{100 \sin 200t}{25}$$

或

$$i=4 \sin 200t \text{ A} \tag{15.7}$$

在 $t=\pi/400$ 秒的電流由（15.7）式而求得為

$$\begin{aligned} i &= 4 \sin (200)\left(\frac{\pi}{400}\right) \\ &= 4 \sin \frac{\pi}{2} \\ &= 4(1) \\ &= 4 \text{ A} \end{aligned} \tag{15.8}$$

在 $t=\pi/200$ 秒時，可得

$$\begin{aligned} i &= 4 \sin (200)\left(\frac{\pi}{200}\right) \\ &= 4 \sin \pi \\ &= 0 \end{aligned}$$

在 $t=30$ 毫秒 $=0.03$ 秒時，電流為

$$\begin{aligned} i &= 4 \sin (200)(0.03) \\ &= 4 \sin 6 \\ &= 4(-0.2794) \\ &= -1.118 \text{ A} \end{aligned} \tag{15.9}$$

在最後情況的角度是

$$(200 \text{ rad/s})(0.03 \text{ s}) = 6 \text{ rad}$$

而它的sine值是－0.2794，這數值可從計算機求得，或者將6弳先換成角度，其值爲

$$6 \text{ rad} = 6\left(\frac{180}{\pi}\right) = 343.77°$$

在 $t=\pi/400$ 秒時，利用（15.6）式發電機電壓是

$$v_g = 100 \sin\frac{\pi}{2} = 100 \text{ V}$$

而在 $t=30$ 毫秒時，它是

$$v_g = 100 \sin 6 = -27.94 \text{ V}$$

在第一種情況可得

$$i = \frac{v_g}{25} = \frac{100}{25} = 4 \text{ A}$$

此值驗證了（15.8）式。而在第二種情況時可得

$$i = \frac{-27.94}{25} = -1.118 \text{ A}$$

此值驗證了（15.9）式。此例說明圖15.3中標示了發電機極性的用途，因它指示利用歐姆定律電流是 $+v_g/25$，而不是 $-v_g/25$。

15.2 正弦波（*THE SINE WAVE*）

在（15.2）式所給電壓 v 是正弦波的特例，正弦方程式

$$v = V_m \sin \omega t \tag{15.10}$$

此式 V_m 是峯值電壓或最大值，或爲波幅，單位是伏特，ω 是弳頻率以弳／秒

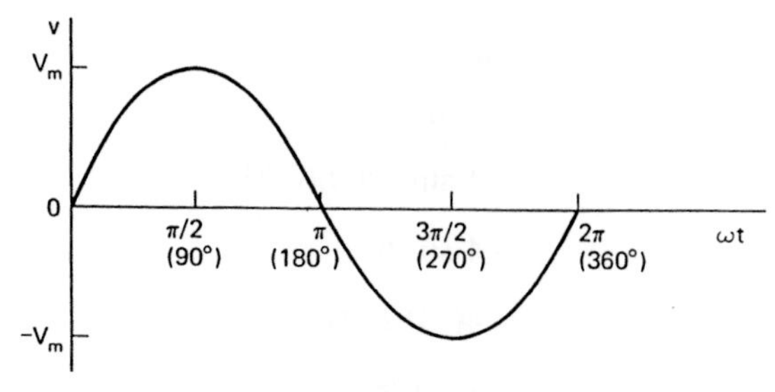

圖15.4 正弦波

爲單位。圖15.4爲（15.10）式一週期的曲線圖（$0 \leq \omega t \leq 2\pi$ 弳），圖中最大正値 $v = V_m$ 是在 $\omega t = \pi/2$ 弳（90°）時到達，而最大負値 $v = -V_m$ 是在 $\omega t = 3\pi/2$ 弳（270°）時到達。

三角函數

（15.10）式的正弦函數是三角函數，三角函數可用來表示直角三角形的一邊與另一邊的關係。如圖15.5的直角三角形，在C的角是直角（90°），而在A和B的角分別爲θ及$90° - \theta$。x和y是三角形的邊，r爲斜邊。x是θ的鄰邊，而y是對邊，應用這些專有名詞，θ的正弦定義爲

$$\sin\theta = \frac{\text{對邊}}{\text{斜邊}} \tag{15.11}$$

或

$$\sin\theta = \frac{y}{r} \tag{15.12}$$

其它兩個常用的三角函數是θ的餘弦（縮寫成 $\cos\theta$）及θ的正切（縮寫成 $\tan\theta$），參考圖15.5定義爲

$$\cos\theta = \frac{\text{鄰邊}}{\text{斜邊}} \tag{15.13}$$

或

$$\cos\theta = \frac{x}{r} \tag{15.14}$$

或

$$\tan\theta = \frac{\text{對邊}}{\text{鄰邊}} \tag{15.15}$$

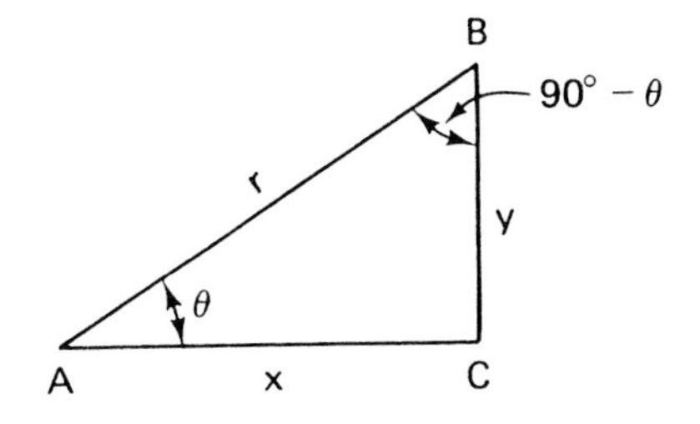

圖15.5　直角三角形

$$\tan\,\theta = \frac{y}{x} \tag{15.16}$$

利用畢氏定理，在圖 15.5 中可得

$$x^2 + y^2 = r^2 \tag{15.17}$$

如果已知 x，y 及 r 中任兩邊，則可求出任何三個三角函數的值。

例 15.3：分別求(a) 45°，(b) 30° 和(c) 60° 的正弦、餘弦和正切。

解：圖 15.6 (a)可證明 45° 直角三角形它的兩邊是相等的。（此例中 $x=y=1$ ），而在圖 15.6 (b)中爲 30°～60° 的直角三角形，30° 角的對邊是斜邊的一半（選爲 $r=2$ 及 $y=1$ ）。使用（15.17）式在圖 15.6 (a)中求得 r 是

$$r=\sqrt{x^2+y^2}=\sqrt{1^2+1^2}=\sqrt{2}$$

在圖 15.6 (b)中 x 是

$$x=\sqrt{r^2-y^2}=\sqrt{2^2-1^2}=\sqrt{3}$$

因此由圖 15.6 (a)中可得

$$\sin 45° = \frac{y}{r} = \frac{1}{\sqrt{2}} = 0.707$$

$$\cos 45° = \frac{x}{r} = \frac{1}{\sqrt{2}} = 0.707$$

$$\tan 45° = \frac{y}{x} = \frac{1}{1} = 1$$

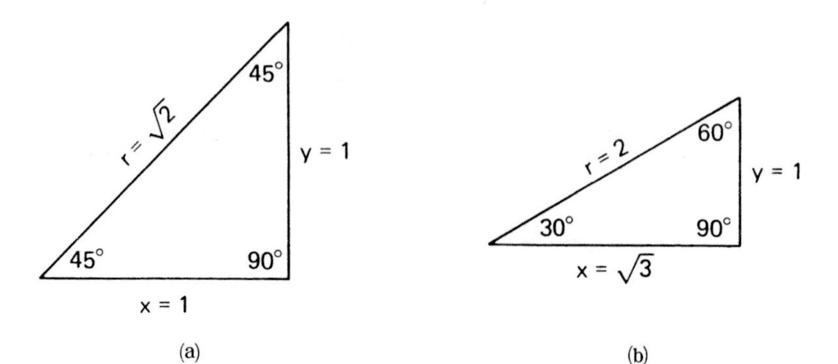

圖 15.6 (a) 45° 直角三角形及(b) 30°～60° 直角三角形

而從圖15.6(b)中可得

$$\sin 30° = \frac{y}{r} = \frac{1}{2} = 0.5$$

$$\cos 30° = \frac{x}{r} = \frac{\sqrt{3}}{2} = 0.866$$

$$\tan 30° = \frac{y}{x} = \frac{1}{\sqrt{3}} = 0.577$$

$$\sin 60° = \frac{\text{對　邊}}{\text{斜　邊}} = \frac{\sqrt{3}}{2} = 0.866$$

$$\cos 60° = \frac{\text{鄰　邊}}{\text{斜　邊}} = \frac{1}{2} = 0.5$$

$$\tan 60° = \frac{\text{對　邊}}{\text{鄰　邊}} = \frac{\sqrt{3}}{1} = 1.732$$

掌上計算器的使用

在例題15.3中所有決定的數值，如同其它的三角函數，可從掌上計算器的三角函數按鍵求得。大部份科學用計算器可提供以度或弳爲單位的答案。也可以從三角課本或數學手册中的三角函數表查得數值。

例如，在(15.10)式中正弦波不同點的一些數值列於表15.1中。由表中可看出 v 從0昇至峯值 V_m，再降爲0，再降爲 $-V_m$，又回復到0，這是 ωt 由0至 2π 一週期的變化情形。

在表15.1中角度從0至360°，其正弦值可容易的由計算器求得，也可

表15.1　正弦函數電壓的數值

角			
度	徑	$\sin \omega t$	$v = V_m \sin \omega t$
0	0	0	0
30	$\pi/6$	0.500	$0.5 V_m$
45	$\pi/4$	0.707	$0.707 V_m$
60	$\pi/3$	0.866	$0.866 V_m$
90	$\pi/2$	1.000	V_m
180	π	0	0
270	$3\pi/2$	−1.000	$-V_m$
360	2π	0	0

求出較大角度如700°的數值。但不能找出大於90°在圖15.5中三角形的關係，因此時具有負的正弦和餘弦。將在第十六章中定義一些可適用任何角度的三角使用法。

15.3 頻　率（*FREQUENCY*）

本節將對正弦波的波幅和弳頻率詳加討論，且由簡單的頻率來討論另一種型態的頻率，這些對交流電壓、電流是很重要的。

正弦波的週期：

如同（15.10）式正弦波，在圖15.4中時間增大時則波形爲一重覆週期性。在$\omega t=360°$時，波形經過並且上昇，與$t=0$時完全相同。因此執行一週期的時間是從$\omega t=360°$或$\omega t=2\pi$弳來決定，且標示爲T

$$T=\frac{2\pi}{\omega} \quad \text{秒} \tag{15.18}$$

在圖15.7中畫了三個週期性的圖形。在圖形中可知在所有時間t的

$$\sin(\omega t+2\pi)=\sin\omega t$$

並稱爲正弦波的週期（period），這是一週所需的時間或是時間／週。一函數若是週期性的重覆，如正弦波，稱之爲週期性函數。例如正弦函數

$$i=I_m\sin\omega t$$

頻　率

若T爲時間比週期，或秒比週期，則它的倒數$1/T$爲週期比時間，或一秒內執行週期的數目。這個量標示爲f，稱爲正弦波的頻率，單位是週期比秒稱

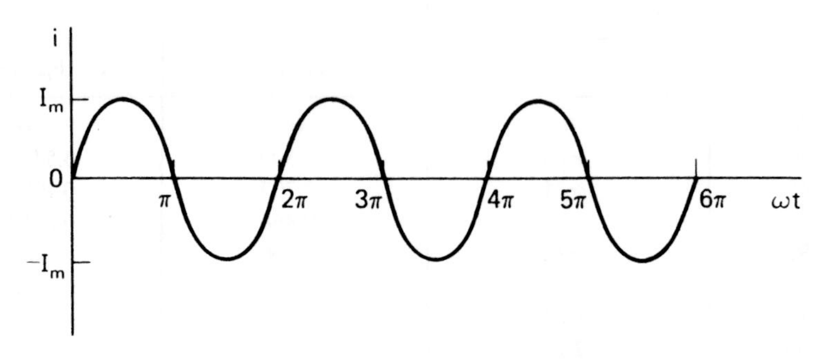

圖15.7　正弦函數的三個週期

爲赫芝（Hertz，縮寫Hz），是紀念德國物理學家Hertz而命名。因此頻率f爲

$$f=\frac{1}{T} \tag{15.19}$$

此式將（15.18）式中的T代入得

$$f=\frac{\omega}{2\pi}\qquad \text{Hz} \tag{15.20}$$

頻率f與ω的關係是

$$\omega=2\pi f \tag{15.21}$$

此式是由（15.21）式求得。這樣就不會使頻率與弳頻率ω或角頻率有所混淆。f之單位爲赫芝，而ω是弳／秒，亦可區分這兩者。常用頻率的例子是$f=60$ Hz，爲全美國發電機的頻率，此時弳頻率爲

$$\omega=2\pi(60)=377 \text{ rad/s}$$

例15.4：求下式交流正弦電壓的頻率f和週期T。

$$v=50\sin 7540t \text{ V}$$

解：角頻率$\omega=7540$弳/秒，使用（15.20）式可得

$$f=\frac{\omega}{2\pi}=\frac{7540}{2\pi}=1200 \text{ Hz}$$

週期是

$$T=\frac{1}{f}=\frac{1}{1200}\text{ s}=0.833 \text{ ms}$$

頻率的範圍

交流電壓和電流的頻率範圍從1赫芝開始概略分爲三類，一是由1至400赫芝的低頻範圍，及約從20 Hz至20,000 Hz是人類所能聽到的聲音爲音頻，以及約由500 kHz至100 MHz的射頻。

範圍由535至1605 kHz的頻率是標準的AM無線電廣播的波段。電視波段在頻道爲2到4是從54至72 MHz，頻道7至13是174至216 MHz。這

些電視波段歸屬於極高頻（VHF），從 30 至 300 MHz 。超高頻（UHF）頻道是從 14 到 83，頻率由 300 MHz 至 30 GHz 。其它由 30 GHz 至 300 GHz 是極超高頻（SHF），以及由 300 GHz 至 3000 GHz 的超極高頻（EHF），最後兩個分類爲業餘無線電廣播或政府所使用，譬如衞星通訊。

15.4 相 位（*PHASE*）

本節中將討論更一般的正弦函數，具有前述正弦函數的性質，所增加的是非常重要的相位性質。

相 角

正弦電壓比（15.10）式更一般的表示式爲

$$v = V_m \sin(\omega t + \phi) \tag{15.22}$$

此處 V_m 是波幅，$\omega = 2\pi f$ 爲角頻率，而 ϕ 爲相角，或稱爲相位。而（15.10）式爲正弦函數 $\phi = 0$ 時的特例，其函數圖形劃於圖 15.4 中。

由（15.22）式可知具有

$$\omega t + \phi = 0$$

或 $\omega t = -\phi$ 的關係時，電壓 $v = V_m \sin 0 = 0$ 。因此除了（15.22）式當 $\omega t = -\phi$ 時 $v = 0$ 開始外，（15.22）式及（15.10）式是相同的。換句話說，它向左邊移動了 $\omega t = \phi$ 弳的正弦波，其圖形如圖 15.8 所示，由圖可知在 $90° - \phi$ 及 $270° - \phi$ 時達到它的最大值及最小值。

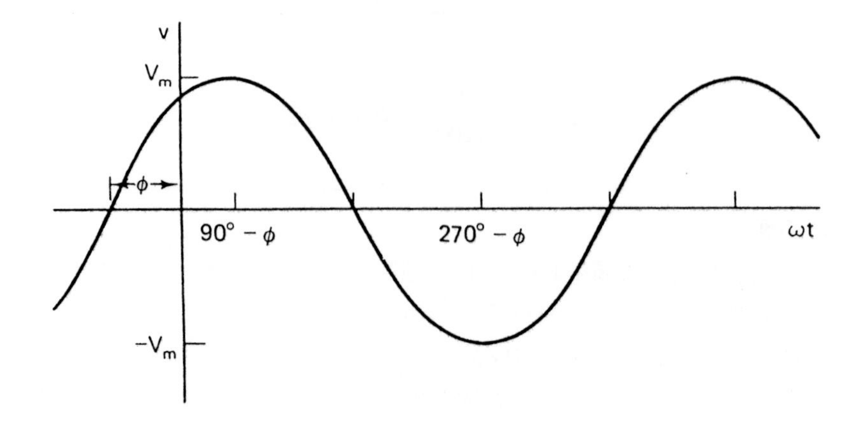

圖 15.8　具有相位角 ϕ 的正弦波

在數學上，ωt 和 ϕ 的單位必須相同，如弳或度。但習慣上 ω 單位是弳／秒，ϕ 是度，所以表示式如同

$$v = 10 \sin (4t + 30^\circ) \tag{15.23}$$

此處 $4t$ 單位爲弳，必須轉換成角（或 30° 轉換成弳），才能計算 v 值。

例 15.5：在（15.23）式中，若 $t = 0.5$ 秒求 v 。

解：把 $4t = 4 \times 0.5 = 2$ 弳換成度

$$2 \text{ rad} = 2 \times \frac{180}{\pi} = 114.6^\circ$$

因此電壓是

$$\begin{aligned} v &= 10 \sin (114.6^\circ + 30^\circ) \\ &= 10 \sin 144.6^\circ \\ &= 5.79 \text{ V} \end{aligned}$$

如果相角是負值，如

$$v = 10 \sin (4t - 30^\circ)$$

其圖形除了向右移 30° 外，與圖 15.4 相同。

由圖 15.5 可以看出

$$\cos (90^\circ - \theta) = \frac{y}{r} = \sin \theta \tag{15.24}$$

及

$$\sin (90^\circ - \theta) = \frac{x}{r} = \cos \theta \tag{15.25}$$

亦可從三角法則中證明

$$\cos (-\alpha) = \cos \alpha \tag{15.26}$$

及

$$\sin (-\alpha) = -\sin \alpha \tag{15.27}$$

即改變角度的符號，將改變正弦函數的符號，但不改變餘弦函數的符號。因此

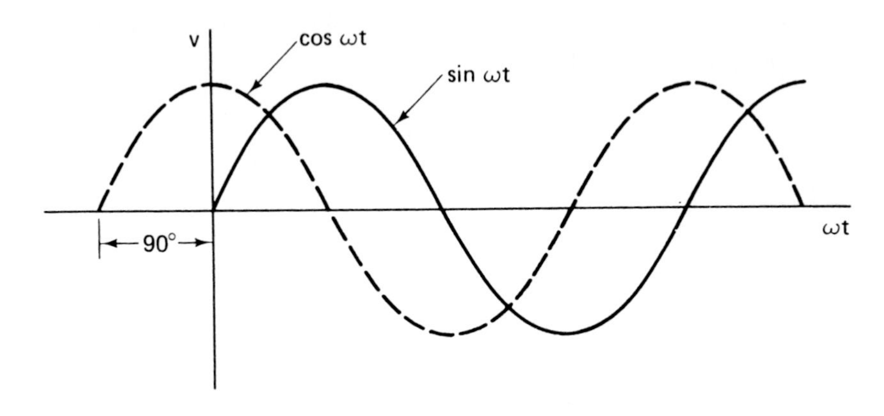

圖 15.9　正弦波和餘弦波的圖形

可把（15.24）式改寫成

$$\sin\theta = \cos(\theta - 90°) \tag{15.28}$$

並把（15.25）式中的 θ 以 $-\theta$ 代替而得

$$\cos\theta = \sin(\theta + 90°) \tag{15.29}$$

這結果指出一正弦波是具有 −90° 相角的餘弦波，而餘弦波是具有 +90° 相角的正弦波。因此正弦波和餘弦波都是含有某些特定相角的正弦函數。劃出 $v=\sin\omega t$ 和 $v=\cos\omega t$ 的圖形在圖 15.9 中，它們之間的差異為 90° 的相角而已。

例 15.6：改變函數 $v=10\sin(2t+15°)$ 為等效餘弦函數。

解：由（15.28）式可知把正弦函數的角度減去 90° 就可變成餘弦函數，因此有

$$v = 10\cos(2t - 75°)$$

15.5　平均值（*AVERAGE VALUES*）

如電阻電路中，一直流電壓 v 加於電阻器上，使電流 $i=V/R$ 流過此電阻。從電源供給電阻器的功率是

$$p = vi = Ri^2 \tag{15.30}$$

此處 i 是常數（在 v 為常數時），則 P 亦為常數。

瞬時功率

在（15.30）式中功率如取決在瞬時時間的電流，則稱爲瞬時功率（instantaneous power），當然若 i 是 t 的函數，則它亦是 t 的函數。

如果跨於電阻器的電壓是交流電壓

$$v = V_m \sin \omega t \text{ V} \tag{15.31}$$

如圖15.10中電路，利用歐姆定律電流是

$$i = \frac{v}{R} = \frac{V_m}{R} \sin \omega t \text{ A}$$

或

$$i = I_m \sin \omega t \text{ A} \tag{15.32}$$

此式具有峯值爲

$$I_m = \frac{V_m}{R} \tag{15.33}$$

此時瞬時功率

$$\begin{aligned} p &= Ri^2 \\ &= RI_m^2(\sin \omega t)^2 \end{aligned}$$

此式可寫成下列形式

$$p = RI_m^2 \sin^2 \omega t \tag{15.34}$$

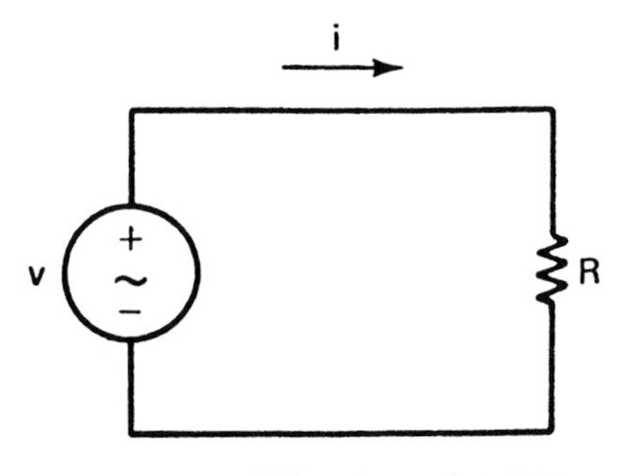

圖 15.10　供給電阻器的交流電壓

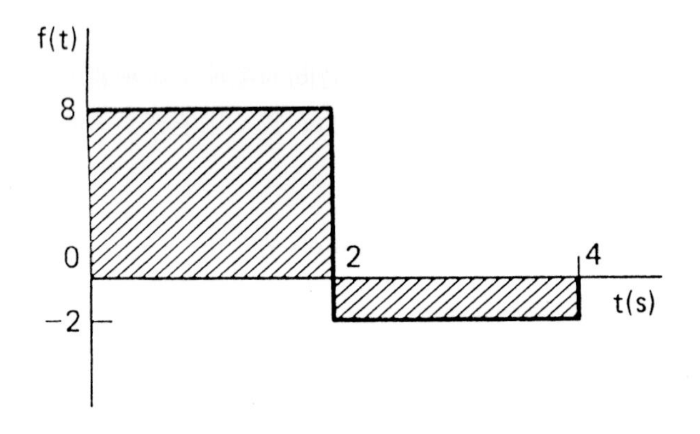

圖 15.11　曲線面積爲斜線所示的部份

因此瞬時功率爲一時間的函數。

函數的平均值

在電路理論中我們關心功率的瞬間值，但對在某段週期時間內它的平均值亦有興趣。例如在電費帳單中的功率就是在某段時期中的平均功率。

某一函數在某特定時間內的平均值定義爲所給的時間內，函數曲線下的面積代數和除以所給的時間。例如在圖15.11中所示的平均值，我們標記爲 F_{av}，定義爲

$$F_{\text{av}}=\frac{A_1}{T_1}$$

此處 A_1 爲所給時間 T_1 下所包含面積的代數和。如圖所示，若 $T_1=4$ 秒，則 A_1 爲斜線部份的面積

$$A_1=(8\times 2)-2(2)=12$$

因此

$$F_{\text{av}}=\frac{12}{4}=3 \tag{15.35}$$

注意從 $t=2$ 至 $t=4$ 秒的面積是負值的面積，而從 0 至 2 秒是正值面積。

如果函數 $f(t)$ 爲一週期 T 的週期性函數，它在 T 的倍數之任何時間 T_1 時，它的平均值等於在整個 T 的平均值，爲了了解這一點，注意每一 $f(t)$ 的週期具有相同的面積，稱爲 A，因此若 $T_1=KT$，在 T_1 時間內面積 $A_1=KA$，

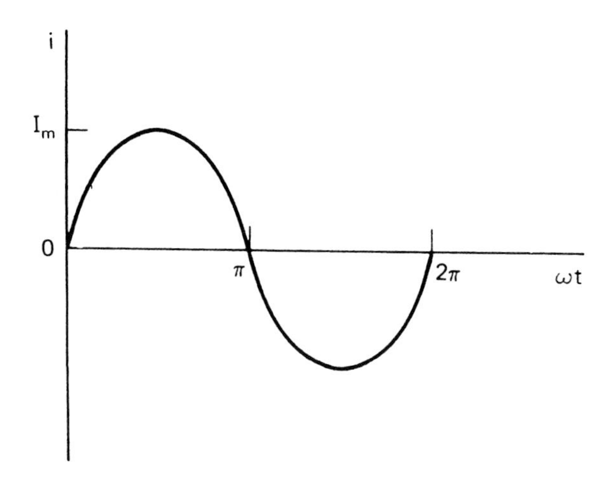

圖 15.12　正弦函數電流

則平均值爲

$$F_{av}=\frac{A_1}{T_1}=\frac{kA}{kT}=\frac{A}{T}$$

它是整個週期T的平均值。如圖15.11中所示爲週期性函數$f(t)$的一個週期，根據（15.35）式在任何數目週期的平均值是$F_{av}=3$。

正弦波的平均值：

圖 15.12 正弦波電流在整個週期的平均值爲零。因爲從$\omega t=0$到2π的面積，是一正一負且完全相同。因此在完整的週期$T=2\pi/\omega$（$\omega T=2\pi$）時，平均值是

$$\dot{I}_{av}=0 \tag{15.36}$$

正如第九章中的達松發爾電表轉動裝置是由電流所推動的。在直流時加在指針的力量是定值，但是若加上交變電流，指針將會來回擺動。若電流變化很快，指針將會追隨電流的改變，因此指針停在電流平均值的位置上。而由（15.36）式知交流電流的平均值爲零，當然這個值對測量的資訊是完全沒有用的。

在第九章中已指出，交流電流流到達松發爾電表線圈時已被整流過，所以平均讀值不爲零。全波整流的正弦波是它的負面積已改變成正面積的波形，如圖15.13所示電流波形。這整流波形，從圖中可看出具有定義爲$\omega T=\pi$的一

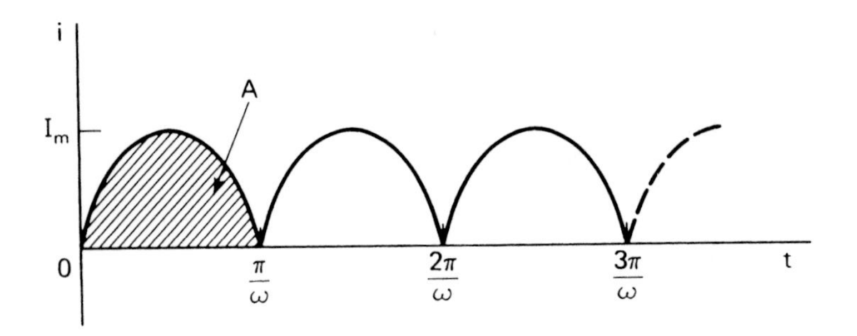

圖 15.13　正弦波的全波整流

個週期T，或

$$T=\frac{\pi}{\omega} \tag{15.37}$$

它在整個T的平均值是斜線面積A除以T，或

$$I_{av}=\frac{A}{T} \tag{15.38}$$

可以由微積分來證明圖15.13中斜線面積A是

$$A=\frac{2I_m}{\omega} \tag{15.39}$$

因此由（15.37）式至（15.39）式可得

$$I_{av}=\frac{A}{T}=\frac{2I_m/\omega}{\pi/\omega}$$

或

$$I_{av}=\frac{2}{\pi}I_m=0.637I_m \tag{15.40}$$

由練習題 15.5-2 來證實（15.39）式爲眞。

例 15.7：求全波整流的正弦波平均值，此波形是

$$i=10\sin 2t\text{ A}$$

解：峯值 $I_m=10$，利用（15.40）式可得

$$I_{av}=0.637\times 10=6.37\ \mathrm{A}$$

在（15.40）式中平均值是取決在波幅 I_m，而不是取決於頻率或相位。因此（15.40）式應用於餘弦波及含有任何相角的正弦波，都是和正弦波相同。對於電壓或其它正弦函數的數值都符合這近似的結果。

15.6　均平方根值（RMS VALUES）

在15.5節中已提過，供給予電阻器的交流電流

$$i=I_m\sin\omega t\ \mathrm{A} \tag{15.41}$$

的功率是

$$p=RI_m^2\sin^2\omega t\ \mathrm{W} \tag{15.42}$$

測量交流電源所供給的功率爲交流瓦特表，讀出一週期的瞬時功率的平均值。因此在（15.42）式的讀值爲平均功率，標記爲 P 是在週期 $t=0$ 至 $t=T=2\pi/\omega$ 的平均功率。

平均功率

瞬時功率 P 的圖形在圖15.14中，P 是以 $T=\pi/\omega$ 的週期性函數，它是電流 i 的週期 $2\pi/\omega$ 之一半，在一個週期的面積 A 爲圖15.14中曲線下斜線部份，可由微積分獲得

$$A=\frac{RI_m^2\pi}{2\omega} \tag{15.43}$$

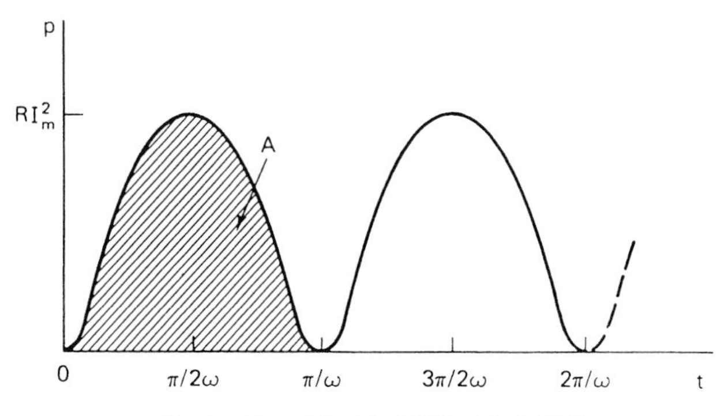

圖15.14　15.42式瞬時功率的圖形

因此由（15.41）式中正弦電流供給電阻器R的平均功率是

$$P=\frac{A}{T}=\frac{RI_m^2\pi/2\omega}{\pi/\omega}$$

或

$$P=\frac{RI_m^2}{2} \tag{15.44}$$

正弦波的均方根值

諸如正弦波型式的週期性電流或電壓之均方根值是定義爲一個常數，此常數是等於直流電流或電壓供給電阻器相同的平均功率。在（15.41）式正弦電流的例子，它的 rms 值記爲I_{rms}，是等於直流電流I_{dc}，此電流將供給（15.44）式的功率P給電阻器。因由I_{dc}所供給的功率是RI_{dc}^2，故必須符合

$$RI_{dc}^2=\frac{RI_m^2}{2}$$

把等號兩邊的因數R消去，可得

$$I_{rms}^2=I_{dc}^2=\frac{I_m^2}{2}$$

此式等效爲

$$I_{rms}=0.707I_m \tag{15.45}$$

或

$$I_{rms}=I_m/\sqrt{2} \tag{15.46}$$

因爲均方根值不受頻率或相位的影響，而僅受波幅的影響，我們可寫出正弦函數的通式爲

$$f=K\sin(\omega t+\phi) \tag{15.47}$$

它的均方根值是

$$F_{rms}=K/\sqrt{2} \tag{15.48}$$

函數 f 可爲電壓、電流或任何其它正弦函數的數值，因而相角 ϕ 可爲任何值，所以（15.48）式亦可應用於餘弦函數。

均方根名稱是由 I_{rms} 爲電流平方之平均值的平方根而來。均方根值亦稱爲有效值，就功率而言，有效值 $I_{eff}=I_{rms}$ 有同樣的效果，此電流值如同一等波幅的直流電流。

均方根值對交流電路的分析十分重要，由（15.44）和（15.45）式可知由正弦電流所供給電阻器 R 的平均功率是

$$P=RI_{rms}^2 \tag{15.49}$$

爲了這個理由，典型交流電流表及電壓表的刻劃爲均方根的讀值。

例 15.8： 求下列的均方根值，(a)直流電流 $i=10$ 安培，(b)電壓 $v=170\cos(377t+30°)$ 伏特。

解： (a)因 $I_{dc}=I_{rms}$，所以

$$I_{rms}=10\text{ A}$$

(b)均方根值取決於波幅170，其值爲

$$V_{rms}=\frac{V_m}{\sqrt{2}}=\frac{170}{\sqrt{2}}=120\text{ V}$$

這個電壓就是家用的交流電壓。

15.7　交流電路（*AC CIRCUITS*）

交流電路是具有正弦函數電源的電路，如圖15.15電路即是。此電路是包含電壓 v_g 的交流發電機所推動的RLC串聯電路。如前述 RC 和 RL 的例子，輸出電流 i 將含有暫態部份和穩態兩部份。在元件接上後不久暫態部份很快的消失，而剩下非常近似正弦波的穩態輸出，在本節中將會了解這點。

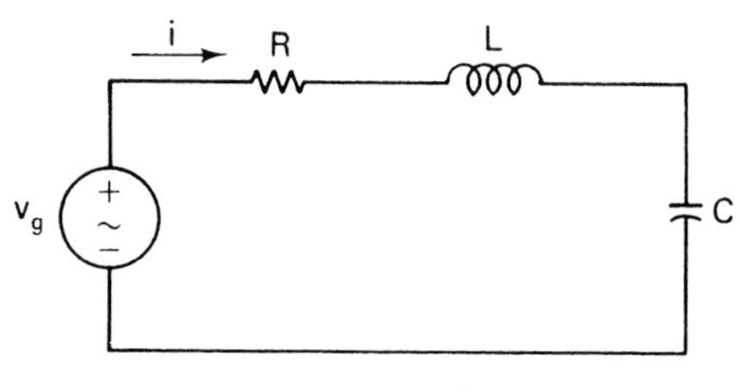

圖 15.15　RLC電路

電阻器電壓

如同已知，利用歐姆定律，一正弦函數電壓 v_R 接於電阻器時，會產生正弦函數的電阻器電流 i_R ，同樣的一正弦電流會產生正弦的電阻器電壓。電流和電壓中的頻率和相位完全相同，而除了 $R=1\,\Omega$ 外，波幅將不會相同，可由下列式子看出

$$v_R = Ri_R$$

此式中若

$$i_R = I_m \sin \omega t \tag{15.50}$$

則

$$v_R = RI_m \sin \omega t \tag{15.51}$$

電感器電壓

爲了解電感器電流是正弦函數

$$i = I_m \sin \omega t \tag{15.52}$$

時電感器電壓 v 的形式，考慮圖15.16中的圖形，最上面的曲線所劃的是一週期 i 的波形，而中間曲線是電流 i 的變化率 di/dt 。從 $\omega t=0$ 至 $\pi/2$ ，變化率是最上端的斜率，它是正值，示於點 a 中。在 $\omega t=0$ 時，斜率爲最高值，爾後慢慢減少直到 $\omega t=\pi/2$ 時 i 曲線爲峯值斜率爲零，這點表示在圖中的曲線。而圖中 di/dt 在 $\omega t=0$ 時從峯值開始，而慢慢降至於 $\omega t=\pi/2$ 時變爲零。

從 $\omega t=\pi/2$ 至 π ，di/dt 是負值，如圖中所示的 b 點，若 t 增大，它的值更負，而在 $\omega t=\pi$ 處達到最小值。從此點至 $\omega t=3\pi/2$ 處，di/dt 又變得負值愈小而達到零，如在 $3\pi/2$ 處時已變成零。從 $3\pi/2$ 至 2π ，整個週期是以 di/dt 爲正值而完成，如 c 點所示。

比較圖15.16中間的 di/dt 圖形與圖15.9中的餘弦波，可以看出 di/dt 所呈現的是餘弦波，這是眞實的，可用微積分來證明。即若 i 是正弦函數，則 di/dt 是餘弦函數。在圖15.16中最下面曲線是中間曲線乘以 L 而得，因此它也是餘弦波。因爲 $L\times di/dt$ 是電感器電壓，則電感器電壓是餘弦函數。且由圖15.16可看出正弦波 i 和餘弦波 di/dt 具有相同的週期，及相同的頻率。

因正弦波和餘弦波都是正弦函數，故電感器的正弦函數電流會產生相同頻率的正弦函數電壓。與電阻器不同的是相角的不同。

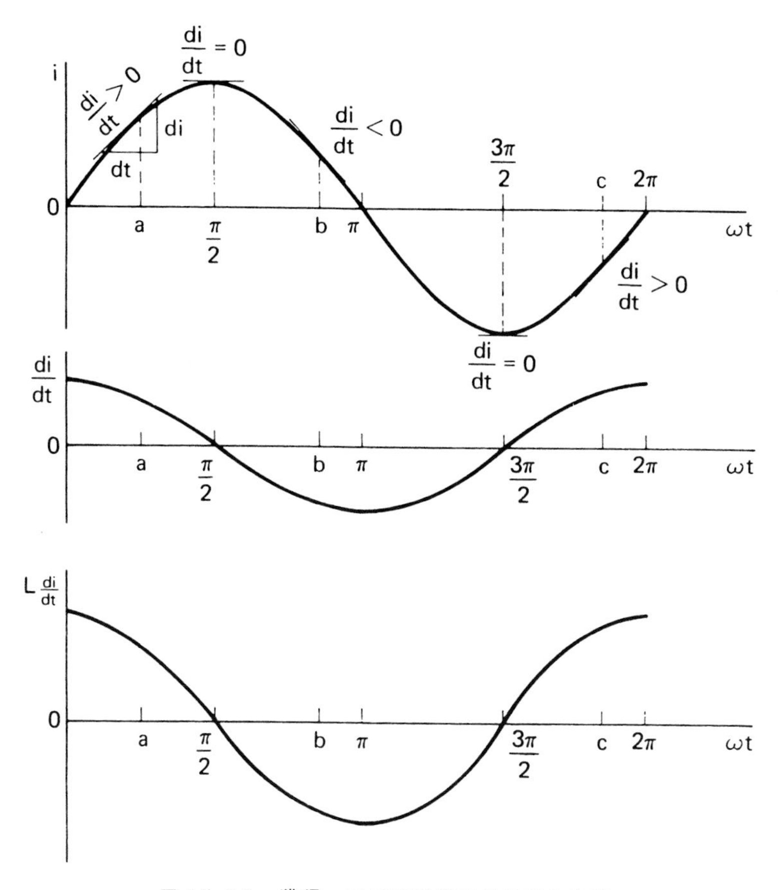

圖 15.16　獲得一正弦函數電感器電壓的步驟

交流電流和電壓

使用類似的證明在於正弦函數的電容器電壓 v ，可獲得電容器電流爲

$$i = C\frac{dv}{dt}$$

其結論亦是相同頻率的正弦函數，但有不同的波幅和相位。因此在交流電路中，所有穩態電流和電壓都是與電源相似的正弦函數，它們具有相同的頻率，但一般的波幅和相位是不同的。

若在圖15.15中 $R=4\,\Omega$ ，$L=2\,\text{H}$ ，$C=0.5\,\text{F}$ ，及電源電壓爲

$$v_g = 10\sin 2t\ \text{V} \tag{15.53}$$

則我們將在第十六章中知道，穩態電流是

$$i = 2\sin(2t - 36.9°)\ \text{A} \tag{15.54}$$

故電流是與電源相似的正弦函數，但相位、波幅不同。

15.8 摘　要（SUMMARY）

交流發電機依照法拉第定律的電磁感應而產生正弦函數的電壓，一般可表示爲

$$v = V_m \sin(\omega t + \phi) \tag{15.55}$$

數值 V_m 是波幅，ω 爲弳頻率，ϕ 爲相位。正弦函數是週期性函數，其週期是 $T=2\pi/\omega$，這是完成一週所需的時間。它的倒數 $1/T$ 是頻率 f，爲週／秒的數目，或是赫芝的數目，它是正弦函數每秒所執行的次數。

正弦函數波幅爲 V_m，其全波整流的平均值是 $2V_m/\pi$ 或 $0.637V_m$。（15.55）式均方根值（rms）是 $V_m/\sqrt{2}$ 或 $0.707V_m$，均方根值是大部份交流電表的電流讀值，而且是等於供給電阻器相同平均功率的直流電流值。

如電路中爲交流正弦函數的電源，所有電路中的穩態電壓和電流將和電源一樣頻率的正弦函數，但在一般情況電壓和電流將有不同的波幅和相位。

練習題

15.1-1　將下列角度換算成弳(a) 90°，(b) 180°，(c) 114.59°。
答：(a) $\pi/2$，(b) π，(c) 0.64π。

15.1-2　將下列角度換算成度(a) $3\pi/2$ 弳，(b) 5π 弳和(c) 1.7453 弳。
答：(a) 270°，(b) 900°，(c) 100°。

15.1-3　在圖 15.3 中若發電機電壓爲 $v_g = 50\sin 200t$ 伏特，求時間分別在(a)所有的時間，(b) $t=\pi/800$ 秒，(c) $t=20$ 毫秒時的電流 i。
答：(a) $2\sin 200t$ 安培，(b) 1.41 安培，(c) −1.51 安培。

15.2-1　求下列函數的波幅和弳頻率
$v=100\sin 4t$ 伏特
答：100 伏特，4 弳／秒。

15.2-2　在練習題 15.2-1 中若(a) $t=0.1$ 秒，(b) $t=0.4$ 秒，和(c) $t=1$ 秒，求電壓 v。
答：(a) 38.9 V，(b) 99.96 V，(c) −75.7 V。

15.2-3 在練習題 15.2-1 中當 v 到達峯值 100 伏特時的最小正時間 t 。（提出：由圖 15.4 中知在 $\omega t=4t=\pi/2$ 時會發生）

答：$\pi/8=0.393$ 秒。

15.2-4 求(a) $\sin 36°$ ，(b) $\cos 125°$ ，(c) $\tan 4$ 弳的值。

答：(a) 0.588 ，(b) −0.574 ，(c) 1.158 。

15.3-1 求正弦電壓 $v=100\sin 200\pi t$ 伏特的波幅、頻率和週期。

答：100 伏特，100 赫芝，10 毫秒。

15.3-2 在練習題 15.3-1 中當(a) $t=1$ 毫秒，(b) $t=10$ 毫秒，及(c) $t=1/400$ 秒時求 v 。

答：(a) 58.8 V ，(b) 0 ，(c) 100 伏特。

15.4-1 求正弦函數 $v=20\sin(100\pi t+60°)$ 伏特的波幅、頻率、週期，和相位。

答：20 V ，50 Hz ，20 msec ，60° 。

15.4-2 在練習題 15.4-1 中當(a) $t=1$ 毫秒，(b) $t=15$ 毫秒和(c) $t=1/600$ 秒時求 v 。（提示：$60°=\pi/3$ 弳）

答：(a) 19.56 V ，(b) −10 V ，(c) 20 V 。

15.4-3 把練習題 15.4-1 的函數變成餘弦函數。

答：$20\cos(100\pi t-30°)$ 。

15.5-1 如圖所示函數 $f(t)$ ，求在 0 至 6 秒間的平均值。

答：4 。

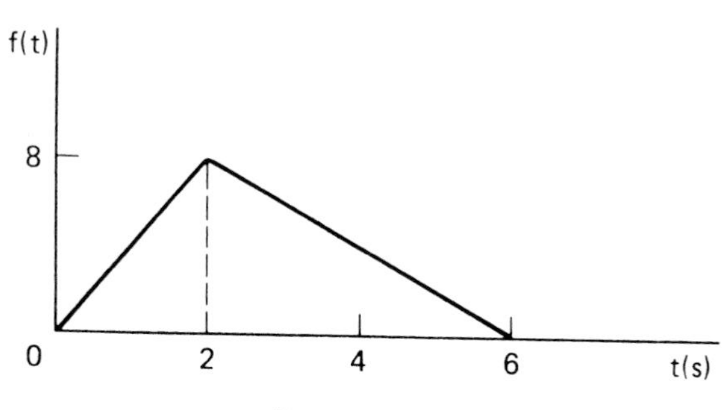

練習題 15.5-1

15.5-2 證實（15.39）式的面積，非常近似如圖所示正弦波面積為

$A=A_1+A_2+A_3$

（註：水平軸是時間）

答：$A=\dfrac{2\pi I_m}{3\omega}=\dfrac{2.1\,I_m}{\omega}$

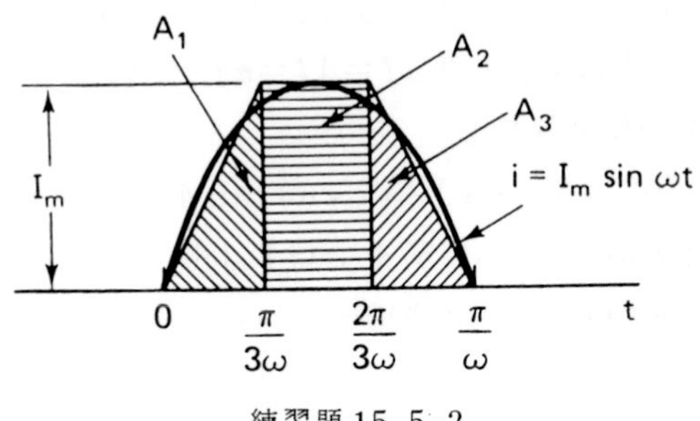

練習題 15.5-2

15.5-3 求正弦函數 $i=20\sin 4t$ 安培在 $t=0$ 至 $t=\pi/4$ 秒間的平均值。

答：$\frac{2}{\pi}(20)=12.7$ 安培。

15.6-1 求由正弦函數的電流 $i=60\sin 1000t$ 毫安培供給 2 kΩ 電阻器的平均功率。（提示：使用（15.44）式〕

答：3.6 瓦特。

15.6-2 在練習題 15.6-1 中求跨於電阻器的電壓、電流和電壓的均方根值。

答：$120\sin 1000t$ 伏特，42.2 毫安培，84.9 伏特。

15.6-3 求下列函數的均方根值(a) $10\sin 3t$，(b) $20\cos 100t$ 及(c) $5\sin(2t+15°)$

答：(a) 7.07，(b) 14.14，(c) 3.54。

15.7-1 可以用微積分證明，若 $i=I_m\sin\omega t$ 安培是流入電感器 L 正電壓端時，則電壓為 $v=V_m\cos\omega t$ 伏特，此處 $V_m=\omega LI_m$。若 $L=2$H 及電壓為 $v=40\cos 4t$ 伏特時，求電感器的感應電流。（注意其結果與圖15.16中圖形相一致的）

答：$5\sin 4t$ 安培。

15.7-2 在練習題 15.7-1 中若 $L=0.2$H，且 $i=60\sin 1000t$ 毫安培時求電感器電壓。

答：$12\cos 1000t$ 伏特。

習　題

15.1 把下列角度換成弳(a) 60°，(b) 720° 及(c) 82°。

15.2 把下列弳度換成角度(a) $\pi/12$ 弳，(b) $3\pi/4$ 弳，(c) 6 弳。

15.3 在習題 15.1 中的角度求它們的正弦值。

15.4 在習題 15.2 中的角度求它們的餘弦值。

15.5　若 10 kΩ 電阻器的電壓分別爲(a) $40 \sin 100t$ 伏特及(b) $20 \cos 200t$ 伏特時，求所通過的電流爲多少。

15.6　通過 100 Ω 電阻器電流是 $2 \sin 30t$ 安培，求分別在(a) $t=\pi/90$秒，(b) $t=\pi/60$ 秒及(c) $t=0.2$ 秒時的電流及電壓值。

15.7　求電壓函數 $v=50 \cos 400\pi t$ 伏特的波幅，弳頻率，及以Hz爲單位的頻率，以及週期。

15.8　重覆習題 15.7 的問題，若函數爲 $v=25 \sin 40t$ 伏特。

15.9　求正弦函數的頻率分別爲(a) 2 kHz，(b) 1 MHz，(c) 20 Hz時的週期。

15.10　當函數 $i=20 \sin 50\pi t$ 安培達到 20 A 峯值時，求其最小正時間。

15.11　求具有週期分別是(a) 1 毫秒，(b) 20 秒，(c) 1 微秒的正弦函數之弳頻率。

15.12　求函數 $v=20 \cos(6t+45°)$ 伏特分別在(a) $t=0$，(b) $t=\pi/24$ 秒，及(c) $t=2$ 秒時的 v 值。

15.13　在習題 15.8 及 15.12 中，若正弦函數經過全波整流，試分別求它們電壓的平均值。

15.14　分別求習題 15.8 及 15.12 中電壓的均方根值。

15.15　求下圖所示鋸齒波在一週期之平均值。

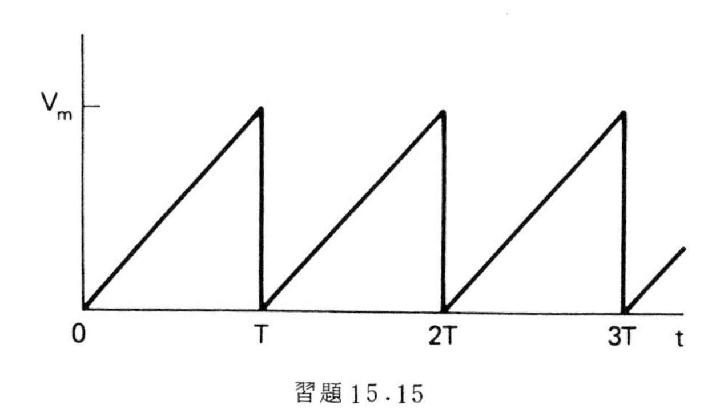

習題 15.15

15.16　如圖15.11函數週期爲 4 秒的週期性函數，試求它的均方根值。（提示：均方根值爲函數平方面積平均值的平方根）

15.17　若電流是 $i=20 \sin 6t$ 安培，求跨於 0.1 H電感器的電壓。（提示：參考練習題 15.7-1）

15.18　在習題 15.17 中若電壓是 $v=10 \cos 200t$ 伏特，求電感器電流。

第16章

相　量

在第十五章把交流正弦函數的電源加到由電阻器、電感器、電容器所組成的電路，而產生穩態交流正弦函數的電流和電壓。這些正弦函數的響應與電源頻率相同，但波幅、相位不同。

描述交流電路方程式含有導數，需用微積分來幫助。但可使用稱爲相量（phasor）來提供很好的解法，這種相量應用於交流電路如同歐姆定律應用在電阻電路一樣。相量是本章主題，由奇異公司工程師史坦梅芝在本世紀初所提出的。

應用相量法僅需代數及基本三角函數知識即可。相量中不是如 12 伏特或 6 歐姆的實數，而是複數。因此本章先討論複數，再討論相量，最後應用相量法在簡單電路。在第十七章中將更深入討論相量在一般化的電路之中。

16.1 虛　數（*IMAGINARY NUMBERS*）

像 +2 和 −5 稱爲實數系，並可畫在圖 16.1 之實數軸上，正實數由 0（原點）以正方向往右測量，而負實數則由 0 以負方向往左測量。

角的方向

亦可以用角度來想像正方向和負方向。如果正軸是 0° 位置的角，若以逆時鐘方向旋轉 180°，則與負軸重合。因此可以把正軸想爲指向 0° 的方向，而負軸是指向 180° 的方向。

考慮方向角的概念，可以把負數想爲一正數逆時鐘旋轉 180°，例如，−5 是 +5 旋轉 180°，另一方面 +5 是 +5 旋轉 0°，其表示法爲

$$+5 = 5\underline{|0^\circ}$$

及

$$-5 = 5\underline{|180^\circ}$$

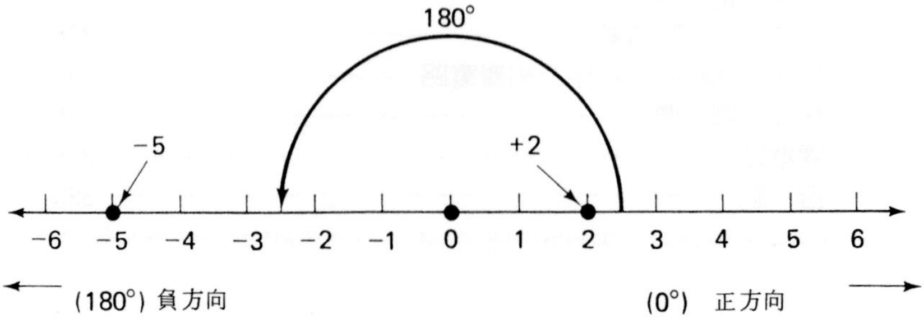

圖 16.1　實數軸

讀作"＋5 等於 5 在 0°，及－5 等於 5 在 180°"。

虛　數

已知N的平方根是一數乘以自己而等於N，例如

$$\sqrt{9}=3$$

因為

$$3\times 3=9$$

但如負實數－9 的平方根就不是實數，因沒有一實數乘以自己而得負值。因此負數的平方根不是實數，而決定為虛數。

我們定義虛數單位 j 為

$$j=\sqrt{-1} \tag{16.1}$$

並以 jN 表示虛數，此處N為實數。例如 $j3$，$j15$，和 $j7$ 都是虛數。而從（16.1）式可以了解

$$j^2=-1 \tag{16.2}$$

因此，如一個例子

$$\begin{aligned}(j3)^2&=j3\times j3\\&=j^2\times 9\\&=-9\end{aligned}$$

故－9 的平方根是

$$\sqrt{-9}=j3$$

因為

$$j3\times j3=-9$$

在數學課本中虛數記為 i，但在電路中不能用 i，因會與電流記號相混淆。

例 16.1： 求(a)$\sqrt{-16}$，(b)$\sqrt{-25}$和(c)$\sqrt{-2}$。

解： (a)

$$\sqrt{-16}=\sqrt{-1}\sqrt{16}=j4$$

同樣的，(b)和(c)可寫成

$$\sqrt{-25}=\sqrt{-1}\sqrt{25}=j5$$

及

$$\sqrt{-2}=\sqrt{-1}\sqrt{2}=j1.414$$

---

j的冪次

由（16.1）式可看出 j 的一次方是 $\sqrt{-1}$，由（16.2）式可知 j 的二次方是－1 。其它次方可從這些結果求得，如

$$j^3=j^2\times j=-j \tag{16.3}$$

及

$$j^4=j^2\times j^2=(-1)\times(-1)=1 \tag{16.4}$$

因此 j 的任何次方都可以簡化成 ± 1 或 $\pm j$ ，超過 4 次方之後可以簡化成這些中的一種 。

例 16.2: 簡化 j^5 和 j^{35} 。

解： 利用（16.4）式可得

$$j^5=j^4\times j=1\times j=j$$

而利用（16.3）式和（16.4）式可得

$$\begin{aligned} j^{35}&=j^{32}\times j^3\\ &=(j^4)^8\times j^3\\ &=-j \end{aligned}$$

---

j運算子

如果把實數 5 連乘 j 兩次爲

$$5\times j\times j=5j^2=-5=5\underline{|180^\circ}$$

因此連乘 j 兩次等效於把實數 5 旋轉 180° ，故把正實數乘 j 一次，將是旋轉 180° 之一半或 90° ，例如，可寫成

$$j5=5\underline{|90^\circ}$$

可以把 j 當作運算子，當它供給任何數 N（即 $N\times j$ ）的結果是 N 旋轉 90° ，一般 j 在 N 的操作爲

$$jN = N\underline{|90^\circ} \tag{16.5}$$

j 軸

若N爲實數，則jN爲虛數。且如果N是正數，jN位於90°或N以反時鐘方向旋轉90°，jN將位於與實數軸成直角的軸上。這個稱爲虛軸，或j軸，如實軸是水平則它是垂直。所以虛數劃於j軸上與實數劃於實軸的方式一樣。實軸和虛軸示於圖16.2中，如圖所示的2和－3及虛數$j5$和$-j4$。

在圖16.2中$-j4$可寫成

$$-j4 = j^3 \times 4$$

它表示三個j運算子應用於實數4上，因每一運算子是以90°反時鐘方向旋轉，故可把$-j4$寫成

$$-j4 = 4\underline{|270^\circ}$$

由圖16.2可知$-j4$點可以把＋4順時鐘方向旋轉90°而獲得。逆時鐘方向旋轉是正的角度（正向旋轉），而順時鐘方向爲負向旋轉並寫成

$$-j4 = 4\underline{|270^\circ} = 4\underline{|-90^\circ}$$

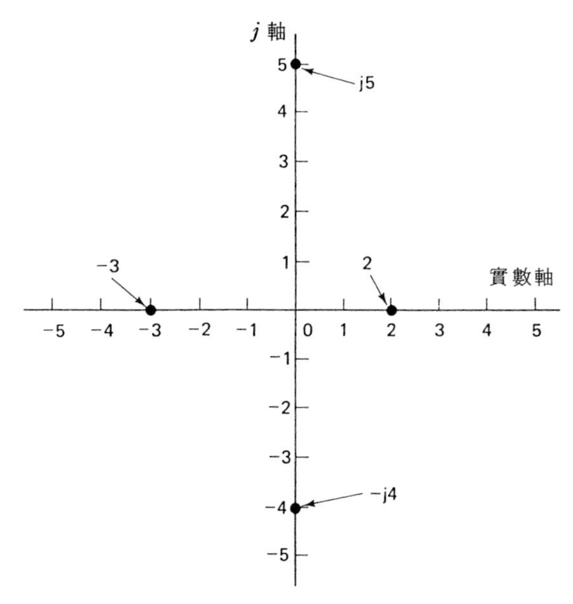

圖16.2 實數軸及虛數值

在一般狀況時，可寫成

$$-jN = N\underline{|270^\circ} = N\underline{|-90^\circ} \tag{16.6}$$

此處N為實數。

16.2 複　數（COMPLEX NUMBERS）

若把實數3加上虛數$j4$，結果

$$N = 3 + j4$$

此數稱為複數。3稱為它的實數部份，而$j4$稱為虛數部份。一般複數的形式為

$$N = a + jb \tag{16.7}$$

此式a和b都是實數，且a為N的實數部份，b為虛數部份。

直角座標型式

複數可劃於由實軸和虛軸所構成的平面上，如$3+j4$劃於圖16.3中。從j軸的水平距離為實數部份3，及從實軸的垂直距離為虛數部份4之處。因$3+j4$劃在直角座標系統（兩軸成直角）上的點（3，4），數$3+j4$及在（16.7）式中的一般情況是說它是直角座標型式。

圖16.3中其它直角座標型式的例子為$-3+j2$，$-5-j3$，及$4-j5$

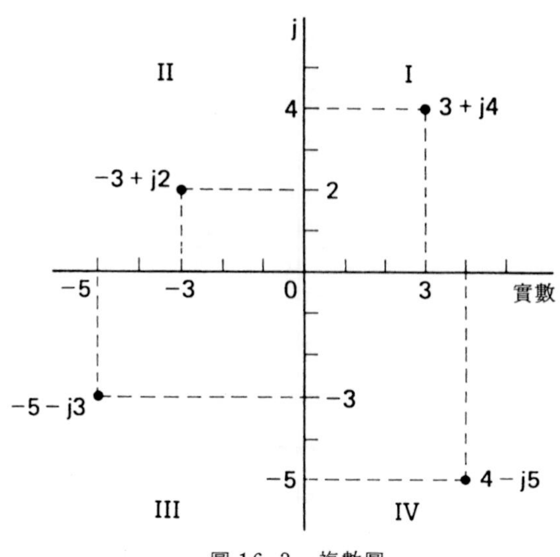

圖16.3　複數圖

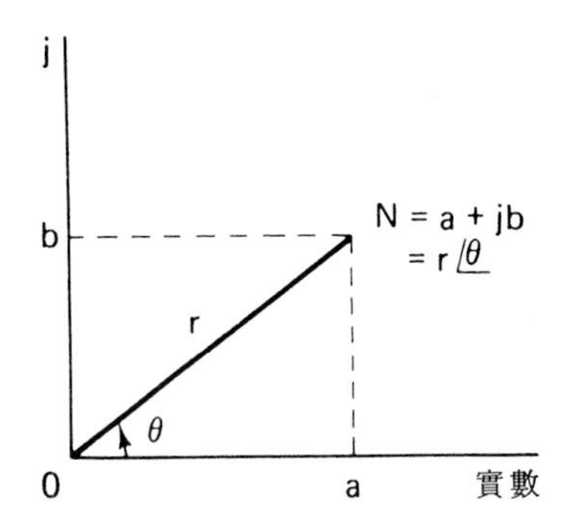

圖 16.4　極座標型式的複數

。這些數說明負實數或虛數如何影響劃製。如果把象限（quadrant）數目如圖 16.3 把平面分成Ⅰ，Ⅱ，Ⅲ和Ⅳ，可看出象限Ⅰ實數和虛數都是正的。在象限Ⅱ，實數爲負虛數爲正。在象限Ⅲ，兩者都是負值。在象限Ⅳ，實數爲正，虛數爲負。

極座標型式

複數$N=a+jb$ 亦可把一實數由實軸作一旋軸，這與上節虛數是把實數旋轉 90° 一樣。這種表示法如圖 16.4 所示，稱爲複數的極座標型式（ polar form ）。而以 r 來表示從原點至代表數那點的長度，另以 θ 來表示與實軸間的夾角，即

$$N=a+jb=r\angle\theta \tag{16.8}$$

此式中 $a+jb$ 爲直角座標型式，而 $r\angle\theta$ 是極座標型式。長度 r 亦稱爲複數的徑長。

由 a ，b 及 r 三邊所組成的三角形，可以找出直角部份與極部份間的關係。θ 的正切爲

$$\tan\theta=\frac{b}{a}$$

因爲 θ 是“ b/a 正切值的角度”。可寫成

$$\theta=\arctan\frac{b}{a} \tag{16.9}$$

或等效於

$$\theta=\tan^{-1}\frac{b}{a} \tag{16.10}$$

而讀作“ θ 等於 b/a 的反正切”。

利用畢氏定理，在圖 16.4 中複數 N 的徑長 r 是

$$r=\sqrt{a^2+b^2} \tag{16.11}$$

因此，將直角座標 $a+jb$ 轉換成極座標型須用

$$\begin{aligned} r &= \sqrt{a^2+b^2} \\ \theta &= \arctan\frac{b}{a} \end{aligned} \tag{16.12}$$

相反的，由圖 16.4 可得

$$\cos\theta=\frac{a}{r}$$

及

$$\sin\theta=\frac{b}{r}$$

可以將極座標型式使用

$$\begin{aligned} a &= r\cos\theta \\ b &= r\sin\theta \end{aligned} \tag{16.13}$$

轉換成直角座標型式。

例 16.3：把直角座標 $N=4+j3$ 轉換成極座標型式。

解：利用（16.12）式可得

$$r=\sqrt{4^2+3^2}=\sqrt{25}=5$$

及

$$\theta=\arctan\frac{3}{4}$$

$$=\arctan 0.75$$

$$=36.9°$$

因此有

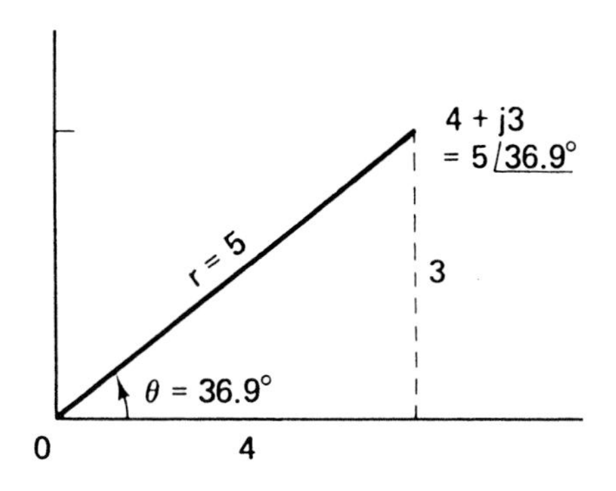

圖 16.5 直角座標轉換到極座

$$4+j3=5\underline{|36.9^\circ} \tag{16.14}$$

之關係式，如圖 16.5 所示。

arctan b/a 的運算可在大部份的科學用掌上計算機完成，或從三角函數表中查到。

例 16.4：將極座標型式 $N=10\underline{|53.1^\circ}$ 轉換成直角座標。

解：利用（16.13）式可得

$$a=10\cos 53.1^\circ=10\,(0.6)=6$$

$$b=10\sin 53.1^\circ=10\,(0.8)=8$$

因此

$$10\underline{|53.1^\circ}=6+j8 \tag{16.15}$$

例 16.5：將直角座標 $N=-6+j6$ 轉換成極座標型式。

解：把 $-6+j6$ 劃在第二象限，如圖 16.6 所示。因此角度位於 90° 和 180° 之間，以負實數的角度爲

$$\arctan\frac{6}{6}=\arctan 1=45^\circ$$

因此 N 的角度爲 $180^\circ-45^\circ=135^\circ$，$N$ 的徑長由（16.12）式可得

$$r=\sqrt{6^2+6^2}=\sqrt{2(6^2)}=6\sqrt{2}$$

$$=8.485$$

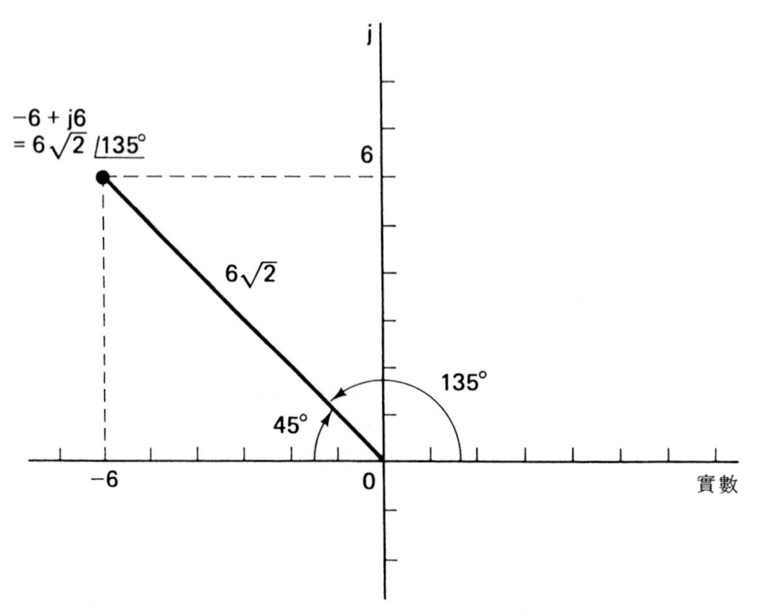

圖 16.6 位於第二象限中的複數

故極座標型式為

$$-6+j6=6\sqrt{2}\angle 135^\circ \tag{16.16}$$

例 16.6: 將下列的數(a) $-4\sqrt{3}-j4$，(b) $2.5-j6$ 轉換成極座標的型式。

解： 情況(a)劃在圖 16.7 (a)中，位於第三象限，其徑長為

$$r=\sqrt{(4\sqrt{3})^2+(4)^2}=8$$

而與負實軸的夾角是

$$\arctan\frac{4}{4\sqrt{3}}=\arctan 0.577=30^\circ$$

複數角度為 $180^\circ+30^\circ=210^\circ$，如圖所示可得

$$-4\sqrt{3}-j4=8\angle 210^\circ \tag{16.17}$$

由圖中可知其角度也是順時鐘負方向的 150°，由（16.17）式可寫成

$$8\angle 210^\circ=8\angle -150^\circ$$

情況(b)是位於第四象限，如圖 16.7 (b)中所示，徑長為

$$r=\sqrt{(2.5)^2+(6)^2}=6.5$$

而以正實軸為準的夾角是

$$2.5-j6=6.5\angle -67.4^\circ$$

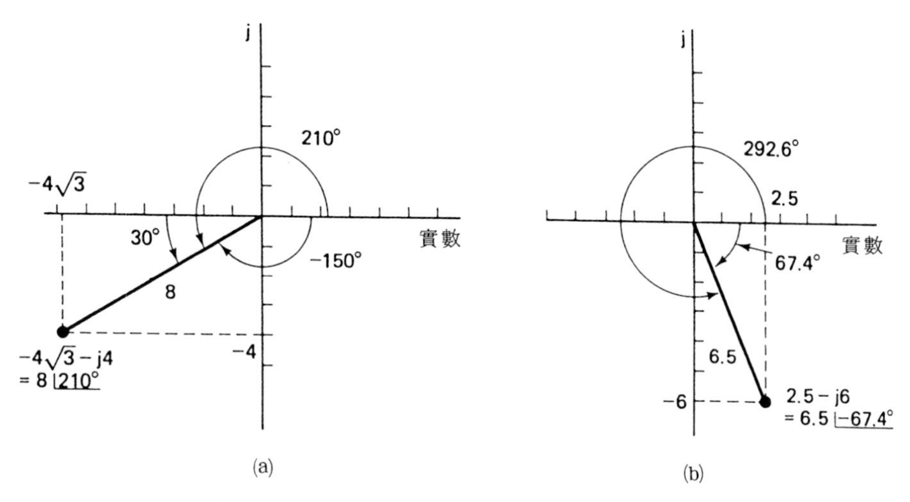

圖 16.7　位於(a)第三象限及(b)第四象限中的複數

因此可得

$$\arctan\frac{6}{2.5}=\arctan 2.4=67.4°$$

另一種表示法是

$$6.5\underline{|-67.4°}=6.5\underline{|360°-67.4°}$$

$$=6.5\underline{|292.6°}$$

最後三個例題說明在第十五章中已討論的三角法，求得在第一象限以外的角度之三角函數。例如在圖 16.6 中，水平座標 $x=-6$，垂直座標 $y=6$，而斜邊 $r=6\sqrt{2}$，因此有

$$\sin 135°=\frac{y}{r}=\frac{6}{6\sqrt{2}}=0.707$$

$$\cos 135°=\frac{x}{r}=\frac{-6}{6\sqrt{2}}=-0.707$$

及

$$\tan 135°=\frac{y}{x}=\frac{6}{-6}=-1$$

例 16.7：求(a) 210°，(b) 292.6° 的正弦、餘弦及正切。

解：在210°時，由圖16.7(a)中可得

$$x=-4\sqrt{3}$$

$$y=-4$$

$$r=8$$

因此

$$\sin 210° =\frac{y}{r}=\frac{-4}{8}=-0.5$$

$$\cos 210° =\frac{x}{r}=\frac{-4\sqrt{3}}{8}=-0.866$$

$$\tan 210° =\frac{y}{x}=\frac{-4}{-4\sqrt{3}}=0.577$$

在292.6°時，由圖16.7(b)中可得

$$x=2.5$$

$$y=-6$$

$$r=6.5$$

因此

$$\sin 292.6° =\frac{y}{r}=\frac{-6}{6.5}=-0.923$$

$$\cos 292.6° =\frac{x}{r}=\frac{2.5}{6.5}=0.385$$

$$\tan 292.6° =\frac{y}{x}=\frac{-6}{2.5}=-2.4$$

由圖16.5及16.7(a)，(b)可得一結論，就是在Ⅰ和Ⅱ象限的正弦函數爲正值，而在Ⅲ和Ⅳ象限中則爲負值。餘弦函數在Ⅰ和Ⅳ象限是正值，而在Ⅱ和Ⅲ爲負值。正切函數在Ⅰ和Ⅲ象限爲正值，而在Ⅱ和Ⅳ象限爲負值。在所有的情況，函數的大小是這些與實軸夾角的函數。

16.3 複數的運算（*OPERATIONS WITH COMPLEX NUMBERS*）

複數可以和$ax+by$的多項式一樣的加、減、乘、除。而結果可用$j^2=-1$，$j^3=-j$，$j^4=1$來簡化成實數和虛數兩部份。

加　法

兩複數相加，可以簡單的把實數和虛數部份分開後，各自相加在一起而完

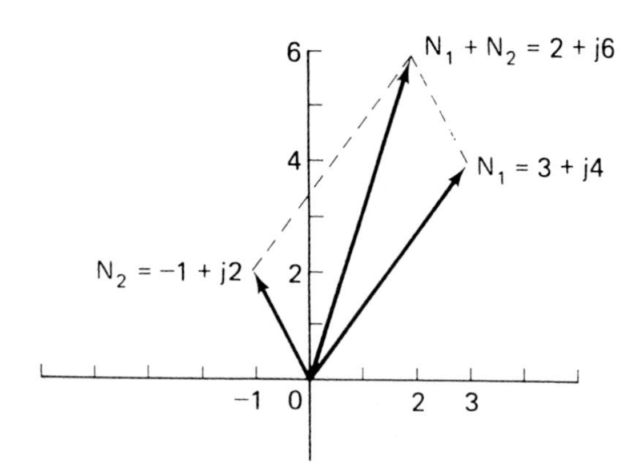

圖 16.8　使用圖解法作兩個複數的加法運算

成，即

$$N_1 = a + jb \tag{16.18}$$

及

$$N_2 = c + jd \tag{16.19}$$

我們可得

$$\begin{aligned} N_1 + N_2 &= (a + jb) + (c + jd) \\ &= (a + c) + j(b + d) \end{aligned} \tag{16.20}$$

例 16.8：把 $N_1 = 3 + j4$ 及 $N_2 = -1 + j2$ 相加在一起。

解：利用（16.20）式可得

$$\begin{aligned} N_1 + N_2 &= [3 + (-1)] + j(4 + 2) \\ &= 2 + j6 \end{aligned}$$

其結果示於圖 16.8 中的座標，可看出它們之和爲平行四邊形的對角線。這方法有時稱爲“完成平行四邊形”。

在圖 16.8 中把箭頭置於代表複數的線上，這是强調它們具有大小而且也有方向。

減　法

兩個複數的相減，可以把它們分離而各自相減即可，亦即，如（16.18）

式和（16.19）式的N_1和N_2，則

$$N_1 - N_2 = (a + jb) - (c + jd) = (a - c) + j(b - d) \tag{16.21}$$

例 16.9：把$N_1 = 3 + j4$減去$N_2 = -1 + j2$。

解：利用（16.21）式可得

$$\begin{aligned} N_1 - N_2 &= (3 + j4) - (-1 + j2) \\ &= [3 - (-1)] + j(4 - 2) \\ &= 4 + j2 \end{aligned}$$

減法亦可把$N_1 - N_2$視為$N_1 + (-N_2)$，（$-N_2$是把N_2反向）而以座標法來完成。因此可把N_1和N_2的反向相加而獲得$N_1 - N_2$，如圖 16.9 中所示，此處$-N_2 = -(-1 + j2) = 1 - j2$。

注意加法和減法當複數以直角座標型式表示時非常容易完成。亦將了解，乘法和除法可以在直角座標時完成，但若以極座標型式表示則運算工作更容易完成。

乘　法

把（16.18）式及（16.19）式之N_1和N_2相乘結果是

$$\begin{aligned} N_1 N_2 &= (a + jb)(c + jd) \\ &= ac + jad + jbc + j^2 bd \\ &= (ac - bd) + j(ad + bc) \end{aligned} \tag{16.22}$$

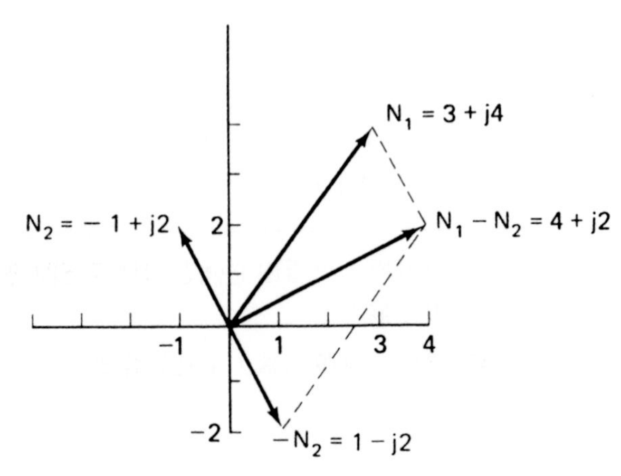

圖 16.9　兩複數減法的圖解運算法

因此結果可簡化成一實數和一虛數部份。

例 16.10：求N_1N_2的乘積，此處$N_1=3+j4$及$N_2=-1+j2$。

解：可以寫成

$$\begin{aligned}N_1N_2 &= (3+j4)(-1+j2)\\ &= (3)(-1)+j^2(4)(2)+j[3(2)+4(-1)]\\ &= (-3-8)+j(6-4)\\ &= -11+j2\end{aligned}$$

事實上不需背（16.22）式的公式。可簡單的把兩數乘在一起，就如同多項式的乘法相同，再將結果簡化。

如果數值如下所示的極座標型式

$$N_1 = r_1\underline{\big|\theta_1} \tag{16.23}$$

及

$$N_2 = r_2\underline{\big|\theta_2} \tag{16.24}$$

則可使用三角學來證明它們的乘積是

$$N_1N_2 = r_1r_2\underline{\big|\theta_1+\theta_2} \tag{16.25}$$

是把那些弳長相乘，角度相加而得。將舉例說明這種程序。

例 16.11：在例題16.10中使用極座標，求N_1N_2。

解：極座標型式是

$$N_1 = \sqrt{3^2+4^2}\underline{\big|\arctan 4/3} = 5\underline{\big|53.130^\circ}$$

及

$$N_2 = \sqrt{1^2+2^2}\underline{\big|180^\circ - \arctan 2/1} = 2.236\underline{\big|116.565^\circ}$$

因此利用（16.25）式有

$$\begin{aligned}N_1N_2 &= 5(2.236)\underline{\big|53.130^\circ + 116.565^\circ}\\ &= 11.180\underline{\big|169.695^\circ}\end{aligned}$$

為了驗證這結果，我們使用N_1N_2變至直角座標型式，結果是

$$N_1N_2 = 11.18\cos 169.695° + j11.18\sin 169.695°$$

$$= -11 + j2$$

這是在例題16.10中所獲得的解答。

例 16.12：求複數 $c+jd$ 和 $c-jd$ 的乘積。

解：乘積是由下列運算得出

$$(c+jd)(c-jd) = c^2 - jcd + jcd - j^2d$$

或

$$(c+jd)(c-jd) = c^2 + d^2$$

因虛數部份被消掉，此特殊情況解答是一實數，而是兩部份的平方和。

除　法

我們可以表示 N_1 除以 N_2 為

$$\frac{N_1}{N_2} = \frac{a+jb}{c+jd}$$

它可以把分子和分母都乘以 $c-jd$ 而有理化（把分母的 j 去掉），如在例題16.12所看到的一樣，結果是

$$\frac{N_1}{N_2} = \frac{a+jb}{c+jd}\cdot\frac{c-jd}{c-jd}$$

$$= \frac{(ac+bd)+j(bc-ad)}{(c^2-j^2d^2)+j(dc-dc)}$$

$$= \frac{(ac+bd)+j(bc-ad)}{c^2+d^2} \tag{16.26}$$

它可以寫成下面形式

$$\frac{N_1}{N_2} = \frac{ac+bd}{c^2+d^2} + j\frac{bc-ad}{c^2+d^2} \tag{16.27}$$

此式顯示了實數部份 $(ac+bd)/(c^2+d^2)$ 及虛數部份 $(bc-ad)/(c^2+d^2)$。

注意在(16.26)式有理化程序中分母為原來分母兩者平方之和 c^2+d^2，將舉例說明這重要的觀念。

例 16.13：求N_1/N_2，此處$N_1=3+j4$和$N_2=-1+j2$。

解：我們有

$$\frac{N_1}{N_2}=\frac{3+j4}{-1+j2}$$

$$=\frac{3+j4}{-1+j2}\cdot\frac{-1-j2}{-1-j2}$$

$$=\frac{[3(-1)+4(2)]+j[4(-1)+3(-2)]}{(-1)^2+(2)^2}$$

$$=\frac{5-j10}{5}=1-j2$$

除法的運算可以以極座標形式完成

$$\frac{N_1}{N_2}=\frac{r_1\lfloor\theta_1}{r_2\lfloor\theta_2}=\frac{r_1}{r_2}\lfloor\theta_1-\theta_2 \qquad (16.28)$$

即弳長爲各自弳長的比率，而角度爲分子上的角度減去分母的角度。

例 16.14：求N_1/N_2，使用例題 16.13 中數的極座標型式。

解：已知$N_1=5\lfloor 53.13°$及$N_2=2.236\lfloor 116.565°$因此利用(16.28)式可得

$$\frac{N_1}{N_2}=\frac{5\lfloor 53.13°}{2.236\lfloor 116.565°}$$

$$=2.236\lfloor -63.435°$$

（注意$2.236=\sqrt{5}$，所以$5/2.236=5/\sqrt{5}=\sqrt{5}=2.236$）

爲證明此結果，改變N_1/N_2的結果以直角座標型式爲

$$\frac{N_1}{N_2}=2.236\cos(-63.435°)+j2.236\sin(-63.435°)$$

$$=2.236\cos 63.435°-j2.236\sin 63.435°$$

$$=1-j2$$

這個結果與例題 16.13 中完全相同。

1/j 的有理化

因$j=0+j1$，可以把分數$1/j$的分子分母各乘以$0-j1=-j1$而將之有理化，即

$$\frac{1}{j}=\frac{1}{j}\cdot\frac{-j}{-j}=\frac{-j}{-j^2}=\frac{-j}{1}$$

或

$$\frac{1}{j}=-j \tag{16.29}$$

例 16.15：把(a) $6/j$ 和(b) $(2-j3)/j$ 的分母有理化。

解：因 $1/j=-j$，在(a)部份可得

$$\frac{6}{j}=6(-j)=-j6$$

而(b)可得

$$\begin{aligned}\frac{2-j3}{j}&=(2-j3)(-j)\\&=-j2+j^2 3\\&=-3-j2\end{aligned}$$

複數的共軛

在（16.26）式中把分母

$$N=c+jd \tag{16.30}$$

有理化，是乘以一個數

$$N^*=c-jd \tag{16.31}$$

數N^*爲N的共軛，或共軛複數（complex conjugate），並且它是簡單的把N中的 j 以 $-j$ 所取代而獲得。

譬如，$3+j4$ 的共軛複數爲 $3-j4$，而它們的極座標型式是

$$N=3+j4=5\angle\tan^{-1}\tfrac{4}{3}=5\angle 53.1^\circ$$

而

$$N^*=3-j4=5\angle\tan^{-1}(-\tfrac{4}{3})=5\angle -53.1^\circ$$

因此極座標型式的共軛複數是把它的角度符號改變即可。即

$$(r\underline{/\theta})^* = r\underline{/-\theta} \tag{16.32}$$

把一數$N=a+jb$乘以它的共軛$N^*=a-jb$是實數，如例題16.12中一樣，並從下列的運算結果可了解

$$\begin{aligned} NN^* &= (a+jb)(a-jb) \\ &= a^2 - j^2b^2 + jab - jab \\ &= a^2 + b^2 \end{aligned} \tag{16.33}$$

這在極座標型式中亦可很容易看出，這種型式是

$$\begin{aligned} NN^* &= (r\underline{/\theta})(r\underline{/-\theta}) \\ &= r^2\underline{/\theta-\theta} \\ &= r^2\underline{/0} \\ &= r^2 \end{aligned} \tag{16.34}$$

此式的結果是實數。

一般把$N=a+jb$的徑長以$r=|N|$表示，爲

$$|N| = r = \sqrt{a^2+b^2} \tag{16.35}$$

此式是利用（16.33）式而是$\sqrt{NN^*}$。即$|N|=\sqrt{NN^*}$或

$$|N|^2 = NN^* \tag{16.36}$$

它是實數和虛數部份的平方和。

例16.16：求複數$N=5-j12$的徑長。

解：因有$N^*=5+j12$，所以

$$|N|^2 = NN^* = 5^2 + 12^2 = 169$$

或

$$|N| = \sqrt{169} = 13$$

16.4　相量的表示法（*PHASOR REPRESENTATIONS*）

現在將定義正弦函數電流和電壓的相量或相量的表示法。本節將了解相

量是複數，且可作加減乘除的運算。

相　量

首先正弦函數爲

$$v=V_m\sin(\omega t+\phi) \tag{16.37}$$

此處是取它的電壓，但也可以是電流。若均方根值爲$V_{\text{rms}}=V$，則可知

$$V=\frac{V_m}{\sqrt{2}} \tag{16.38}$$

或

$$V_m=\sqrt{2}\,V \tag{16.39}$$

以均方根值來取代，可把（16.37）式寫爲

$$v=\sqrt{2}\,V\sin(\omega t+\phi) \tag{16.40}$$

在（16.40）式中 v 相量定義爲複數

$$\mathbf{V}=V\underline{|\phi} \tag{16.41}$$

因此相量取決在均方根值V，且可由波幅 V_m 求得，而相量角 ϕ 可直接由（16.40）式中正弦函數直接寫出爲了把它們與其它複數有所區別，相量是以如示的粗體字印出。

例 16.17：求正弦電壓和電流

$$v=170\sin(377t+15°)$$

$$i=17\sin(377t-10°)$$

解：因$V_m=170$，故

$$V=\frac{V_m}{\sqrt{2}}=\frac{170}{\sqrt{2}}=120$$

同樣的 $I_m=17$，所以 $I=12$。因此 v 的相量是

$$\mathbf{V}=120\underline{|15°}$$

而 i 是

$$\mathbf{I} = 12\angle -10^\circ$$

在一般情況，(16.41)式可以利用(16.38)式而改寫爲

$$\mathbf{V} = \frac{V_m}{\sqrt{2}}\angle \phi \tag{16.42}$$

相量亦可用峯值來定義，此時將(16.42)式的因數$\sqrt{2}$去掉。但在交流電壓表及電流表所測出的是均方根值，且用它來計算平均功率。因此將採用均方根值來定義相量，即以(16.41)式來定義。

在交流正弦穩態電路中，所有的電壓和電流具有相同頻率ω的正弦函數，但波幅V_m(或I_m)及相角ϕ是不同。若頻率ω爲已知，由相量說明可以把正弦波完全描述。若所給的相量**V**是(16.41)式，可得V和ϕ，故可求得$V_m=\sqrt{2}V$及寫出(16.37)式形式的正弦函數。

例 16.18：給一相量$\mathbf{V}=70.7\angle 30^\circ$伏特，且頻率$f=60$ Hz，求正弦電壓v。

解：因$V=70.7$伏特，所以有

$$V_m = \sqrt{2}\,V = \sqrt{2}\,(70.7) = 100 \text{ V}$$

且角頻率$\omega=2\pi f=2\pi(60)=377$ 弳/秒

利用(16.37)式可得

$$v = 100 \sin(377t + 30^\circ) \text{ V}$$

如果波形是餘弦波，則可使用下列結果

$$\cos\theta = \sin(\theta + 90^\circ) \tag{16.43}$$

這已在(15.29)式討論過，根據這個關係式再獲得相量。是把餘弦函數的相位加上90°而使它變成正弦函數，可由下面例題來說明。

例 16.19：求下列弦波

$$i = 20\cos 6t \text{ A}$$

及

$$v = 20\cos(6t - 30^\circ) \text{ V}$$

的相量表示。

解：可將函數相角加上90°而轉換成正弦函數故改寫成

$$i=20\sin(6t+90°)\ \text{A}$$

及

$$v=20\sin(6t-30°+90°)\ \text{V}$$

或

$$v=20\sin(6t+60°)\ \text{V}$$

因此相位分別爲90°及60°，均方根值都是$20/\sqrt{2}=14.14$，故相量爲

$$\mathbf{I}=14.14\underline{/90°}\ \text{A}$$
$$\mathbf{V}=14.14\underline{/60°}\ \text{V}$$

16.5 阻抗和導納（*IMPEDANCE AND ADMITTANCE*）

在電阻器中，V/i 的比值是電阻 R，它是反對電流的能力。我們可定義近似抵抗電流的$\mathbf{V}/\mathbf{I}$，這是交流電路中與一元件結合的交流正弦電壓 v 和電流 i 的相量$\mathbf{V}$和$\mathbf{I}$下所定義的。若有如圖16.10(a)中所示含有正弦函數 v 和 i 的電路元件，及如圖16.10(b)中有相量電壓$\mathbf{V}$及電流$\mathbf{I}$的對應元件。且$\mathbf{V}$和$\mathbf{I}$是 v 和 i 的相量，而抵抗電流的數值標示爲$\mathbf{Z}$，並定義爲

$$\mathbf{Z}=\frac{\mathbf{V}}{\mathbf{I}} \tag{16.44}$$

因 v 和 i 是時間函數，及$\mathbf{V}$和$\mathbf{I}$爲相量。故可把圖16.10(a)的元件想爲時域元件表示，而圖16.10(b)是它的相域表示。因此在（16.44）式中的$\mathbf{Z}$與時間無關，並且在本節中將會了解它是頻率的函數。

阻　抗

在（16.44）式中的數值$\mathbf{Z}$稱爲圖16.10(b)中元件的阻抗，而一般情況它是複數，這是因$\mathbf{V}$和$\mathbf{I}$兩者都是複數。且$\mathbf{Z}$和R是擔任同樣的角色。而（16.44）式就是歐姆定律的形式。而主要的不同點爲R是正實數但$\mathbf{Z}$是複數。

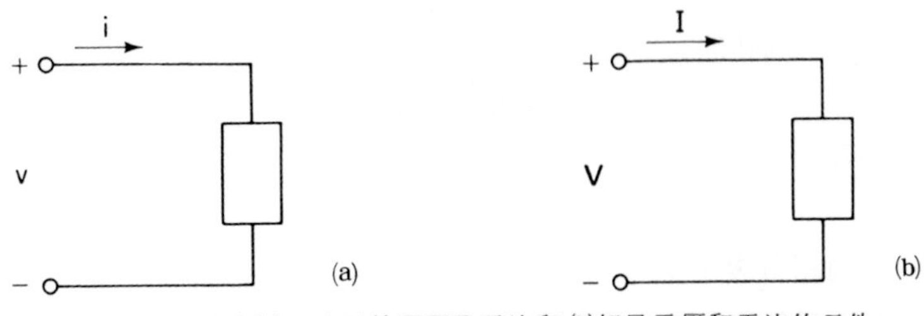

圖16.10　具有(a)正弦函數電壓及電流與(b)相量電壓和電流的元件

例16.20：如在圖16.10(a)的時域中的電壓是

$$v = 100 \sin(2t + 60°)\ \text{V}$$

及電流

$$i = 5 \sin(2t + 15°)\ \text{A}$$

求**Z**。

解：相量是$\mathbf{V}=(100/\sqrt{2})\angle 60°$ 及 $\mathbf{I}=(5/\sqrt{2})\angle 15°$

利用（16.44）式可得

$$\mathbf{Z} = \frac{\mathbf{V}}{\mathbf{I}} = \frac{100/\sqrt{2}\angle 60°}{5/\sqrt{2}\angle 15°} = 20\angle 45°\ \Omega$$

電阻器的阻抗

在圖16.10(a)中元件是電阻器R，電流爲

$$i = I_m \sin \omega t$$

且電壓是

$$v = Ri = RI_m \sin \omega t$$

因此相量電流和電壓是

$$\mathbf{I} = \frac{I_m}{\sqrt{2}}\angle 0°$$

和

$$\mathbf{V} = \frac{RI_m}{\sqrt{2}}\angle 0°$$

利用（16.44）式阻抗是

$$\mathbf{Z} = \frac{\mathbf{V}}{\mathbf{I}} = \frac{RI_m/\sqrt{2}\angle 0°}{I_m/\sqrt{2}\angle 0°} = R\angle 0° = R$$

卽電阻器的阻抗是它的電阻R。

因此可摘要爲，如有一電阻器R的阻抗是$\mathbf{Z}_R$，則

$$Z_R = R \tag{16.45}$$

電感器的阻抗

如果圖16.10(a)中元件是電感 L 及電流 i

$$i = I_m \sin \omega t \tag{16.46}$$

而由圖15.16和練習題15.7-1中知電壓是餘弦波，它是

$$v = \omega L I_m \cos \omega t$$

利用（16.43）式電壓可改寫成

$$v = \omega L I_m \sin(\omega t + 90°) \tag{16.47}$$

因此在圖16.10(b)中相量值是

$$\mathbf{I} = \frac{I_m}{\sqrt{2}} \angle 0°$$

和

$$\mathbf{V} = \frac{\omega L I_m}{\sqrt{2}} \angle 90°$$

故電感器的阻抗 $\mathbf{Z}_L$ 是

$$\mathbf{Z}_L = \frac{\omega L I_m/\sqrt{2} \angle 90°}{I_m/\sqrt{2} \angle 0°} = \omega L \angle 90°$$

或以 j 運算子來取代

$$\mathbf{Z}_L = j\omega L \tag{16.48}$$

例 16.21：若頻率是 $\omega = 5$ 弳/秒，求 10 亨利電感器的阻抗 。

解：因 $L = 10$ ，由（16.48）式可得

$$\mathbf{Z}_L = j\omega L = j(5)(10) = j50\ \Omega$$

電容器的阻抗

在電感器中有 $v=L(di/dt)$ 的式子，而電容器中有 $i=C(dv/dt)$ 的關係式。因此可在電感方程式中 L 以 C，v 以 i 及 i 以 v 所取代而獲得電容器方程式。將這種代換延伸到電感器的（16.46）式和（16.47）式，我們有類比的電容器電壓

$$v=V_m\sin\omega t$$

和電流

$$i=\omega CV_m\sin(\omega t+90°)$$

因此電容器的電壓和電流相量是

$$\mathbf{V}=\frac{V_m}{\sqrt{2}}\underline{/0°}$$

和

$$\mathbf{I}=\frac{\omega CV_m}{\sqrt{2}}\underline{/90°}$$

而電容器阻抗標記爲 $\mathbf{Z}_C$

$$\mathbf{Z}_C=\frac{V_m/\sqrt{2}\underline{/0°}}{\omega CV_m/\sqrt{2}\underline{/90°}}=\frac{1}{\omega C}\underline{/-90°}$$

或以 j 取代是

$$\mathbf{Z}_C=-j\frac{1}{\omega C} \tag{16.49}$$

因 $-j=1/j$，此式可簡化爲

$$\mathbf{Z}_C=\frac{1}{j\omega C} \tag{16.50}$$

例 16.22：若頻率 $\omega=10{,}000$ 弳/秒，求 10μF 電容器的阻抗。

解：$C=10\,\mu\text{F}=10\times10^{-6}\,\text{F}=10^{-5}\,\text{F}$，利用（16.49）式阻抗是

$$\mathbf{Z}_C=-j\frac{1}{(10{,}000)(10^{-5})}=-j10\ \Omega$$

阻抗$\mathbf{Z}_R$，$\mathbf{Z}_L$，$\mathbf{Z}_C$已由相角爲零的相量$\mathbf{V}$和$\mathbf{I}$獲得。這在數學上的運算較方便完成，其結果亦符合一般的情況。任何加在$\mathbf{V}$的相角亦會呈現在$\mathbf{I}$之中，並在$\mathbf{V}/\mathbf{I}$之比値中消掉。

特別提出$\mathbf{Z}_R$是常數，但$\mathbf{Z}_L$和$\mathbf{Z}_C$是決定在頻率。$\mathbf{Z}_R$是正實數位於正實數軸上，$\mathbf{Z}_L$位於正j軸（位於90°角），而$\mathbf{Z}_C$是位於負j軸上（在角度爲270°或－90°）。在低頻時$\mathbf{Z}_L$很小，但$\mathbf{Z}_C$則很大。在直流的情況$\omega=0$，$\mathbf{Z}_L=0$，因此電感器是短路，但$\mathbf{Z}_C$是無限大，因此電容器是開路。在高頻時，剛好相反，$\mathbf{Z}_L$很大而$\mathbf{Z}_C$很小。

導　納

可以把（16.44）式當作交流電路的“歐姆定律”並寫成下列的形式

$$\mathbf{V}=\mathbf{ZI} \tag{16.51}$$

當然這和歐姆定律 $v=Ri$ 在電阻器中的形式相同，此處$\mathbf{Z}$擔任R的角色，來抵抗電流流過。在電阻器中，電導是$G=1/R$，它是用來測量導通電流的容易性。在相量情況中類比在電導的是$\mathbf{Z}$的倒數，以$\mathbf{Y}$來表示，並稱爲元件的導納即

$$\mathbf{Y}=\frac{1}{\mathbf{Z}} \tag{16.52}$$

且它的單位是姆歐。

例如電阻器的導納是

$$\mathbf{Y}_R=\frac{1}{R}=G \tag{16.53}$$

電感器的導納是

$$\mathbf{Y}_L=\frac{1}{\mathbf{Z}_L}=\frac{1}{j\omega L}=-j\frac{1}{\omega L} \tag{16.54}$$

及電容器的導納是

$$Y_C=\frac{1}{Z_C}=j\omega C \tag{16.55}$$

以導納所代替的歐姆定律是

$$\mathbf{I}=\mathbf{Y}\mathbf{V} \tag{16.56}$$

例 16.23：求具有電壓爲 $v=10\sqrt{2}\sin(1000t+15°)$ 伏特的 2 μF 電容器之相量電流和穩態正弦電流。

解：由 v 中可知 $\omega=1000$ 弳/秒，且相量電壓是

$$v=10\sqrt{2}\sin(1000t+15°)\text{ V}$$

且利用（16.55）式可得

$$\mathbf{V}=10\underline{|15°}\text{ V}$$

因此利用（16.56）式相量電流是

$$\begin{aligned}\mathbf{Y}&=j\omega C\\&=j(1000)(2\times10^{-6})=j2\times10^{-3}\\&=2\times10^{-3}\underline{|90°}\ \mho\end{aligned}$$

而正弦電流是

$$\begin{aligned}\mathbf{I}=\mathbf{Y}\mathbf{V}&=(2\times10^{-3}\underline{|90°})(10\underline{|15°})\\&=0.02\underline{|105°}\text{ A}\\&=20\underline{|105°}\text{ mA}\end{aligned}$$

16.6 克希荷夫定律及相量電路 (*KIRCHHOFF'S LAWS AND PHASOR CIRCUITS*)

在先前已討論過的，在穩態交流電路中，所有電流和電壓都是正弦函數，且和正弦電源具有相同的頻率。因克希荷夫電壓和電流定律亦適用於交流電路所以在特定頻率正弦函數的代數和也是相同頻率的正弦函數。例如環繞環路正弦函數電壓降之和等於正弦函數電壓昇之和。因正弦函數可用相量來表示，這就是可把電路中正弦函數的電壓和電流以相量來取代，且克希荷夫電壓和電流定律仍然適用。

相量電路

例如考慮圖16.11中的交流電路，所有的電壓和電流都以它們的相量表示取代。利用 KCL 知道流過每一元件的 **I** 都一樣。而應用 KVL 則有

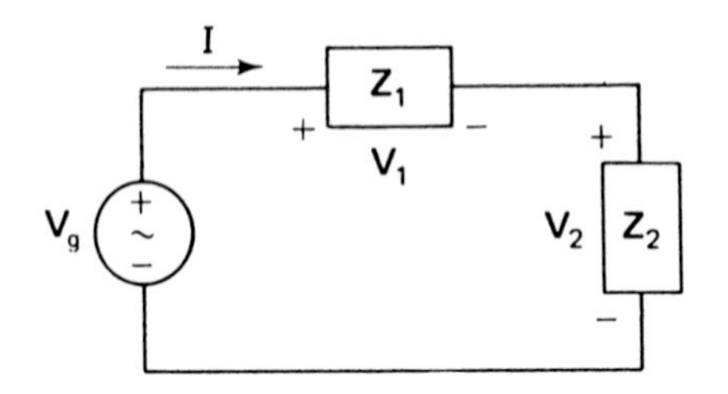

圖 16.11　以相量值表示的電路

$$\mathbf{V}_1 + \mathbf{V}_2 = \mathbf{V}_g \tag{16.57}$$

的結果。

數值 $\mathbf{Z}_1$ 和 $\mathbf{Z}_2$ 是所示長方形元件的阻抗，並有與電流 $\mathbf{I}$ 相關的電壓 $\mathbf{V}_1$ 和 $\mathbf{V}_2$。

圖16.11電路稱爲相量電路，因它是從時域電路中把所有電壓和電流以相量所取代，並把電源以外元件以阻抗來標記而獲得。KCL 和 KVL 亦適用於相量，且類比的歐姆定律也適用，因此圖16.11中電路有

$$\begin{aligned} \mathbf{V}_1 &= \mathbf{Z}_1\mathbf{I} \\ \mathbf{V}_2 &= \mathbf{Z}_2\mathbf{I} \end{aligned} \tag{16.58}$$

的方程式，所以相量電路亦可和電阻電路一樣的分析。唯一不同是阻抗爲複數，而電阻爲實數。而在分析中求得的電壓和電流都是相量，它可立即轉換成時域正弦函數的解答。如我們只需電表的均方根值，那就不一定要作轉換的工作。

例如在圖 16.12(a)中有正弦電源 V_g 和元件 R，L 和 C 串聯的時域串聯電路。其相量電路示於圖 16.12(b)中，是把 v_g，v_R，v_L，v_C 和 i 以它們各自的相量 $\mathbf{V}_g$，$\mathbf{V}_R$，$\mathbf{V}_L$，$\mathbf{V}_C$ 和 $\mathbf{I}$ 所取代，並把 R，L，C 以它們的阻抗來標示而獲得一電路。

假設在圖16.12(a)中電路 V_g，R，L 和 C 已知，要求穩態電流 i。由相量

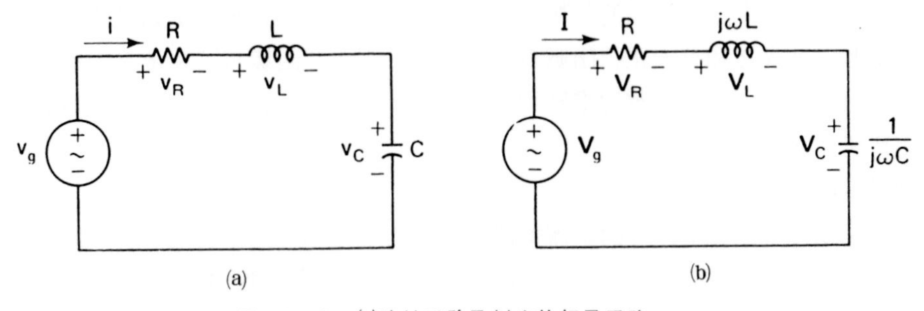

圖 16.12　(a)時域電路及(b)它的相量電路

電路中應用 KVL 可得

$$\mathbf{V}_R+\mathbf{V}_L+\mathbf{V}_C=\mathbf{V}_g \tag{16.59}$$

其中

$$\mathbf{V}_R=R\mathbf{I}$$

$$\mathbf{V}_L=j\omega L\mathbf{I}$$

$$\mathbf{V}_C=\frac{1}{j\omega C}\mathbf{I}$$

因此（16.59）式變成

$$R\mathbf{I}+j\omega L\mathbf{I}+\frac{1}{j\omega C}\mathbf{I}=\mathbf{V}_g$$

或

$$\left(R+j\omega L+\frac{1}{j\omega C}\right)\mathbf{I}=\mathbf{V}_g$$

因此相位電流是

$$\mathbf{I}=\frac{\mathbf{V}_g}{R+j\omega L+1/j\omega C} \tag{16.60}$$

正弦函數電流 i 可從 $\mathbf{I}$ 獲得。

例 16.24：在圖 16.12(a)中，若 $R=4\,\Omega$，$L=2\,\text{H}$，$C=0.5\,\text{F}$，且 $v_g=10\sin 2t$ 伏特求電流 i。

解：電源相量 $\mathbf{V}_g=10/\sqrt{2}\,\underline{|0^\circ}$ 及 $\omega=2$ 徑/秒，利用（16.60）式得

$$\mathbf{I}=\frac{10/\sqrt{2}\,\underline{|0^\circ}}{4+j(2)(2)-j1/(2)(0.5)}$$

$$=\frac{10/\sqrt{2}\,\underline{|0^\circ}}{4+j3}\quad=\frac{10/\sqrt{2}\,\underline{|0^\circ}}{5\,\underline{|36.9^\circ}}$$

$$=\frac{2}{\sqrt{2}}\,\underline{|-36.9^\circ}$$

因此時域電流是

$$i=2\sin(2t-36.9°)\text{ A}$$

當在考慮第十五章中相同的電路時，這結果驗證了在（15.54）式所給的結果。

16.7 摘 要（*SUMMARY*）

複數具有直角座標型式$N=a+jb$，此處a和b是實數而$j=\sqrt{-1}$。如$b=0$，則$N=a$爲實數，另若$a=0$，則$N=jb$爲虛數。實數劃於實數軸爲水平軸，而虛數劃於j軸，與實數軸成90°爲垂直軸。複數是由兩軸所組成四象限中的一個，並可以以極座標$N=r\underline{/\theta}$來表示，此處r是表示數的徑長，而θ是與實數軸的夾角。

例如

$$v=\sqrt{2}\ V\sin(\omega t+\phi)$$

正弦波函數它的相量是

$$\mathbf{V}=V\underline{/\phi}$$

它是複數，並可與其他的複數利用加、減、乘、除的法則結合在一起。一元件電壓相量和它的電流相量的比值是元件的阻抗$\mathbf{Z}=\mathbf{V}/\mathbf{I}$，其關係爲

$$\mathbf{V}=\mathbf{Z}\mathbf{I}$$

和電阻電路中的歐姆定律一樣。因此交流穩態電路和電阻電路一樣，只要將所有電壓和電流以相量所取代，並除了電源外所有元件以阻抗標示成爲相量電路。這相量電路可解出電壓或電流相量，再用這個結果去求正弦函數的解答。

練習題

16.1-1 求(a)$\sqrt{-36}$，(b)$\sqrt{-9}\sqrt{-16}$，及(c)$4\sqrt{-81}$。
答：(a)$j6$，(b)-12，(c)$j36$。

16.1-2 簡化下列數值(a)$-j^6$，(b)j^{17}，(c)$j^3\times j^8$。
答：(a)1，(b)j，(c)$-j$。

16.1-3 以實數或虛數寫出(a)$6\underline{/0°}$，(b)$4\underline{/180°}$，(c)$17\underline{/90°}$，(d)$2\underline{/-90°}$。

答：(a) 6，(b) −4，(c) $j17$，(d) $-j2$。

16.2-1 把下列的數變成極座標型式(a) $9+j12$，(b) $-1+j2$，(c) $-5+j12$ 及(d) $8-j15$。

答：(a) $15\underline{\lfloor 53.1^\circ}$，(b) $\sqrt{5}\underline{\lfloor 116.6^\circ}$，(c) $13\underline{\lfloor 247.7^\circ}$，(d) $17\underline{\lfloor -61.9^\circ}$。

16.2-2 把下列的數轉換成直角座標型式(a) $10\underline{\lfloor 60^\circ}$，(b) $5\underline{\lfloor 126.9^\circ}$，(c) $20\underline{\lfloor -45^\circ}$ 及(d) $10\underline{\lfloor 225^\circ}$。

答：(a) $5+j8.66$，(b) $-3+j4$，(c) $14.14-j14.14$，(d) $-7.07-j7.07$。

16.2-3 求(a) $\sin 150^\circ$，(b) $\cos 225^\circ$，(c) $\tan 315^\circ$，(d) $\sin(-30^\circ)$ 之值。

答：(a) 0.5，(b) −0.707，(c) −1，(d) −0.5。

16.3-1 已知 $N_1=8-j6$ 及 $N_2=3+j4$，求(a) N_1+N_2，(b) N_1-N_2，(c) N_1N_2 及(d) N_1/N_2，並使用直角座標來運算。

答：(a) $11-j2$，(b) $5-j10$，(c) $48+j14$，(d) $-j2$。

16.3-2 把練習題 16.3-1 中的 N_1，N_2 改為極座標型式，並求(a) N_1N_2，(b) N_1/N_2。

答：(a) $50\underline{\lfloor 16.3^\circ}$，(b) $2\underline{\lfloor -90^\circ}$。

16.3-3 求下列數值的共軛及徑長(a) $8-j15$，(b) $-12+j5$ 及(c) $4-j3$。

答：(a) $8+j15$，17，(b) $-12-j5$，13，(c) $4+j3$，5。

16.3-4 把下列數值分母有理化(a) $\dfrac{1}{3-j2}$，(b) $\dfrac{338}{-5+j12}$，及(c) $-\dfrac{8}{j}$。

答：(a) $\dfrac{3+j2}{13}$，(b) $-10-j24$，(c) $j8$。

16.4-1 求下列正弦函數的相量(a) $10\sqrt{2}\sin 2t$，(b) $20\sqrt{2}\sin(3t+15^\circ)$，(c) $40\sin(7t-20^\circ)$，(d) $50\sqrt{2}\cos(50t+10^\circ)$。

答：(a) $10\underline{\lfloor 0^\circ}$，(b) $20\underline{\lfloor 15^\circ}$，(c) $28.28\underline{\lfloor -20^\circ}$，(d) $50\underline{\lfloor 100^\circ}$。

16.4-2 求下列相量的正弦函數，(a) $10\underline{\lfloor 0^\circ}$，(b) $20/\sqrt{2}\underline{\lfloor 45^\circ}$，(c) $100\underline{\lfloor -10^\circ}$ 及(d) $5\underline{\lfloor 90^\circ}$，每個頻率都是 $\omega=6$ 弳/秒。

答：(a) $14.14\sin 6t$，(b) $20\sin(6t+45^\circ)$，(c) $141.42\sin(6t-10^\circ)$，(d) $7.07\sin(6t+90^\circ)=7.07\cos 6t$。

16.5-1 有一元件具有 $v=10\sin 2t$ 伏特及電流 $i=2\sin(2t-30^\circ)$ 安培，求它的阻抗 $\mathbf{Z}$。

答：$5\angle 30^\circ\ \Omega$ 。

16.5-2　如有一元件阻抗 $\mathbf{Z}=10\angle 45^\circ\ \Omega$，電壓 $v=40\sin(6t+10^\circ)$ 伏特，求它的相量電流和它的時域電流。

答：$4/\sqrt{2}\angle -35^\circ$ 安培，$4\sin(6t-35^\circ)$ 安培。

16.5-3　若頻率 $\omega=2000$ 弳／秒，求(a) $1\ \text{k}\Omega$ 電阻器，(b) $3\ \text{H}$ 電感器，及(c) $0.1\ \mu\text{F}$ 電容器之阻抗。

答：(a) $1\ \text{k}\Omega$，(b) $j6\ \text{k}\Omega$，(c) $-j5\ \text{k}\Omega$ 。

16.5-4　若有 $2\ \text{H}$ 電感器具有 $j1000\ \Omega$ 的阻抗，求頻率 ω 。

答：500 弳／秒。

16.6-1　在圖 16.12 中，若 $R=3\ \Omega$，$L=1\ \text{H}$，$C=\dfrac{1}{4}\ \mu\text{F}$ 及 $V_g=18\sqrt{2}\sin 4t$ 伏特，求穩態值 i 。

答：$6\sin(4t-45^\circ)$ 安培。

16.6-2　在圖 16.11 中若 $\mathbf{Z}_1=R=5\ \Omega$，$\mathbf{Z}_2=j\omega L=j12\ \Omega$，及 $\mathbf{V}_g=26\angle 0^\circ$ 伏特，求 $\mathbf{I}$ 。（這是 RL 時域電路的相量電路）

答：$\dfrac{26}{5+j12}=2\angle -67.4^\circ$ 安培。

16.6-3　在練習題 16.6-2 中若 $\omega=3$ 弳／秒，求 i 。

答：$2\sqrt{2}\sin(3t-67.4^\circ)$ 伏特。

習　題

16.1　將下列各題轉換成極座標型式(a) $j6$，(b) $6+j8$，(c) $4-j4$，(d) $-12+j9$，(e) $-1-j2$ 。

16.2　將下列各數重覆習題 16.1 的問題，(a) -4，(b) $150+j80$，(c) $-5-j12$，(d) $1-j\sqrt{3}$，(e) $-6+j6$ 。

16.3　將下列各數轉換成直角座標，(a) $8\angle 90^\circ$，(b) $100\angle -53.1^\circ$，(c) $8\sqrt{2}\angle 225^\circ$，(d) $17\angle -28.1^\circ$，(e) $10\angle 150^\circ$ 。

16.4　以直角座標求下面運算之結果：

(a) $(6+j7)+(3+j1)$

(b) $(-3+j2)+(4-j5)$

(c) $(1-j2)+(5+j6)$

(d) $10\angle 53.1^\circ+\sqrt{2}\angle 45^\circ$

(e) $100\angle 60^\circ+100\angle -60^\circ$

16.5 求下列各直角座標之差。

(a) $(3-j6)-(4+j1)$

(b) $(-7-j11)-(-1+j6)$

(c) $5\angle 36.9^\circ - 10\angle -53.1^\circ$

(d) $100\angle 30^\circ - 100\angle -30^\circ$

16.6 以直角座標求下列乘法運算之結果。

(a) $(3+j4)(3-j5)$

(b) $(3+j4)(3-j4)$

(c) $(1-j2)(-2+j6)$

(d) $(-1-j3)(-2-j4)$

(e) $(2+j3)(-j1)$

16.7 以極座標型式求下列乘法運算之結果。

(a) $(-3+j4)(8-j6)$

(b) $(5+j12)(-j2)$

(c) $(\sqrt{2}+j\sqrt{2})(-3-j4)$

(d) $(12\angle 56^\circ)(3\angle -12^\circ)$

(e) $(4\angle 225^\circ)(10\angle 135^\circ)$

16.8 以直角座標型式求下列式子之商。

(a) $(-3+j4)\div(1+j2)$

(b) $50\div(4+j3)$

(c) $(4+j4)\div(1+j1)$

(d) $(20\angle 10^\circ)\div(4\angle 63.1^\circ)$

(e) $[(4+j5)+(16-j35)]\div[(6+j3)+(-1-j3)]$

16.9 以極座標型式求下列式子之商。

(a) $(25+j60)\div(3-j4)$

(b) $289(1+j1)\div(-8+j15)$

(c) $j8\div(2+j2)$

(d) $(12\angle -10^\circ)\div(4\angle 60^\circ)$

(e) $(50\angle 225^\circ)\div(10\angle -160^\circ)$

16.10 求下列數值的徑長(a) $-j25$，(b) $-5-j12$，(c) $-80-j150$，(d) $\sqrt{2}(4-j4)$，(e) $20/(4-j3)$

16.11 求下列正弦函數的相量。

(a) $60\sqrt{2}\sin(300t-36^\circ)$

(b) $10\sqrt{2}\sin(5t+12°)$

(c) $100\sin 1000t$

16.12 求頻率 $\omega=3$ 弳/秒，且相量分別是(a) $10/\sqrt{2}\angle 40°$，(b) $7.07\angle -12°$，(c) $j4\sqrt{2}$，(d) $(6+j8)/\sqrt{2}$ 和(e) 28.28 的正弦函數。

16.13 某交流電路元件，若電流 $i=10\sin(2t+10°)$ 安培，及電壓 $v=50\sin(2t-30°)$ 伏特，求元件阻抗 $\mathbf{Z}$。

16.14 重覆習題 16.13 中的問題，若電壓是(a) $40\sin(2t+10°)$ 伏特及(b) $30\cos 2t$ 伏特。

16.15 若 $\omega=100$ 弳/秒，求(a) 1 kΩ 電阻器，(b) 0.1H 電感器，(c) 10μF 電容器的阻抗。

16.16 若 $\omega=10{,}000$ 弳/秒，重覆習題 16.15 中的問題。

16.17 若頻率分別爲(a) 0，(b) 5 弳/秒，(c) 50,000 弳/秒，求 2H 電感器的阻抗。

16.18 在習題 16.17 中的頻率，求 2μF 電容器的阻抗。

16.19 求在習題 16.17 中，2H 電感器的導納。

16.20 求習題 16.18 中，2μF 電容器的導納。

16.21 若 $v_g=20\sin(4t+30°)$ 伏特，求如圖電路中的穩態電流 i。

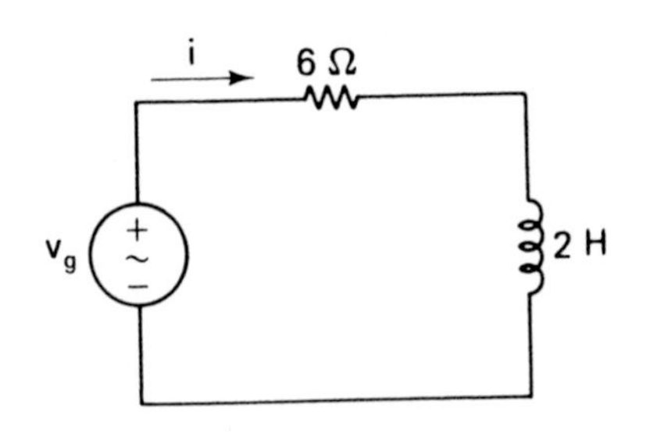

習題 16.21

16.22 解習題 16.21 的問題，若 2H 電感器以 1.5H 所取代，且 $v_g=24\sqrt{2}\sin(4t+15°)$ 伏特。

16.23 解習題 16.21，若電感器被 $C=1/32$ 法拉電容器所取代。

16.24 如圖電路，若 $R=4\,\Omega$，$L=1\,\text{H}$，$C=\dfrac{1}{4}$ 法拉，及 $v_g=10\sin 4t$ 伏特，求穩態 i 值。

16.25 解習題 16.24，若 $v_g=20\sin 2t$ 伏特。（注意，從電源端看入的阻抗僅有電阻 R）

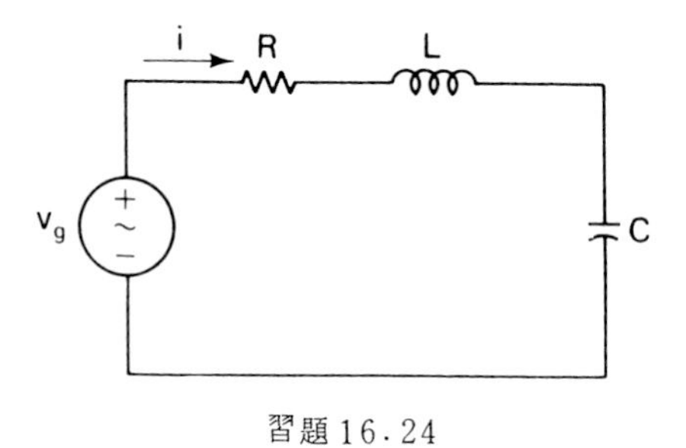

習題16.24

16.26 解習題16.24，在$R=4\,k\Omega$，$L=0.5\,H$，$C=0.05\,\mu F$及$v_g=20\sin(10{,}000\,t+60^\circ)$伏特的情況下。

第17章

交流穩態分析

在十六章中已看過具有正弦函數電源電路的情況，可以以相量電路求得穩態電流和電壓。把時域電路中所有電流和電壓以相量來取代，並把所有電阻器、電感器、電容器以阻抗標示而獲得相量電路。相量電路則可如電阻電路相同方法來求得相量電流或電壓，唯一不同的是 **I** 和 **V** 爲相量，而不是時域的 i 和 v 值，另阻抗是複數，而電阻是實數。

獲得相量解答後，可直接轉換成正弦函數的時域解答。若僅要電流、電壓的均方根值，則相量解答已足夠，因此不必再作轉換。

在第十六章中是討論簡單的串聯電路，因相量電路和電阻電路性質很相似，但電路只要含有一個正弦函數的電源，或兩個以上相同頻率電源都可以應用相量法來解電路。本章將相量解法延伸至更一般化的電路，使用如等效阻抗、分流和分壓定理、及環路和節點分析法等電阻分析技巧來解交流電路。在所有情況，我們僅須穩態電流和電壓。

17.1 阻抗之關係（*IMPEDANCE RELATIONSHIPS*）

在十六章已看到，一元件或許多元件的網路，能滿足下列歐姆定律

$$\mathbf{V} = \mathbf{Z}\mathbf{I} \tag{17.1}$$

式中 **V** 是元件相量電壓，**I** 是相量電流，而 **Z** 是阻抗，如圖 17.1 所示。圖中網路可能僅有一個電阻器、電感器或電容器的單一元件，或含有許多元件的相量電路。

阻　抗

圖 17.1 中的 **V** 和 **I** 是正弦函數電壓和電流相量，此正弦函數是以下式來表示。

$$\begin{aligned} v &= V_m \sin(\omega t + \phi_v) \\ &= \sqrt{2}\, V \sin(\omega t + \phi_v)\ \mathrm{V} \end{aligned} \tag{17.2}$$

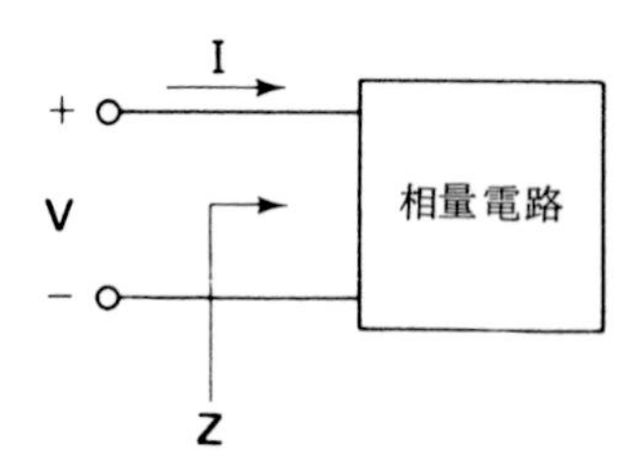

圖 17.1　一般性的相量電路

及

$$i = I_m \sin(\omega t + \phi_i)$$
$$= \sqrt{2}\, I \sin(\omega t + \phi_i)\ \mathrm{A} \tag{17.3}$$

此處 ϕ_v 和 ϕ_i 分別是 v 和 i 的相角，因此在頻域中的相量是

$$\mathbf{V} = V\underline{/\phi_v}\ \mathrm{V} \tag{17.4}$$

及

$$\mathbf{I} = I\underline{/\phi_i}\ \mathrm{A} \tag{17.5}$$

而阻抗是

$$\mathbf{Z} = \frac{\mathbf{V}}{\mathbf{I}} = \frac{V}{I}\underline{/\phi_v - \phi_i}\ \Omega$$
$$= \frac{V_m}{I_m}\underline{/\phi_v - \phi_i}\ \Omega \tag{17.6}$$

以極座標型式阻抗是

$$\mathbf{Z} = |\mathbf{Z}|\underline{/\theta} \tag{17.7}$$

其 $|\mathbf{Z}|$ 是 $\mathbf{Z}$ 的大小，θ 是角度以

$$\theta = \mathrm{ang}\,\mathbf{Z} \tag{17.8}$$

來表示。從(17.6)式得這些量

$$|\mathbf{Z}| = \frac{V}{I} = \frac{V_m}{I_m} \tag{17.9}$$

$$\mathrm{ang}\,\mathbf{Z} = \theta = \phi_v - \phi_i \tag{17.10}$$
$$= \mathrm{ang}\,\mathbf{V} - \mathrm{ang}\,\mathbf{I} \tag{17.11}$$

電　抗

在(17.7)式中 $\mathbf{Z}$ 是複數，若以 R 表示實數部份，而以 X 表示虛數部份，則直角座標型式中的阻抗是

$$\mathbf{Z} = R + jX$$

實數 R 稱爲電阻部份或簡稱電阻，而虛數 X 是電抗（reactive）部份或簡稱電

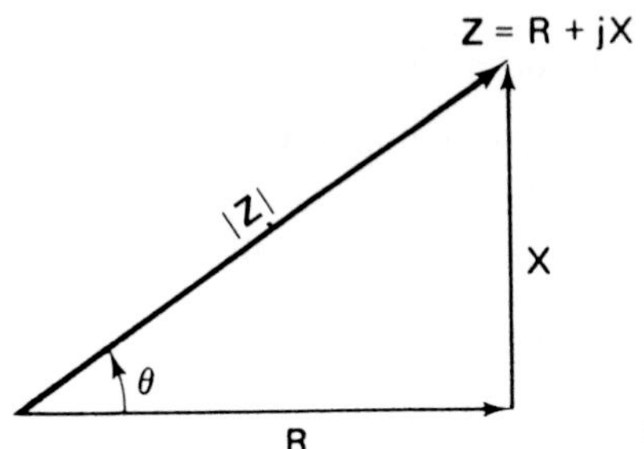

圖 17.2 阻抗的圖形表示

抗。R和X單位都是歐姆。R有時是固定電阻值，但一般是由幾項頻率的函數所組成。而電抗永遠是頻率的函數。

圖解表示法

可以把阻抗$\mathbf{Z}=R+jX$以圖表示。如圖 17.2 所示，圖中電阻和電抗兩部份是

$$R=|\mathbf{Z}|\cos\theta$$
$$X=|\mathbf{Z}|\sin\theta \tag{17.12}$$

把R和X以極座標取代爲

$$|Z|=\sqrt{R^2+X^2} \tag{17.13}$$
$$\theta=\arctan\frac{X}{R}$$

阻抗是複數，而圖 17.2 是簡單圖解表示法，與前章類似，一般電抗X可以爲負亦可爲正。故需展示出實數軸及虛數軸。

例 17.1：圖 17.3 中相量電路，從電源端看入，求以極座標及直角座標的阻抗 $\mathbf{Z}$。其電壓源 $v_g=10\sqrt{2}\sin 5t$ 伏特，$R=4\,\Omega$，$L=1$ H，$C=0.1$ 法拉。

解：由V_g式知$\omega=5$ 弳/秒，及$\mathbf{V}_g=10\underline{|0^\circ}$ 伏特，利用克希荷夫定律在圖 17.3中，可得

$$\mathbf{V}_R+\mathbf{V}_L+\mathbf{V}_C=\mathbf{V}_g$$

或

$$R\mathbf{I}+j\omega L\mathbf{I}+\frac{1}{j\omega C}\mathbf{I}=\mathbf{V}_g$$

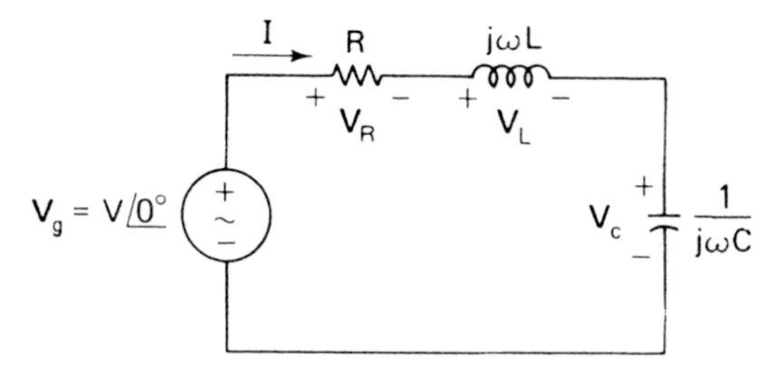

圖 17.3　電路的例子

把已知數代入得

$$\left[4+j(5)(1)-j\frac{1}{(5)(0.1)}\right]\mathbf{I}=10\underline{\left|0^\circ\right.}$$

可簡化為

$$(4+j3)\,\mathbf{I}=10=\mathbf{V}_g$$

由此結果可知電源端看入的阻抗 **Z** 是

$$\mathbf{Z}=\frac{\mathbf{V}_g}{\mathbf{I}}$$

或

$$\mathbf{Z}=4+j3\ \Omega \tag{17.14}$$

由這直角座標型式可知

$$R=4\ \Omega \qquad X=3\ \Omega$$

利用（17.13）式，大小及相位分別是

$$|\mathbf{Z}|=\sqrt{4^2+3^2}=5$$

$$\theta=\arctan\tfrac{3}{4}=36.9^\circ$$

因此極座標型式為

$$\mathbf{Z}=5\underline{\left|36.9^\circ\right.}\ \Omega \tag{17.15}$$

電導和電納

因導納 **Y** 是阻抗的倒數 1/**Z**，它也是複數，亦可寫成直角座標和極座標。在直角座標型式表示為

$$\mathbf{Y}=G+jB \tag{17.16}$$

式中實數 G 稱為電導，而虛數 B 是電納。其單位都是姆歐。

例17.2：由例題 17.1 電路的電源端看入，求導納$\mathbf{Y}$的直角座標及極座標的值。

解：利用（17.14）式，可得直角座標為

$$\mathbf{Y}=\frac{1}{\mathbf{Z}}=\frac{1}{4+j3}$$

此式有理化後為

$$\mathbf{Y}=\frac{1}{4+j3}\cdot\frac{4-j3}{4-j3}$$

$$=\frac{4-j3}{25}$$

$$=\frac{4}{25}+j\left(-\frac{3}{25}\right)$$

將此結果與（17.16）式比較，可得電導為

$$G=\frac{4}{25}\ \mho$$

及電納為

$$B=-\frac{3}{25}\ \mho$$

極座標型式可從直角座標中求得，但更容易之方法，由（17.15）式中$\mathbf{Z}$的極座標可獲得

$$\mathbf{Y}=\frac{1}{5\angle 36.9^\circ}=0.2\angle -36.9^\circ\ \mho$$

特別狀況

在16.5節中所考慮電阻、電感、和電容的特別狀況，阻抗分別是

$$\mathbf{Z}_R=R$$

$$\mathbf{Z}_L=j\omega L=\omega L\angle 90^\circ \tag{17.17}$$

$$\mathbf{Z}_C=\frac{1}{j\omega C}=-j\left(\frac{1}{\omega C}\right)=\frac{1}{\omega C}\angle -90^\circ$$

這些指示相量電路中的電阻器、電感器，及電容器，分別圖示於圖 17.4(a)，(b)，及(c)中。

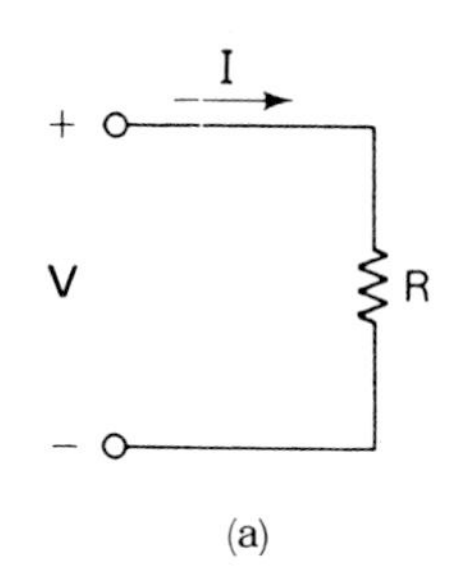

(a)

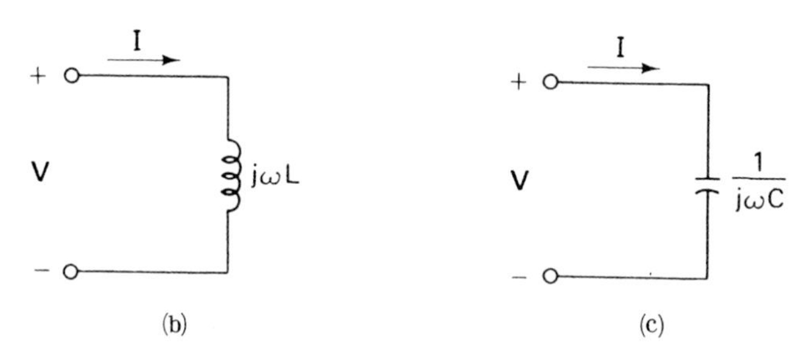

(b)　(c)

圖 17.4　對於(a)電阻器，(b)電感器，(c)電容器的相量電路

將這些結果與一般阻抗 $\mathbf{Z}=R+jX$ 比較，可知單一電阻器的電抗為零，故阻抗是純電阻性。電感器和電容器的阻抗沒有電阻性部份，因此為純電抗性。電感器的電抗稱為電感性電抗，以 X_L 表示，利用（17.17）式可得

$$X_L = \omega L = 2\pi f L \tag{17.18}$$

因此

$$\mathbf{Z}_L = jX_L = X_L \angle 90^\circ \tag{17.19}$$

電容器電抗稱為電容性電抗，並以 X_C 表示，定義為

$$X_C = \frac{1}{\omega C} = \frac{1}{2\pi f C} \tag{17.20}$$

利用（17.17）式可知電容器阻抗是

$$\mathbf{Z}_C = -jX_C = X_C \angle -90^\circ \tag{17.21}$$

17.2 相量關係（*PHASE RELATIONSHIPS*）

兩個相同頻率不同相位的正弦函數彼此間非常類似，但同一時間則位置不同，例如正弦波

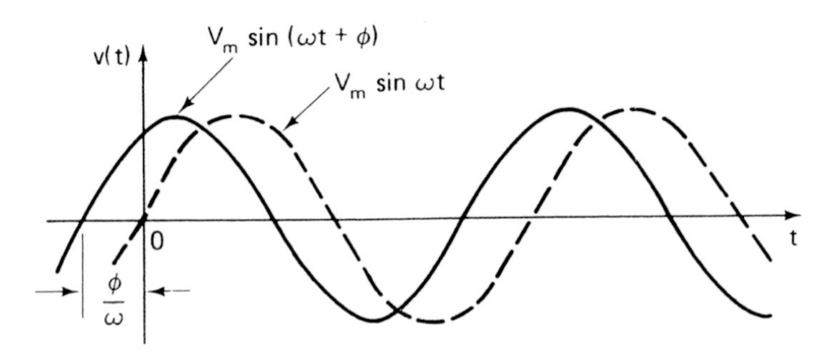

圖 17.5　不同相位的兩個正弦函數

$$v_1(t) = V_m \sin \omega t$$

和

$$v_2(t) = V_m \sin (\omega t + \phi)$$

繪於圖17.5中，其中 v_1 以虛線表示，v_2 以實線表示。實曲線比虛曲線向左移動了 $\omega t = \phi$ 弳，或 $t = \phi / \omega$ 秒。

領前及落後

在實線 $V_m \sin(\omega t + \phi)$ 上一點，如峯值那點，比虛線 $V_m \sin \omega t$ 早了 ϕ 弳或 ϕ/ω 秒。因此我們將說 $V_m \sin(\omega t + \phi)$ 領前 $V_m \sin \omega t$ 爲 ϕ 弳（或度）。在一般狀況，正弦函數 $v_1 = V_1 \sin(\omega t + \alpha)$ 領先 $v_2 = V_2 \sin(\omega t + \beta)$ 爲 $\alpha - \beta$。一等效於 v_1 領先 v_2 爲 $\alpha - \beta$ 的表示法是 v_2 落後 v_1 爲 $\alpha - \beta$。若 $\alpha - \beta$ 是負值，則稱 v_2 領先 v_1 爲 $\beta - \alpha$ 度或 v_1 落後 v_2 爲 $\beta - \alpha$ 度。

例如，若

$$v_1 = 2 \sin (3t + 30°)$$

及

$$v_2 = 6 \sin (3t + 5°)$$

則 v_1 領先 v_2 爲 $30° - 5° = 25°$，或 v_2 落後 v_1 爲 $25°$。

電阻器的相位關係

在電阻 R 時，若電壓是

$$v = V_m \sin (\omega t + \phi) \tag{17.22}$$

則電流 $i = v/R$，或

$$i = I_m \sin (\omega t + \phi) \tag{17.23}$$

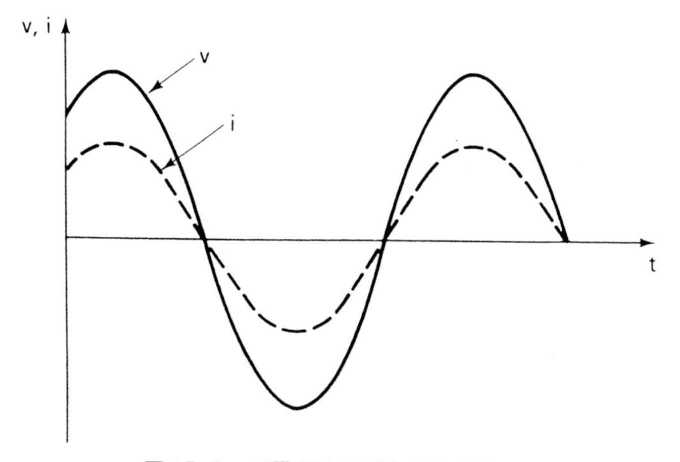

圖 17.6 電阻器的電壓和電流波形

式中 $I_m = V_m / R$ 。因此電阻器中正弦電壓和電流具有相同相位（此情況是 ϕ ），稱爲同相（in phase），其相位關係示於圖 17.6 中，圖中電壓是實線，而電流是虛線，兩條曲線的峯值都在同一時間發生。

電感器之相位關係

在電感器時，若電壓相位是

$$\mathbf{V} = V\underline{/\phi}$$

則電流相位是

$$\mathbf{I} = \frac{\mathbf{V}}{\mathbf{Z}_L} = \frac{V\underline{/\phi}}{\omega L\underline{/90^\circ}}$$

或

$$\mathbf{I} = I\underline{/\phi - 90^\circ}$$

此處 $I = V/\omega L$ ，因此時域電壓和電流是

$$v = \sqrt{2}\, V \sin(\omega t + \phi)$$

和

$$i = \sqrt{2}\, I \sin(\omega t + \phi - 90^\circ)$$

且電壓領先電流，或電流落後電壓 $\phi - (\phi - 90^\circ) = 90^\circ$ ，當然它是 $\mathbf{Z}_L$ 的角度，也就是電流和電壓異相 90° ，示於圖 17.7 中，可看出電流落後，其峯值是在 v 的後面產生的。

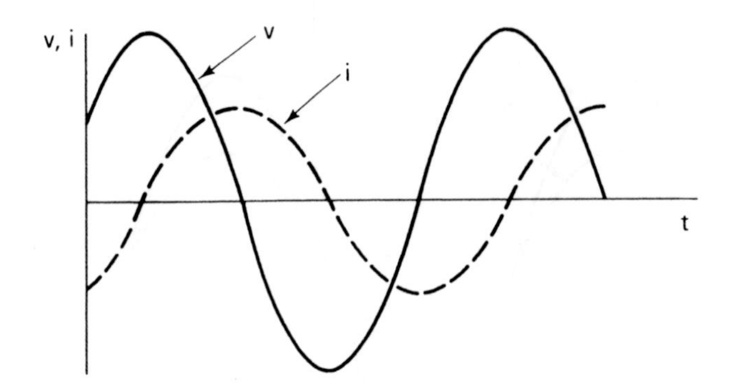

圖 17.7　電感器電壓和電流的波形

電容器的相位關係

在電容器中，若電壓相位是

$$\mathbf{V}=V\underline{|\phi}$$

則電流相位是

$$\mathbf{I}=\frac{\mathbf{V}}{\mathbf{Z}_C}=\frac{V\underline{|\phi}}{1/\omega C\underline{|-90^\circ}}$$

或

$$\mathbf{I}=I\underline{|\phi+90^\circ}$$

此處 $I=\omega CV$ ，因此時域函數是

$$v=\sqrt{2}\,V\sin(\omega t+\phi)$$

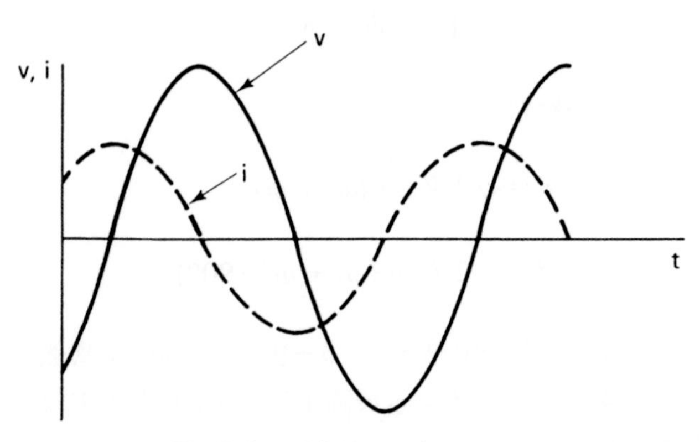

圖 17.8　電容器電壓和電流的波形

和

$$i=\sqrt{2}\,I\sin(\omega t+\phi+90°)$$

因此 i 和 v 又是異相90°，但 i 是領前 v 爲 $\phi+90°-\phi=90°$，如圖17.8所示，由圖中可看出 i 的峯值發生在 v 之前。

例17.3： 有一電路元件時域電壓 $v=30\sqrt{2}\sin(6t+20)$ 伏特，求它的相位關係。如果元件是(a) 2 H電感器，(b)¼法拉電容器，及(c)阻抗是 $\mathbf{Z}=4+j3\,\Omega$。

解： 頻率 $\omega=6$ 弳／秒，及電壓相量是 $\mathbf{V}=30\angle 20°$，因此在(a)的電流相量是

$$\mathbf{I}=\frac{\mathbf{V}}{\mathbf{Z}}=\frac{\mathbf{V}}{\omega L\angle 90°}=\frac{30\angle 20°}{6(2)\angle 90°}$$

或

$$\mathbf{I}=2.5\angle -70°$$

因此電流是 $i=2.5\sqrt{2}\sin(6t-70°)$ 安培，且落後電壓 $20°-(-70°)=90°$。

在(b)部份有

$$\mathbf{I}=\frac{30\angle 20°}{1/(6)(\frac{1}{4})\angle -90°}=45\angle 110°$$

和

$$i=45\sqrt{2}\sin(6t+110°)\ \text{A}$$

因此電流領先電壓 $110°-20°=90°$。

最後在(c)部份有

$$\mathbf{I}=\frac{30\angle 20°}{4+j3}=\frac{30\angle 20°}{5\angle 36.9°}=6\angle -16.9°$$

及

$$i=6\sqrt{2}\sin(6t-16.9°)\ \text{A}$$

因此電壓領先電流，或電流落後電壓 $20°-(-16.9°)=36.9°$。

一般狀況

在例題17.3中每一情況，電流以阻抗的角度落後電壓（或電壓領前電流）。而在一般的情況，如果電壓相量是

$$\mathbf{V}=V\angle\phi$$

及阻抗是

$$\mathbf{Z}=|\mathbf{Z}|\underline{|\theta}$$

則電流相量是

$$\mathbf{I}=\frac{V\underline{|\phi}}{|\mathbf{Z}|\underline{|\theta}}=I\underline{|\phi-\theta}$$

此處 $I=V/|\mathbf{Z}|$ ，因此，時域的數值是

$$v=\sqrt{2}\,V\sin\,(\omega t+\phi)$$

和

$$i=\sqrt{2}\,I\sin\,(\omega t+\phi-\theta)$$

因此電壓以 $\phi-(\phi-\theta)=\theta$ 的角度領前電流，它是 $\mathbf{Z}$ 的角度 。

17.3 分壓和分流定理（*VOLTAGE AND CURRENT DIVISION*）

因爲相量電路適用於電阻電路的基本法則（歐姆定律及克希荷夫定律），所有電阻電路的技巧亦可用於相量電路。等效阻抗亦可從串聯和並聯組合中求得，可應用分壓和分流定理，網路理論亦適用，且節點和環路分析法亦可以用。本章其餘部份和第十八章中將考慮其它的主題，本節首先討論等效阻抗和分壓及分流定理。

串聯阻抗

在 N 個阻抗接成串聯的情況，如圖 17.9 所示由圖中利用 KVL 可知

$$\mathbf{V}=\mathbf{V}_1+\mathbf{V}_2+\cdot\cdot\cdot+\mathbf{V}_N \tag{17.24}$$

且每一元件的電流都是相同，因此利用歐姆定律可得

$$\begin{aligned}\mathbf{V}_1&=\mathbf{Z}_1\mathbf{I}\\ \mathbf{V}_2&=\mathbf{Z}_2\mathbf{I}\\ &\vdots\\ \mathbf{V}_N&=\mathbf{Z}_N I\end{aligned}$$

將這些數值代入（17.24）式中，結果爲

$$\begin{aligned}\mathbf{V}&=\mathbf{Z}_1\mathbf{I}+\mathbf{Z}_2\mathbf{I}+\cdot\cdot\cdot+\mathbf{Z}_N\mathbf{I}\\ &=(\mathbf{Z}_1+\mathbf{Z}_2+\cdot\cdot\cdot+\mathbf{Z}_N)\mathbf{I}\end{aligned}$$

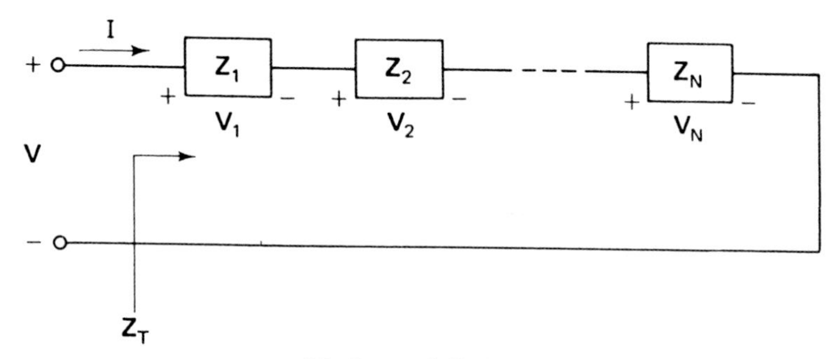

圖 17.9　串聯阻抗

若 $\mathbf{Z}_T$ 是圖 17.9 電路端點看入的等效阻抗，則必須有

$$\mathbf{V} = \mathbf{Z}_T\mathbf{I}$$

比較最後兩個結果而得

$$\mathbf{Z}_T = \mathbf{Z}_1 + \mathbf{Z}_2 + \cdot\cdot\cdot + \mathbf{Z}_N \tag{17.25}$$

這和串聯電阻器的情況完全相同。即等效阻抗是串聯阻抗之和。

例 17.4：求圖 17.10 (a)中電路的穩態電流 i，如果 $v_g = 100 \sin 3t$ 伏特。

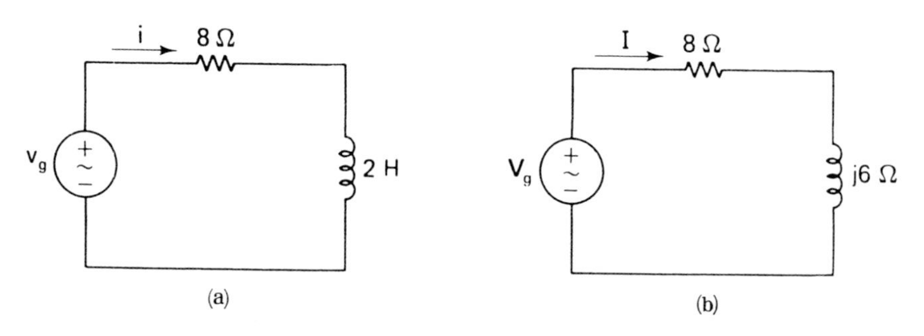

圖 17.10　(a)時域電路及(b)它的相量電路

解：相量電路如圖 17.10 (b)之中，此處 $\omega = 3$ 弳／秒。

$$\mathbf{V}_g = \frac{100}{\sqrt{2}}\underline{/0^\circ}\ \mathbf{V}$$

和

$$\mathbf{Z}_L = j\omega L = j(3)(2) = j6\ \Omega$$

由電源看入的等效阻抗是串聯阻抗之和，為

$$\mathbf{Z}_T = 8 + j6 = 10\angle 36.9^\circ\ \Omega$$

因此相量電流是

$$\mathbf{I} = \frac{\mathbf{V}_g}{\mathbf{Z}_T} = \frac{100/\sqrt{2}\angle 0^\circ}{10\angle 36.9^\circ}$$

或

$$I = \frac{10}{\sqrt{2}}\angle -36.9^\circ\ \text{A}$$

因此，正弦函數的穩態電流是

$$i = 10 \sin(3t - 36.9^\circ)\ \text{A}$$

例 17.5：求從圖17.11的電路輸入端看入之等效阻抗 $\mathbf{Z}$ 。

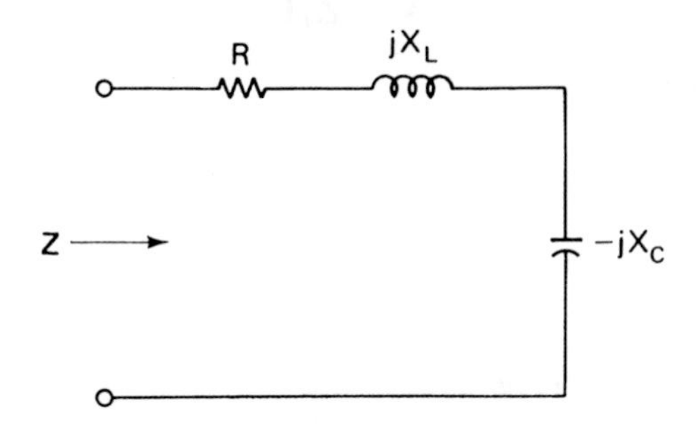

圖 17.11　RLC串聯相量電路

解：三個阻抗串聯，等效阻抗爲

$$\mathbf{Z} = R + jX_L - jX_C$$

或

$$\mathbf{Z} = R + j(X_L - X_C)$$

將此結果與一般狀況 $\mathbf{Z} = R + jX$ 比較，可看出總電抗是

$$X = X_L - X_C$$

或

$$X = \omega L - \frac{1}{\omega C}$$

因此在一般狀況，淨電抗是電感性電抗減去電容性電抗 。

並聯導納

在 N 個並聯導納時，如圖17.12所示，利用 KCL 有下列的結果

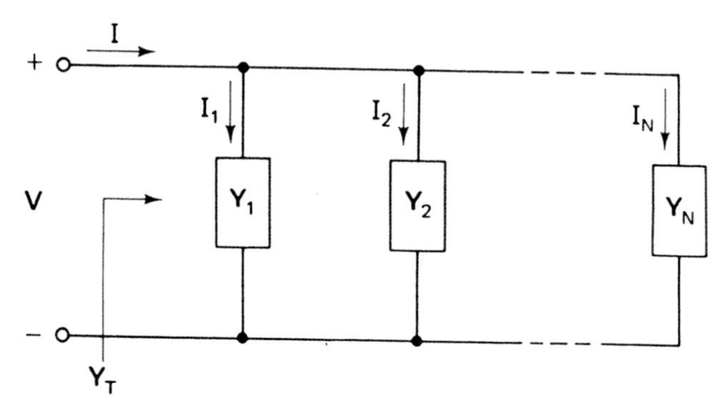

圖 17.12　並聯導納

$$\mathbf{I} = \mathbf{I}_1 + \mathbf{I}_2 + \cdots + \mathbf{I}_N$$

在此處

$$\mathbf{I}_1 = \mathbf{Y}_1\mathbf{V}$$
$$\mathbf{I}_2 = \mathbf{Y}_2\mathbf{V}$$
$$\vdots$$
$$\mathbf{I}_N = Y_N\mathbf{V}$$

把這些結果組合在一起，可得

$$\begin{aligned}\mathbf{I} &= \mathbf{Y}_1\mathbf{V} + \mathbf{Y}_2\mathbf{V} + \cdots + \mathbf{Y}_N\mathbf{V}\\ &= (\mathbf{Y}_1 + \mathbf{Y}_2 + \cdots + \mathbf{Y}_N)\mathbf{V}\end{aligned}$$

因此，若 $\mathbf{Y}_T$ 是從電源看入的等效導納，則有

$$\mathbf{I} = \mathbf{Y}_T\mathbf{V}$$

比較最後兩個結果而獲得

$$\mathbf{Y}_T = \mathbf{Y}_1 + Y_2 + \cdots + \mathbf{Y}_N \tag{17.26}$$

這與並聯電導的情況完全相同。

在兩元件並聯情況（$N=2$），則有

$$\mathbf{Z}_T = \frac{1}{\mathbf{Y}_T} = \frac{1}{\mathbf{Y}_1 + \mathbf{Y}_2} = \frac{\mathbf{Z}_1\mathbf{Z}_2}{\mathbf{Z}_1 + \mathbf{Z}_2} \tag{17.27}$$

即等效阻抗是並聯阻抗的乘積除以它們的和，這亦和並聯電阻是相同。

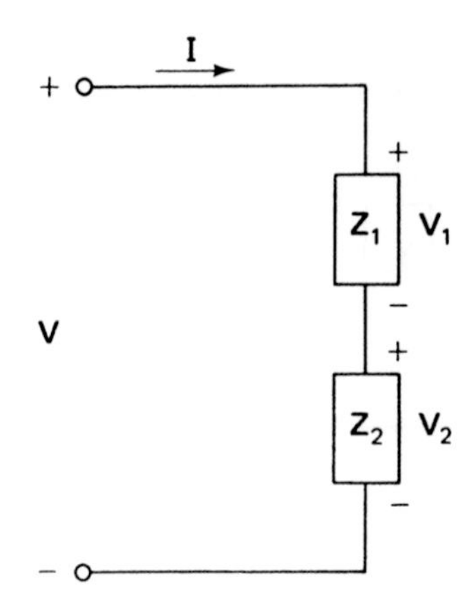

圖 17.13　說明分壓定理的電路

分壓定理

在圖17.13中可以寫成

$$\mathbf{I}=\frac{\mathbf{V}}{\mathbf{Z}_1+\mathbf{Z}_2}$$

及

$$\mathbf{I}_1=\mathbf{Y}_1\mathbf{V}$$

$$\mathbf{I}_2=\mathbf{Y}_2\mathbf{V}$$

把**V**代入最後兩個方程式中，則有

$$\mathbf{V}_1=\frac{\mathbf{Z}_1}{\mathbf{Z}_1+\mathbf{Z}_2}\mathbf{V}$$
$$\mathbf{V}_2=\frac{\mathbf{Z}_2}{\mathbf{Z}_1+\mathbf{Z}_2}\mathbf{V} \tag{17.28}$$

這說明了分壓定理。當然它們完全與電阻性電路相同。

分流定理

如同分壓定理，分流定理在相量電路中和用於電阻電路中完全相同。可由圖17.14電路說明，圖中電路在端點的等效導納是

$$\mathbf{Y}_T=\mathbf{Y}_1+\mathbf{Y}_2$$

因此，我們可得

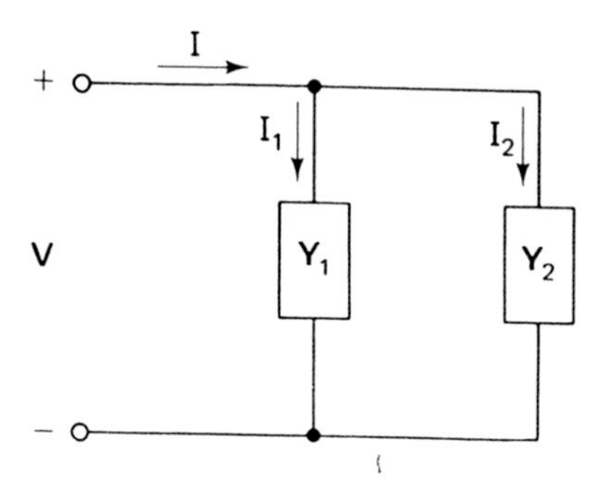

圖 17.14 說明分流定理的電路

$$\mathbf{V} = \frac{\mathbf{I}}{\mathbf{Y}_T} = \frac{\mathbf{I}}{\mathbf{Y}_1 + \mathbf{Y}_2}$$

且由圖中看出

$$\mathbf{V}_1 = \mathbf{Z}_1\mathbf{I}$$

$$\mathbf{V}_2 = \mathbf{Z}_2\mathbf{I}$$

把**V** 值代入這兩式可得

$$\begin{aligned} \mathbf{I}_1 &= \frac{\mathbf{Y}_1}{\mathbf{Y}_1 + \mathbf{Y}_2}\mathbf{I} = \frac{\mathbf{Z}_2}{\mathbf{Z}_1 + \mathbf{Z}_2}\mathbf{I} \\ \mathbf{I}_2 &= \frac{\mathbf{Y}_2}{\mathbf{Y}_1 + \mathbf{Y}_2}\mathbf{I} = \frac{\mathbf{Z}_1}{\mathbf{Z}_1 + \mathbf{Z}_2}\mathbf{I} \end{aligned} \tag{17.29}$$

例 17.6：在圖17.15中的串並聯電路，若 $v_g = 10\sqrt{2}\sin 2t$ 伏特，求穩態的 v 和 i 值。

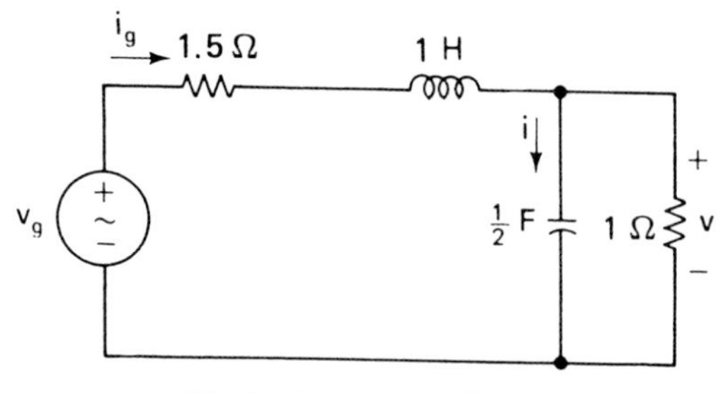

圖 17.15 串 - 並聯電路

解：電源相量是 $\mathbf{V}_g = 10\underline{/0^\circ}$，頻率 $\omega = 2$ 徑／秒，因此電感器和電容器的阻抗

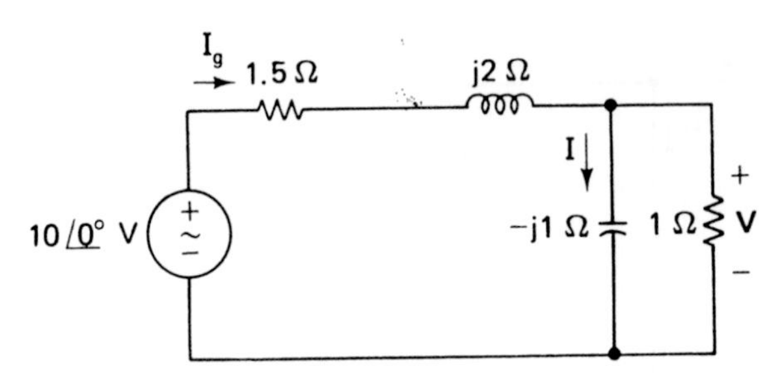

圖 17.16　圖 17.15 的相量圖

是

$$\mathbf{Z}_L = j\omega L = j(2)(1) = j2\ \Omega$$

$$\mathbf{Z}_c = -j\frac{1}{\omega C} = -j\frac{1}{(2)(\frac{1}{2})} = -j1\ \Omega$$

如圖17.16所示相量電路。

可以把1.5Ω電阻器和$j2$Ω電感器組合串聯等效阻抗

$$\mathbf{Z}_1 = 1.5 + j2\ \Omega$$

同樣的，$-j1$Ω電容器和1Ω電阻器是並聯，等效阻抗是

$$\mathbf{Z}_2 = \frac{(-j1)(1)}{-j1+1} = \frac{-j1}{1-j1} \cdot \frac{1+j1}{1+j1}$$

$$= \frac{1-j1}{2}\ \Omega$$

這結果示於圖17.17中的等效電路，利用分壓定律

$$\mathbf{V} = \frac{\mathbf{Z}_2}{\mathbf{Z}_1 + \mathbf{Z}_2} 10\underline{|0^\circ}$$

$$= \frac{\frac{1-j1}{2}}{1.5 + j2 + \frac{1-j1}{2}} 10\underline{|0^\circ}$$

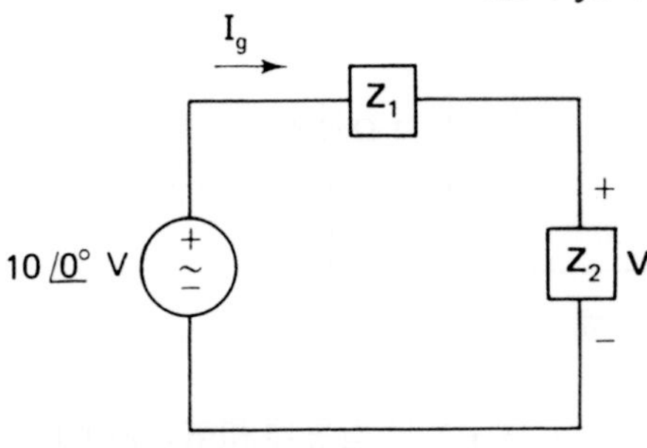

圖 17.17　圖 17.16 電路的等效電路

$$=\frac{10(1-j1)}{4+j3}=\frac{10\sqrt{2}\angle -45^\circ}{5\angle 36.9^\circ}$$

或

$$\mathbf{V}=2\sqrt{2}\angle -81.9^\circ=\frac{4}{\sqrt{2}}\angle -81.9^\circ\ \text{V}$$

因此，穩態正弦電壓是

$$v=4\sin(2t-81.9^\circ)\ \text{V}$$

由圖 17.17 中可知電流 $\mathbf{I}_g$ 是

$$\mathbf{I}_g=\frac{10\angle 0^\circ}{\mathbf{Z}_1+\mathbf{Z}_2}=\frac{10\angle 0^\circ}{1.5+j2+\dfrac{1-j1}{2}}$$

上式可簡化成

$$\mathbf{I}_g=4\angle -36.9^\circ\ \text{A}$$

最後在圖17.16中利用分流定律，則有

$$\mathbf{I}=\frac{1}{1-j1}\mathbf{I}_g=\frac{4\angle -36.9^\circ}{\sqrt{2}\angle -45^\circ}$$

$$=\frac{4}{\sqrt{2}}\angle 8.1^\circ\ \text{A}$$

因此，正弦電流是

$$i=4\sin(2t+8.1^\circ)\ \text{A}$$

17.4　節點分析法（*NODAL ANALYSIS*）

使用節點分析法來分析相量電路和電阻電路相同。所獲解答爲相量，並可轉換成時域的正弦函數解答。本節將考慮節點分析法，而在下一節討論環路分析法。

例 17.7：爲了說明節點分析法，讓我們求圖17.18(a)電路中的穩態節點電壓。

解：因 $\omega=6$ 弳／秒，可獲得圖 17.18(b)的相量電路。在標示**V** 的節點上的節點方程式是

$$\mathbf{I}_1+\mathbf{I}_2+\mathbf{I}_3=0$$

上式使用歐姆定律而以**V** 項來代替而變成

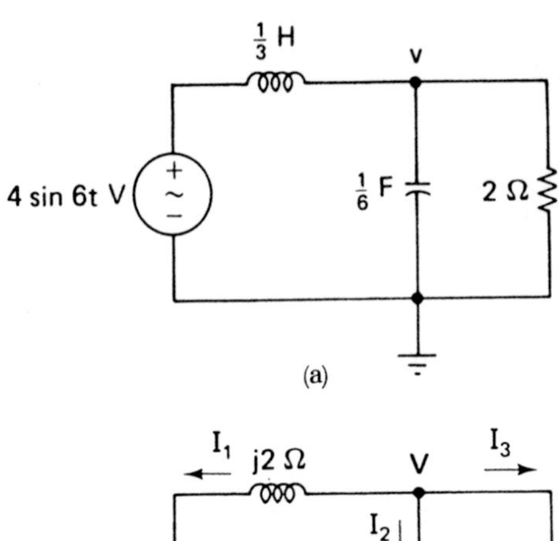

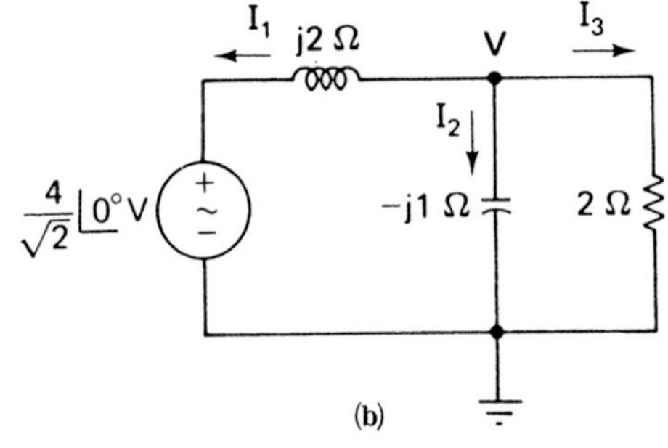

圖 17.18 (a)時域電路及(b)它所對應的相量電路

$$\frac{\mathbf{V}-4/\sqrt{2}\,\underline{\lfloor 0^\circ}}{j2}+\frac{\mathbf{V}}{-j1}+\frac{\mathbf{V}}{2}=0$$

每項乘以 $j2$ 並集中共同項，而得

$$(1-2+j1)\,\mathbf{V}=\frac{4}{\sqrt{2}}$$

由上式可得**V**的結果為

$$\mathbf{V}=\frac{4/\sqrt{2}}{-1+j1}=\frac{4/\sqrt{2}}{\sqrt{2}\,\underline{\lfloor 135^\circ}}$$

或

$$\mathbf{V}=2\,\underline{\lfloor -135^\circ}\ \mathrm{V}$$

因此時域電壓是

$$v=2\sqrt{2}\sin(6t-135^\circ)\ \mathrm{V}$$

這是簡單的例題，因僅有一未知節點電壓，僅需寫出一節點方程式。但一般可能有數個節點電壓，因此就必須解聯立方程式。和分析電阻電路十分相似，只是數值為複數而已。現在說明含有兩未知節點電壓電路如何應用節點分析法。

例 17.8：求圖 17.19 中電路的節點電壓 $\mathbf{V}_2$ 。

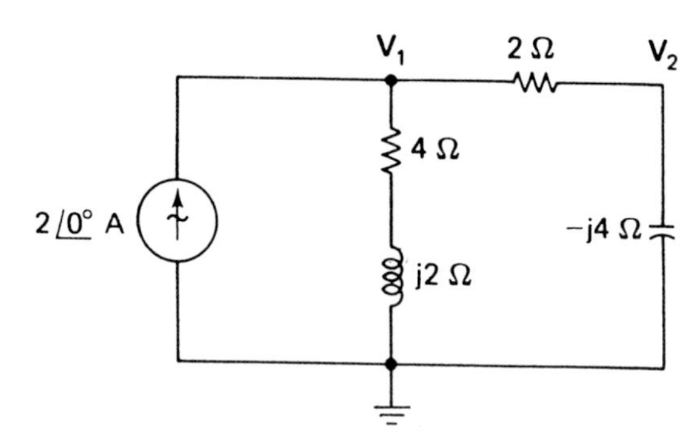

圖 17.19　具有兩未知節點電壓的相量電路

解：在節點 $\mathbf{V}_1$ 上的節點方程式是

$$\frac{\mathbf{V}_1}{4+j2}+\frac{\mathbf{V}_1-\mathbf{V}_2}{2}=2\underline{/0^\circ}$$

或

$$\left(\frac{1}{4+j2}+\frac{1}{2}\right)\mathbf{V}_1-\frac{1}{2}\mathbf{V}_2=2\underline{/0^\circ} \tag{17.30}$$

而在節點 $\mathbf{V}_2$ 上有

$$\frac{\mathbf{V}_2-\mathbf{V}_1}{2}+\frac{\mathbf{V}_2}{-j4}=0$$

或

$$-\frac{1}{2}\mathbf{V}_1+\left(\frac{1}{2}+\frac{1}{-j4}\right)\mathbf{V}_2=0 \tag{17.31}$$

從（17.31）式中可求得含有 $\mathbf{V}_2$ 項的 $\mathbf{V}_1$ 爲

$$\mathbf{V}_1=\left(1+j\frac{1}{2}\right)\mathbf{V}_2$$

把此 $\mathbf{V}$ 值代入（17.30）式中

$$\left(\frac{1}{4+j2}+\frac{1}{2}\right)\left(1+j\frac{1}{2}\right)\mathbf{V}_2-\frac{1}{2}\mathbf{V}_2=2$$

或

$$\left[\left(\frac{4-j2}{20}+\frac{1}{2}\right)\left(1+j\frac{1}{2}\right)-\frac{1}{2}\right]\mathbf{V}_2=2$$

解$\mathbf{V}_2$而得

$$\mathbf{V}_2=\frac{2}{\left(\frac{4-j2}{20}+\frac{1}{2}\right)\left(1+j\frac{1}{2}\right)-\frac{1}{2}}$$

上式可以簡化成

$$\mathbf{V}_2=\frac{8}{1+j1}=4\sqrt{2}\underline{/-45^\circ}\ \mathrm{V}$$

（17.30）式和（17.31）式的節點方程式可以使用電阻電路中的捷徑解法直接獲得。在（17.30）式中$\mathbf{V}_1$係數是連接至節點$\mathbf{V}_2$的導納之和，而$\mathbf{V}_2$的係數是兩節點間導納的負值。（17.31）式中$\mathbf{V}_1$的係數是兩節點間導納的負值，而$\mathbf{V}_2$的係數是連接至節點$\mathbf{V}_2$的導納之和。在電阻電路中已知道如何寫出這類方程式。

且在例題17.8中可注意節點電壓$\mathbf{V}_1$可以把$2\,\Omega$及$-j\,4\,\Omega$阻抗組合成單一阻抗，直接使用單一節點方程式而求得。然後利用分壓定理從$\mathbf{V}_1$可以求得$\mathbf{V}_2$。$\mathbf{V}_1$的節點方程式是

$$\frac{\mathbf{V}_1}{4+j2}+\frac{\mathbf{V}_1}{2-j4}=2\underline{/0^\circ}$$

由上式我們有

$$\left(\frac{1}{4+j2}\cdot\frac{4-j2}{4-j2}+\frac{1}{2-j4}\cdot\frac{2+j4}{2+j4}\right)\mathbf{V}_1=2$$

或

$$\left(\frac{4-j2+2+j4}{20}\right)\mathbf{V}_1=\left(\frac{3+j1}{10}\right)\mathbf{V}_1=2$$

因此，可得

$$\mathbf{V}_1=\frac{2(10)}{3+j1}\cdot\frac{3-j1}{3-j1}=6-j2\ \mathrm{V}$$

最後，利用分壓定理從圖17.19中可得

$$\mathbf{V}_2=\frac{-j4}{2-j4}\mathbf{V}_1=\frac{-j4}{2-j4}(6-j2)$$

上式可以簡化為

$$\mathbf{V}_2 = 4 - j4 = 4\sqrt{2}\,\underline{/-45^\circ}\ \text{V}$$

在例題 17.8 中的消去法很好，這是由於（17.31）式的型式，我們亦可直接使用行列式去解得 $\mathbf{V}_1$ 和 $\mathbf{V}_2$。

17.5　環路分析法（*LOOP ANALYSIS*）

與節點分析法相似，穩態交流相量電路的環路分析法是和電阻電路完全相同。本節中將討論兩個例題來說明分析的步驟。

例 17.9： 求圖 17.20 電路中的穩態電流 i_1 和 i_2。

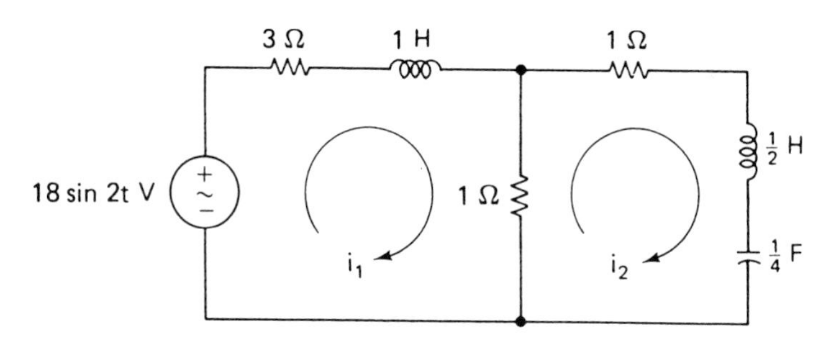

圖 17.20　具有兩環路電流的電路

解： 頻率是 $\omega = 2$ 弳／秒，可獲得阻抗示於圖 17.21 (a)中的相量電路。$3\,\Omega$ 和 $j2\,\Omega$ 阻抗是串聯，同樣的 $1\,\Omega$，$j1\,\Omega$ 和 $-j2\,\Omega$ 阻抗是串聯。因此等效阻抗是 $3+j2$ 及 $1+j1-j2=1-j1$，這如圖 17.21 (b)中電路。環路或網目方程式的寫法和在電阻電路分析中的方式完全相同。在圖 17.21 (b)中標示 $\mathbf{I}_1$ 網目方程式為

$$(3+j2)\mathbf{I}_1 + 1(\mathbf{I}_1 - \mathbf{I}_2) = \frac{18}{\sqrt{2}}\underline{/0^\circ}$$

或

$$(4+j2)\mathbf{I}_1 - \mathbf{I}_2 = \frac{18}{\sqrt{2}}\underline{/0^\circ} \tag{17.32}$$

而標示 $\mathbf{I}_2$ 的網目方程式是

$$1(\mathbf{I}_2 - \mathbf{I}_1) + (1 - j1)\mathbf{I}_2 = 0$$

或

$$-\mathbf{I}_1 + (2 - j1)\mathbf{I}_2 = 0 \tag{17.33}$$

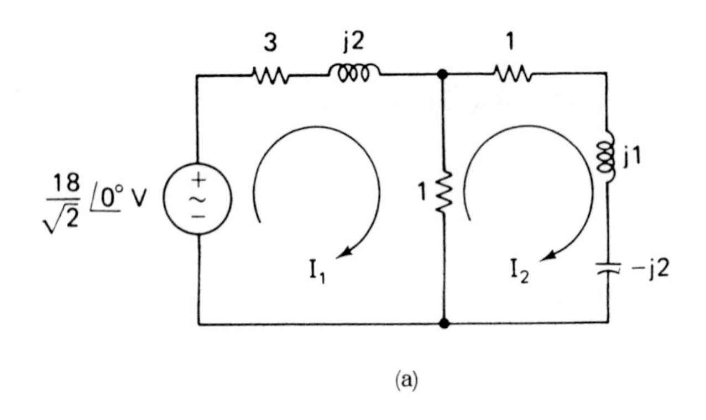

(a)

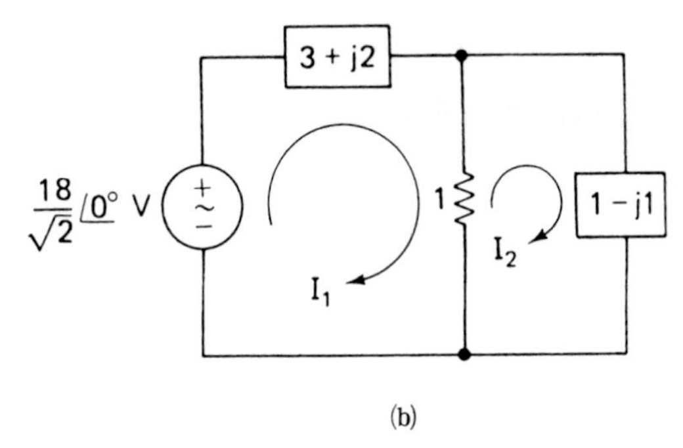

(b)

圖 17.21　(a)相量電路及(b)它的等效

從最後的結果有

$$\mathbf{I}_1=(2-j1)\mathbf{I}_2 \tag{17.34}$$

的式子，此式代入（17.32）式中而得

$$(4+j2)(2-j1)\mathbf{I}_2-\mathbf{I}_2=\frac{18}{\sqrt{2}}$$

解 $\mathbf{I}_2$，我們有

$$\mathbf{I}_2=\frac{18/\sqrt{2}}{(4+j2)(2-j1)-1}=\frac{2}{\sqrt{2}}\underline{|0°} \tag{17.35}$$

最後，把（17.35）式代入（17.34）式而得

$$\mathbf{I}_1=(2-j1)\left(\frac{2}{\sqrt{2}}\underline{|0°}\right)$$

$$=(\sqrt{5}\,\underline{|-26.6°})\left(\frac{2}{\sqrt{2}}\underline{|0°}\right)$$

或

$$\mathbf{I}_1=\frac{2\sqrt{5}}{\sqrt{2}}\underline{|-26.6°}\ \mathbf{A} \tag{17.36}$$

時域網目電流可從（17.36）式和（17.35）式轉換成

$$i_1 = 2\sqrt{5}\sin(2t - 26.6°)\ \mathrm{A}$$

及

$$i_2 = 2\sin 2t\ \mathrm{A}$$

在此例中需注意網目方程式（17.32）式及（17.33）式與電阻電路中使用捷徑解法而直接獲得。在第一個方程式 $\mathbf{I}_1$ 的係數是第一個網目中阻抗之和，而 $\mathbf{I}_2$ 的係數是第一和第二個網目所共有阻抗的負值之和。在第二個方程式中 $\mathbf{I}_2$ 的係數是第二網目之和，$\mathbf{I}_1$ 係數是第二和第一網目所共有阻抗的負值之和。這和電阻電路完全相同。

目前所討論電路只有一個電源及單一頻率 ω。如果電路有超過一個以上不同頻率的電源，這時就有不能決定的阻抗問題，因阻抗取決於 ω 之故。在以後將了解可使用重疊定理來解決這個問題。但若電源頻率相同，則可和電阻電路中的分析法完全相同，這如同下例所敘述的一樣。

例 17.10：求圖17.22(a)中雙電源電路中的穩態電流 i。

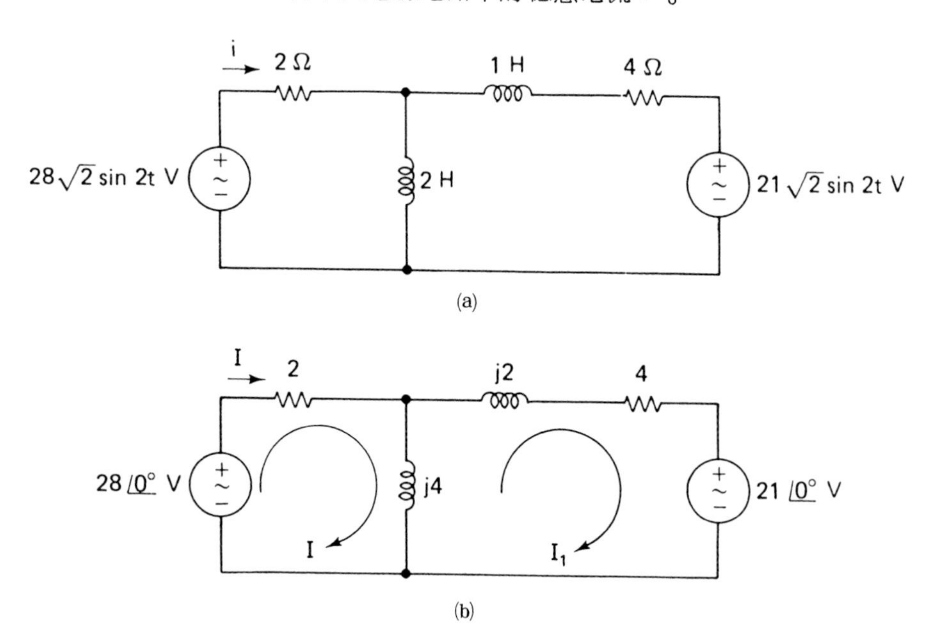

圖 17.22　(a)含有兩電源的電路及(b)它的相量電路

解：相量電路如圖17.22(b)所示，可得網目方程式為

$$(2+j4)\mathbf{I}-j4\mathbf{I}_1=28$$

$$-j4\mathbf{I}+(4+j6)\mathbf{I}_1=-21$$

把第一個方程式乘以 $4+j6$ ，第二個乘以 $j4$ 而得

$$(2+j4)(4+j6)\mathbf{I}-j4(4+j6)\mathbf{I}_1=28(4+j6)$$

$$-j4(j4)\mathbf{I}+j4(4+j6)\mathbf{I}_1=-21(j4)$$

把這兩式相加而消去 $\mathbf{I}_1$ 所得的結果是

$$[(2+j4)(4+j6)-j4(j4)]\mathbf{I}=28(4+j6)-21(j4)$$

這式子可以簡化成

$$j28\mathbf{I}=112+j84$$

因此可得

$$\mathbf{I}=\frac{112+j84}{j28}=3-j4=5\underline{\left|-53.1^\circ\right.}\ \mathrm{A}$$

而正弦函數電流是

$$i=5\sqrt{2}\sin(2t-53.1^\circ)\ \mathrm{A}$$

17.6 相量圖（*PHASOR DIAGRAMS*）

因相量是複數，可以畫在平面上的向量（vector）來表示，且相量的加和減可由作圖法來完成。這種圖稱爲相量圖，在分析穩態交流電路中十分有用。

在圖 17.23 中的電路，是 RLC 串聯相量電路。電流 $\mathbf{I}$ 是所有元件所共有，因此把它當作參考相量，卽相角爲 0°，並畫於正實數軸上。其它相量將以參考相量爲準而畫出。（眞正相角可在程序終結時求得，因相量圖會決定相對的相角，例如指出 $\mathbf{V}_L$ 領前或落後 $\mathbf{V}_g$ 多少度。）

換言之，參考相量 $\mathbf{I}$ 爲

$$\mathbf{I}=I\underline{\left|0^\circ\right.} \tag{17.37}$$

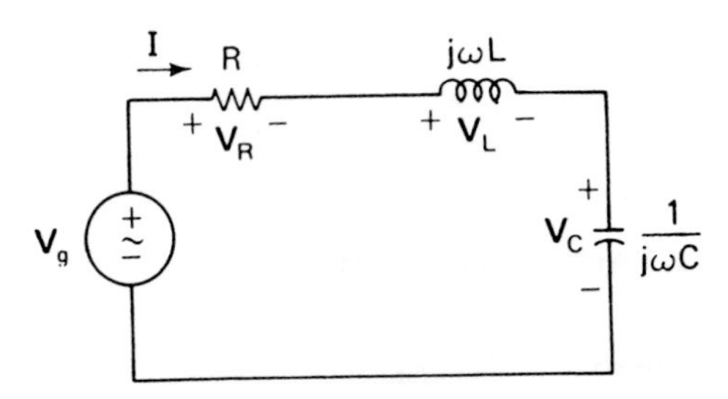

圖 17.23 RLC 串聯相量電路

以此爲基準畫出其它的相量。

電阻器相量圖

在圖17.23電阻器R中，可知電壓$\mathbf{V}_R$和電流同相，由(17.37)式可得

$$\mathbf{V}_R = R\mathbf{I} = RI\underline{|0°} \tag{17.38}$$

這是示於圖17.24(a)中相量圖，圖中參考相量$\mathbf{I}$是用來和$\mathbf{V}_R$有所區別。

電感器相量圖

在圖17.23中電感器L，電流$\mathbf{I}$落後電壓$\mathbf{V}_L$ 90°，由(17.37)式可得下列關係式

$$\mathbf{V}_L = j\omega L\mathbf{I} = \omega LI\underline{|\ 90°} \tag{17.39}$$

這示於圖17.24(b)中的相量圖，在圖中電流相量的相角是比電壓相量落後90°。

電容器相量圖

在圖17.23中電容器C，有

$$\mathbf{V}_C = -j\frac{1}{\omega C}\mathbf{I} = \frac{I}{\omega C}\underline{|-90°} \tag{17.40}$$

的關係式，因此如同所期望的，電流領前電壓90°，這示於圖17.24(c)中的相量圖，此圖中$\mathbf{V}$的相角是比$\mathbf{I}$落後90°。

圖17.23電路的相量圖

在圖17.23中RLC串聯電路，可用相量圖求出電流$\mathbf{I}$。首先選$\mathbf{I}$如同(17.37)式中具有0°的角度，及任意大小$|\mathbf{I}| = I$。然後可求得如圖17.24所示的相量$\mathbf{V}_R$，$\mathbf{V}_L$，$\mathbf{V}_C$

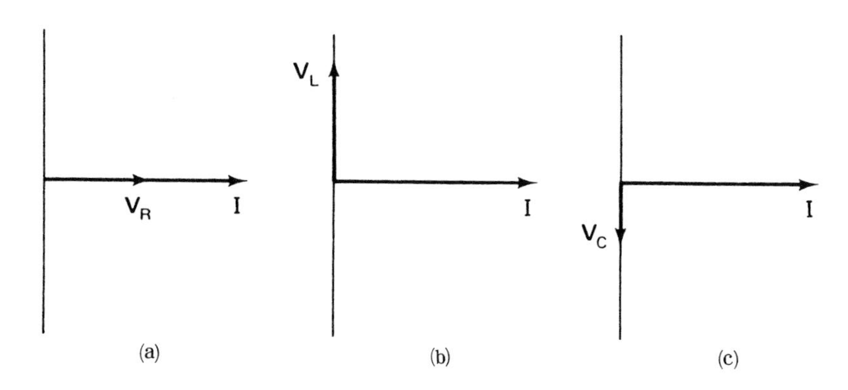

圖17.24　對於(a)電阻器，(b)電感器及(c)電容器的電流和電壓之相量圖

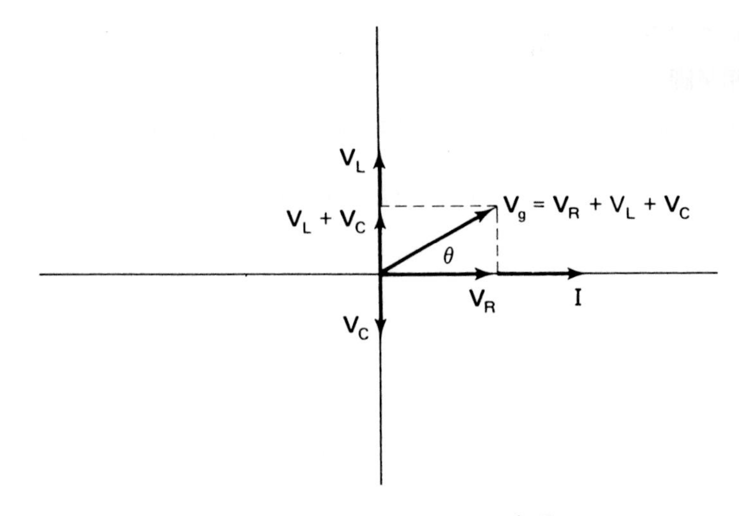

圖 17.25　對於圖 17.23 電路的相量圖

由圖17.23利用克希荷夫電壓定律可知

$$\mathbf{V}_R+\mathbf{V}_L+\mathbf{V}_C=\mathbf{V}_g$$

在相量圖上藉著執行圖形的加法求得 $\mathbf{V}_g$ ，例如 $\mathbf{V}_L+\mathbf{V}_C$ 會有一數在 j 軸上，因 $\mathbf{V}_L$ 有正虛數部份而 $\mathbf{V}_C$ 含有負虛數部份。若 $|\mathbf{V}_L|>|\mathbf{V}_C|$，則為正 j 軸的數目，如圖 17.25 所示。完成由 $\mathbf{V}_L+\mathbf{V}_C$ 及 $\mathbf{V}_R$ 所組成的平行四邊形而得電壓相量和 $\mathbf{V}_g$ 。可知 $|\mathbf{V}_g|$ 的大小及 $\mathbf{V}_g$ 的相角 θ 是領前或落後 $\mathbf{I}$ 。因 $\mathbf{V}_g$ 開始就已知，我們將了解為什麼需要去正確的計算 $\mathbf{V}_g$ 而獲得真正的 $\mathbf{V}_g$ 。即知道如何去調整它的大小和相位去使它們是正確值。這種相同的調整使得 $\mathbf{I}$ ，$\mathbf{V}_R$ ，$\mathbf{V}_L$ 及 $\mathbf{V}_C$ 變成正確值。

例 17.11：在圖 17.23 中，令 $R=3\,\Omega$ ，$j\omega L=j6\,\Omega$ ，$1/j\omega C=-j2\,\Omega$ ，及 $\mathbf{V}_g=10\angle 0^\circ$ 伏特，使用相量圖求 $\mathbf{I}$ 。

解：取 $\mathbf{I}$ 為參考相量，並任意給它的值為

$$\mathbf{I}=1\angle 0^\circ\ \text{A} \tag{17.41}$$

則我們有

$$\begin{aligned}\mathbf{V}_R&=3\mathbf{I}=3=3\angle 0^\circ\ \text{V}\\ \mathbf{V}_L&=j6\mathbf{I}=j6=6\angle 90^\circ\ \text{V}\\ \mathbf{V}_C&=-j2\mathbf{I}=-j2=2\angle -90^\circ\ \text{V}\end{aligned} \tag{17.42}$$

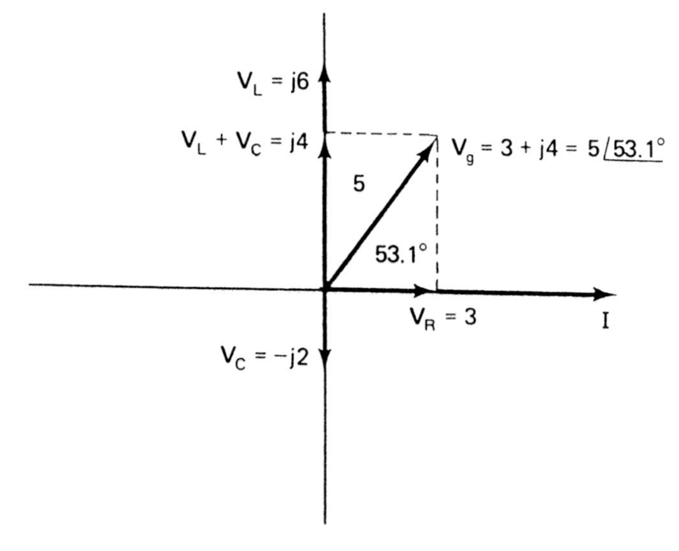

圖 17·26　例題 17.11 中的相量圖

這些數值畫於圖 17.26 中，其相量和$\mathbf{V}_g$由圖解法求得

$$\mathbf{V}_g = \mathbf{V}_R + \mathbf{V}_L + \mathbf{V}_C = 3 + j4 = 5\angle 53.1^\circ \text{ V}$$

為了校正計算值$5\angle 53.1^\circ$伏特等於眞實值$10\angle 0^\circ$伏特，必須將計算值的大小乘以 2 ，而把相角減去 53.1° 。這調整亦要校正（17.41）式至（17.42）式的計算值 $\mathbf{I}$ ，$\mathbf{V}_R$ ，$\mathbf{V}_L$及$\mathbf{V}_C$至它們的正確值為

$$\mathbf{I} = 2\angle -53.1^\circ \text{ A}$$

$$\mathbf{V}_R = 6\angle -53.1^\circ \text{ V}$$

$$\mathbf{V}_L = 12\angle 36.9^\circ \text{ V}$$

$$\mathbf{V}_C = 4\angle -143.1^\circ \text{ V}$$

其他狀況

在圖 17.25 中的相量圖，有 $|\mathbf{V}_L| > |\mathbf{V}_C|$ 的情形，在這種情況電流 $\mathbf{I}$ 落後電壓$\mathbf{V}_g$ ，即感抗大於容抗，因此淨電抗為電感性 。也可能有 $|\mathbf{V}_C| > |\mathbf{V}_L|$ 的情況，如圖17.27(a)及(b)之中，在第一種情況電路為電容性電抗，且電流 $\mathbf{I}$ 領前電壓 $\mathbf{V}_g$ 如圖的 θ 角 。第二種情況感抗和容抗互相抵消，而電路如同純電阻性電路一樣 。

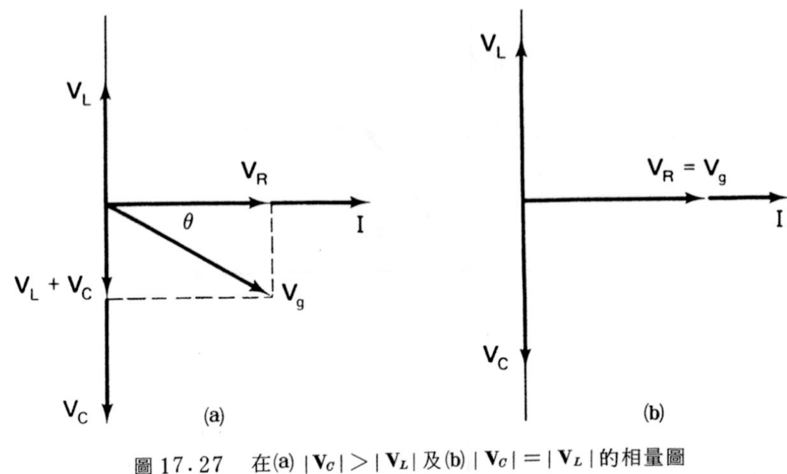

圖 17.27　在(a) $|\mathbf{V}_C| > |\mathbf{V}_L|$ 及(b) $|\mathbf{V}_C| = |\mathbf{V}_L|$ 的相量圖

例 17.12：使用相量圖，求在圖17.28電路的 **V** 。

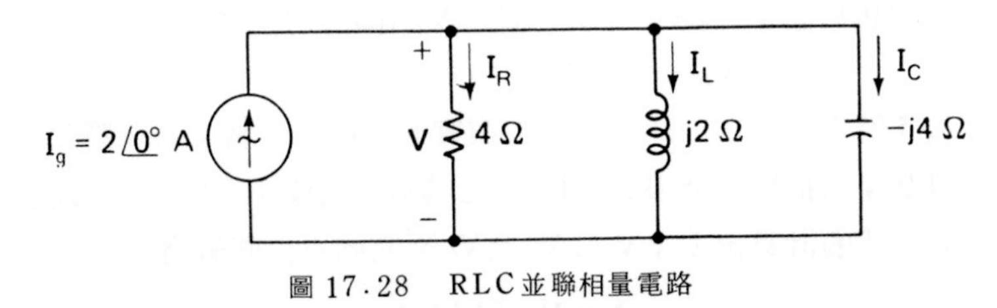

圖 17.28　RLC並聯相量電路

解：因電壓相量 **V** 是所有元件所共有的，所以以它爲參考相量，並任意取它爲

$$\mathbf{V} = 1\angle 0°\ \text{V}$$

則元件電流爲

$$\mathbf{I}_R = \frac{\mathbf{V}}{4} = \frac{1}{4}\ \text{A} = \frac{1}{4}\angle 0°\ \text{A}$$

$$\mathbf{I}_L = \frac{\mathbf{V}}{j2} = -j\frac{1}{2}\ \text{A} = \frac{1}{2}\angle -90°\ \text{A}$$

$$\mathbf{I}_C = \frac{\mathbf{V}}{-j4} = j\frac{1}{4}\ \text{A} = \frac{1}{4}\angle 90°\ \text{A}$$

這些值畫在圖17.29中的相量圖，其和由圖解法求得

$$\mathbf{I}_g = \mathbf{I}_R + \mathbf{I}_L + \mathbf{I}_C$$

$$= \frac{1}{4} - j\frac{1}{4}\ \text{A} = \frac{\sqrt{2}}{4}\angle -45°\ \text{A}$$

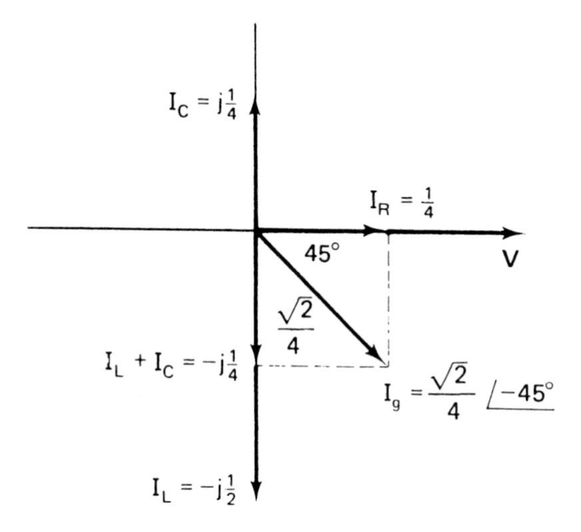

圖 17.29　圖 17.28電路的相量圖

由相量圖知電流 $\mathbf{I}_g$ 落後電壓 $\mathbf{V}$ 45°，眞實大小和相角可由計算值 $\sqrt{2}/4\angle -45°$ 和 $2\angle 0°$ 的眞實值求出。校正值，眞實值需把計算值的大小乘以 $8\sqrt{2}$，（$8\sqrt{2} \times \sqrt{2}/4 = 2$），並把計算值相角加45°，將此種校正方法用在其它計算值而得校正值

$$\mathbf{V} = \frac{8}{\sqrt{2}} \times 1\angle 0° + 45° = 4\sqrt{2}\angle 45° \text{ V}$$

$$\mathbf{I}_R = \frac{8}{\sqrt{2}} \times \frac{1}{4}\angle 0° + 45° = \sqrt{2}\angle 45° \text{ A}$$

$$\mathbf{I}_L = \frac{8}{\sqrt{2}} \times \frac{1}{2}\angle -90° + 45° = 2\sqrt{2}\angle -45° \text{ A}$$

$$\mathbf{I}_C = \frac{8}{\sqrt{2}} \times \frac{1}{4}\angle 90° + 45° = \sqrt{2}\angle 135° \text{ A}$$

17.7 摘　要（*SUMMARY*）

具有交流正弦函數電源的相量電路可如同分析直流電阻電路一樣。唯一不同點是交流爲複數，直流爲實數。於是在電阻電路的分析技巧同樣用於相量之中。

可把串聯和並聯組合成等效阻抗，用歐姆定律去獲得相量電壓和電流。阻抗爲複數，實數部份稱爲電阻性元件，而虛數部份，稱爲電抗。

電阻器電流和電壓是同相，但在電感器和電容器中的電流和電壓異相90°。電感器電流落後電壓90°，而電容器電流領先電壓90°。

分壓和分流定理應用在相量電路與電阻電路中完全相同。在簡單電路中可以利用這種方法而不需寫出電路方程式能完整的分析。但一般可用克希荷夫定律如同電阻電路中一樣的寫出電路環路方程式及節點方程式。

最後，依所畫電路相量圖，用圖解法求得相量電壓和電流。相量間的相角和大小關係可由圖表示，且相量的加法和減法是依照克希荷夫定律來完成。

練習題

17.1-1 如圖相量電路，求從電源端看入的阻抗，解答分別以直角座標和極座標表示。

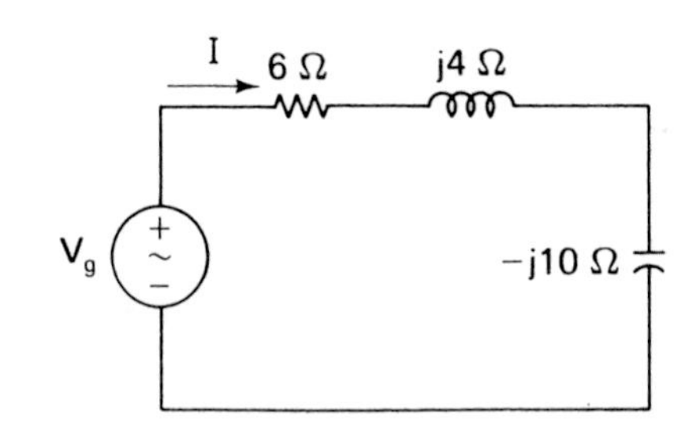

練習題 17.1-1

答：$6-j6=6\sqrt{2}\,\underline{/-45°}\ \Omega$。

17.1-2 求練習題 17.1-1 從電源端看入的導納。

答：$\dfrac{1}{12}+j\dfrac{1}{12}=\dfrac{1}{6\sqrt{2}}\,\underline{/45°}$ 姆歐。

17.1-3 若練習題 17.1-1 中 $\mathbf{V}_g$ 所對應的時域電壓為 $v_g=24\sin(2t-15°)$，求相量電流 $\mathbf{I}$ 及時域電流。

答：$2\,\underline{/30°}$ 安培，$2\sqrt{2}\sin(2t+30°)$ 安培。

17.1-4 若頻率分別為(a) 10 弳／秒，(b) 10,000 弳／秒。求 100 mH電感器的感抗及 1 μF 電容器的容抗。

答：(a) 1 Ω，100 kΩ，(b) 1 kΩ，100 Ω。

17.2-1 有一電壓 $v_1=10\sin(2t+10°)$，而另一電壓 v_2 分別是(a) $3\sin(2t+10°)$，(b) $4\sin(2t-25°)$ 及(c) $8\sin(2t-30°)$，求 v_1 領前 v_2 多少度。

答：(a) 0°，(b) 35°，(c) −20°。

17.2-2 若 $|\mathbf{Z}|=10\ \Omega$，$\mathbf{I}=4\,\underline{/0°}$ A，且電流落後電壓 30°，求相量電壓。

答：$40\underline{|30°}$ 伏特。

17.3-1　若 $\omega=1000$ 弳/秒，求一組由 1 kΩ電阻，0.1 H電感，及 1 μF電容串聯的等效阻抗。

答：$1-j0.9$ kΩ。

17.3-2　若 $\omega=500$ 弳/秒，求一組由 20 kΩ電阻，和 0.1 μF電容並聯的等效阻抗。

答：$10-j10$ kΩ。

17.3-3　如圖求 i_1 及 i_2 之穩態值。

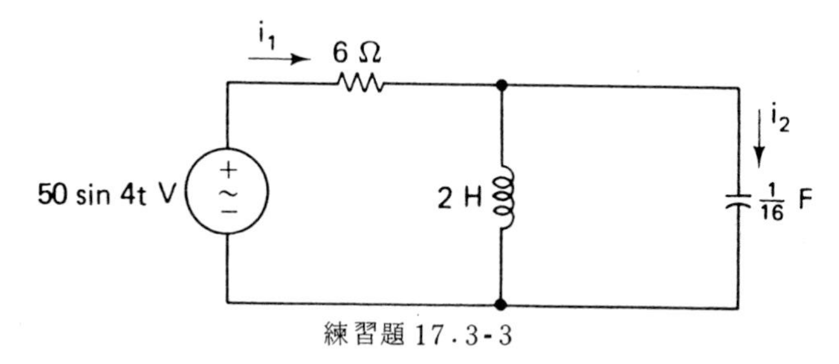

練習題 17.3-3

答：$5\sin(4t+53.1°)$ 安培，$10\sin(4t+53.1°)$ 安培。

17.3-4　求下圖中的 $\mathbf{Z}_T$。

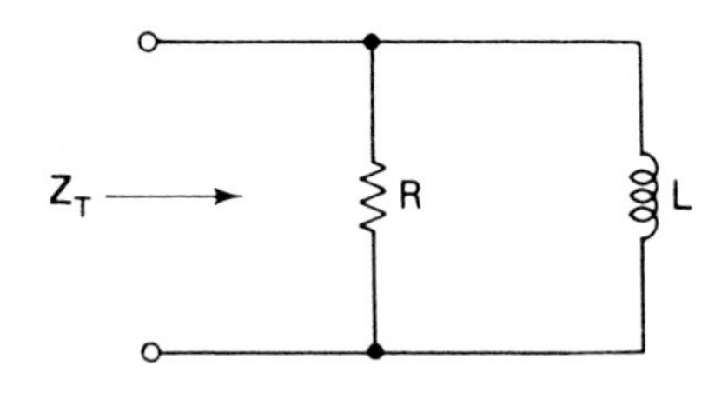

練習題 17.3-4

答：$\dfrac{R\omega^2L^2}{R^2+\omega^2L^2}+j\dfrac{R^2\omega L}{R^2+\omega^2L^2}$

17.4-1　如下圖所對應的相量電路中，以節點分析法求穩態節點電壓 v。

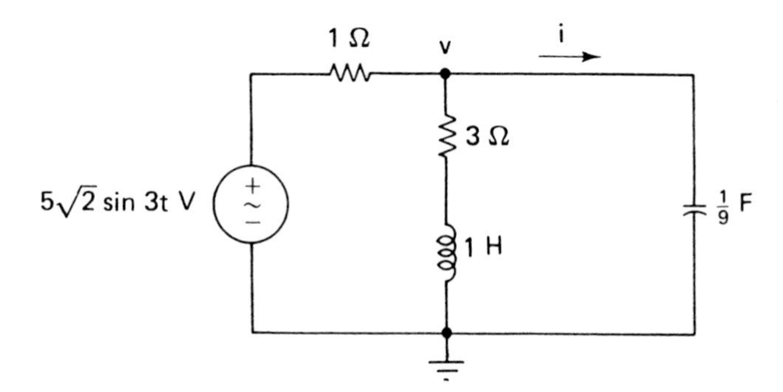

練習題 17.4-1

$\;\;$ 答：$6\sin(3t-8.1°)$ 伏特。

17.4-2 在下圖所對應的相量電路中，使用節點分析法求穩態節點電壓 v 。

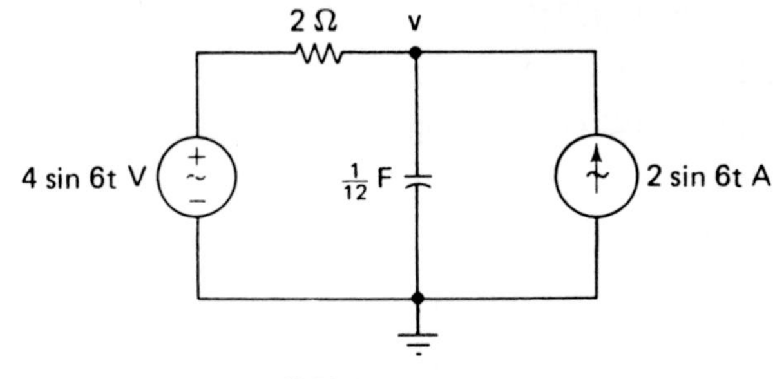

練習題17.4-2

答：$4\sqrt{2}\sin(2t-45°)$ 伏特。

17.5-1 在練習題 17.4-1 中的電路，以網目分析法求穩態電流 i 。

答：$2\sin(2t+81.9°)$ 安培。

17.5-2 在下圖所對應的相量電路，以網目分析法求穩態電流 i 值。

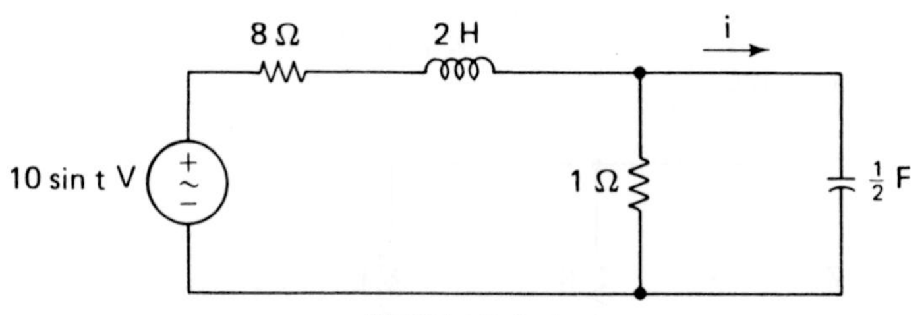

練習題17.5-2

答：$0.5\sin(t+53.1°)$ 安培。

17.6-1 如圖利用相量圖解法求 **I** 。（把 **I** 爲參考相量）

答：$2\angle -36.9°$ 安培。

17.6-2 如圖利用相量圖解法求 **V** 。（取 **V** 爲參考相量）

答：$12\angle -53.1°$ 伏特。

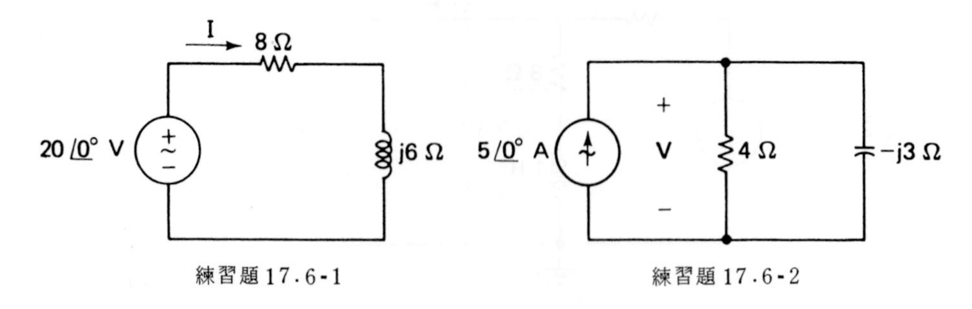

練習題17.6-1 練習題17.6-2

習　題

17.1　如圖求阻抗**Z**。

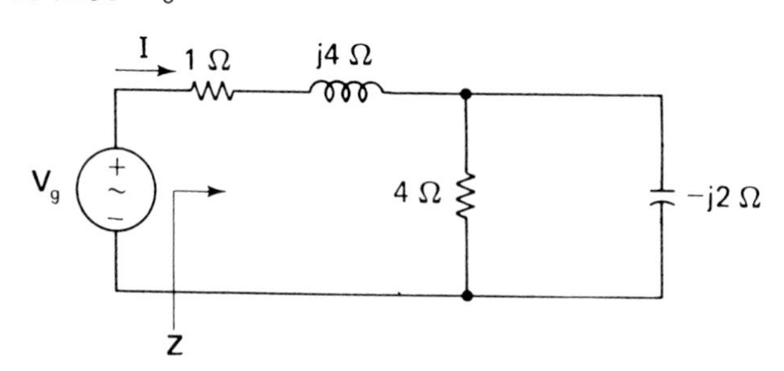

習題 17.1

17.2　在習題 17.1 中$\mathbf{V}_g$所對應的時域電壓為$V_g=15\sin(2t-25°)$伏特，求相量電流及時域電流。

17.3　若頻率分別為(a) 100 弳/秒，(b) 100,000 弳/秒，(c) 1000 赫芝。求 10mH電感器及 2 μF 電容器的阻抗。

17.4　若頻率分別為(a) 10 弳/秒，(b) 10,000 弳/秒，(c) 60 赫芝，求 2 mH電感器和 0.1 μF 電容器之阻抗。

17.5　若$v_1=40\sin(30t+30°)$，而v_2分別是(a) $10\sin(30t-12°)$，(b) $5\sin 30t$ 及(c) $8\sin(30t+40°)$。決定 v_1 領前或落後 v_2，並求領前或落後多少角度。

17.6　求下圖電路由電源看入的阻抗**Z**，並使用這結果去求相量**I**，若頻率$\omega=5$ 弳/秒，求**I**之時域電流 i。

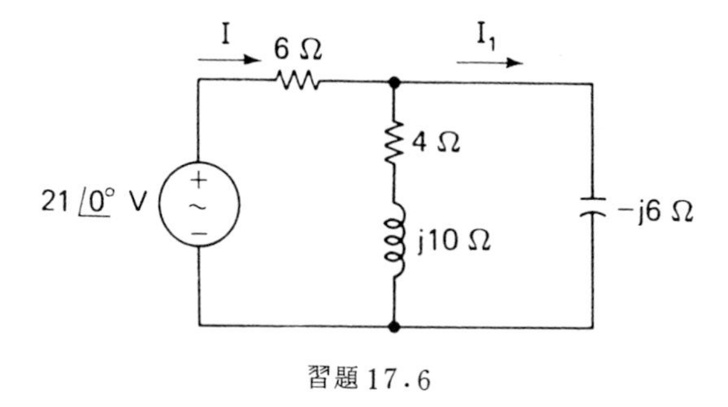

習題 17.6

17.7　下圖對應的相量電路中，求由電源看入的阻抗**Z**，並使用這結果求得正弦函數穩態電流 i。

17.8　如圖使用相量法求**V**的穩態值。

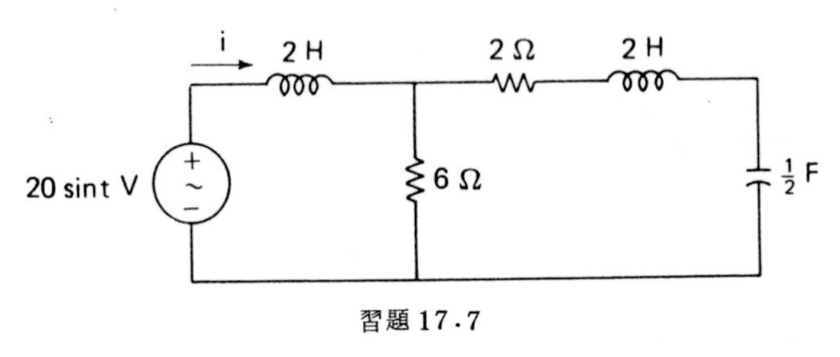

習題 17.7

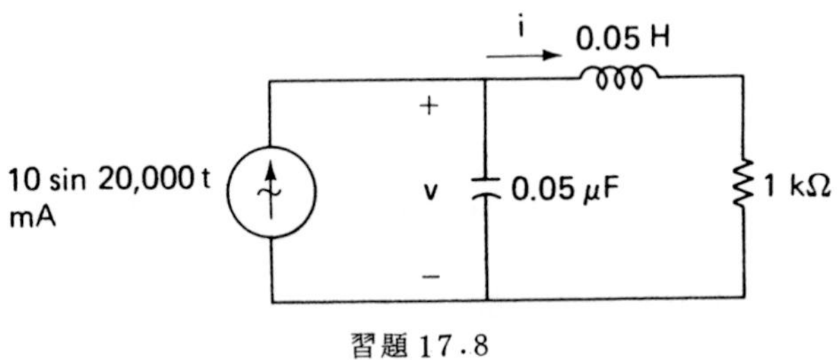

習題 17.8

17.9 使用相量和分流定理求 i 和 v 的穩態值。

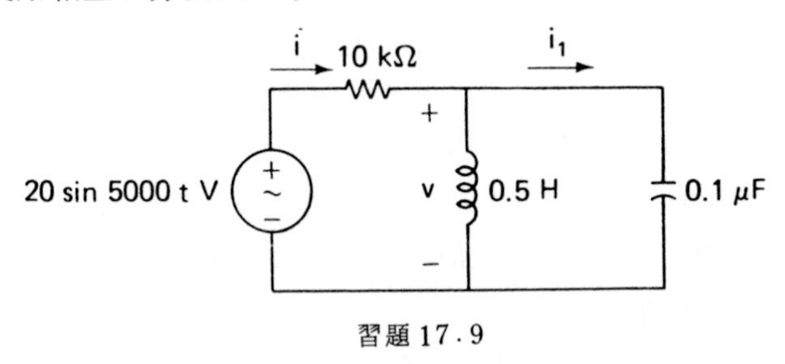

習題 17.9

17.10 使用相量和分壓定理求**V**的穩態值。

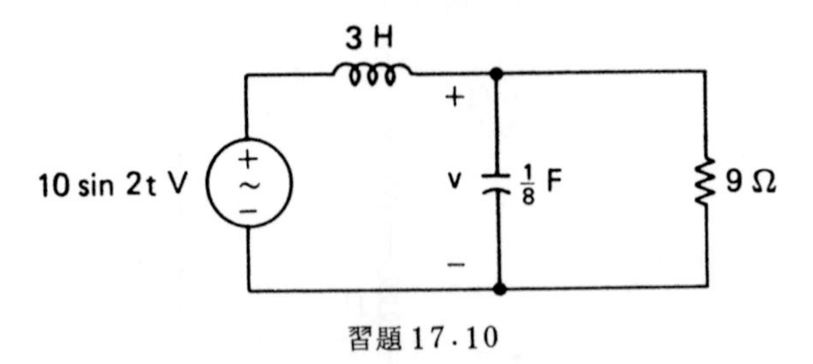

習題 17.10

17.11 在習題 17.6 中使用分流定理求電流 $\mathbf{I}_1$，及時域值 i_1。

17.12 在習題 17.8 中使用分流定理在相量圖中，求 i 的穩態值。

17.13 在習題 17.9 中使用分流定理於所對應的相量電路，求 i_1的穩態值。

17.14 如圖應用節點分析法，求**V**的穩態值。

17.15 如圖使用節點分析法，求**V**的穩態值。

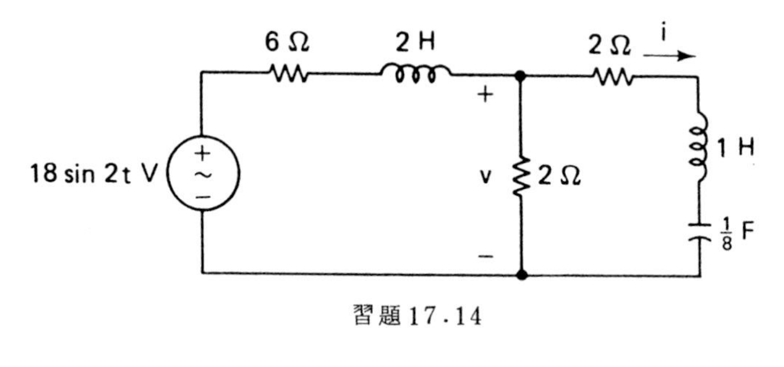

習題 17.14

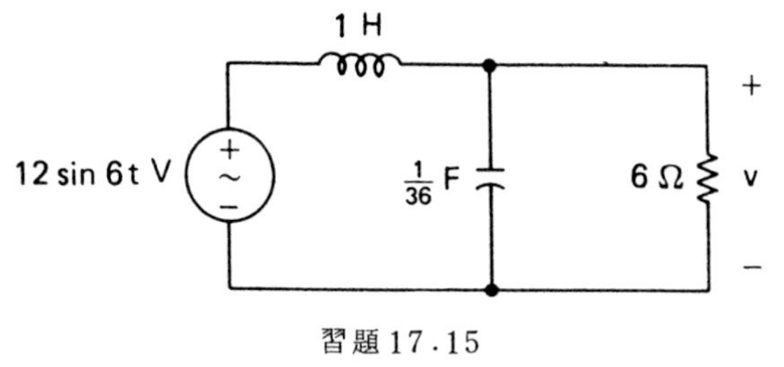

習題 17.15

17.16　如圖使用節點分析法，求 **V** 的穩態值。

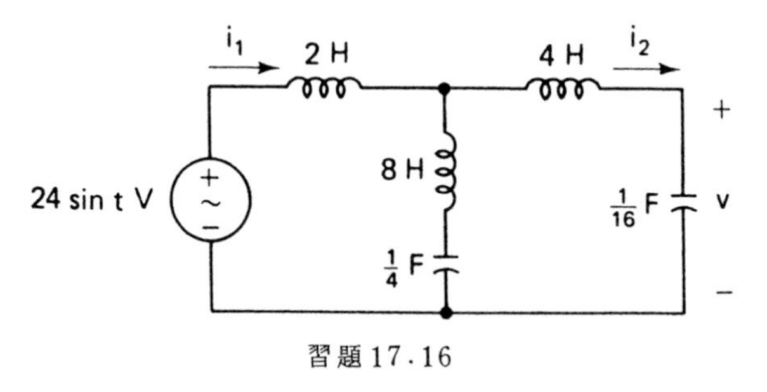

習題 17.16

17.17　在習題 17.14 中使用網目分析法，求 i 的穩態值。

17.18　在習題 17.16 中使用網目分析法，求 i_1 和 i_2 的穩態值。

17.19　如圖使用網目分析法，求穩態電流 i 。

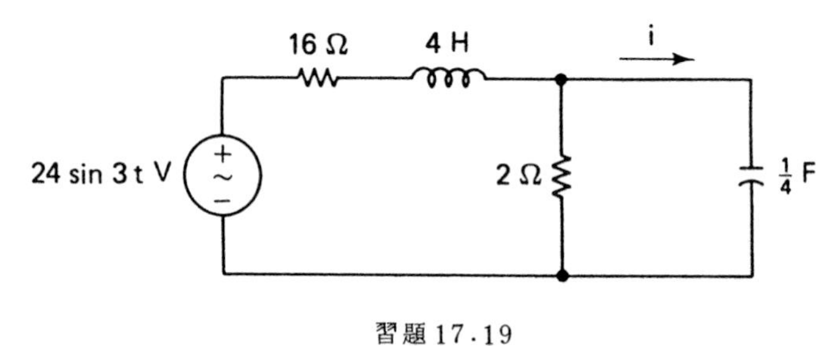

習題 17.19

17.20 如圖使用網目分析求 i_1 和 i_2 的穩態值。

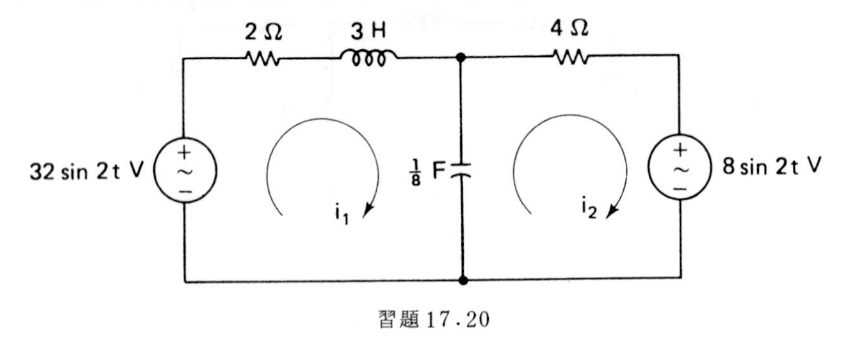

習題 17.20

17.21 如圖使用節點分析法求 **V** 。

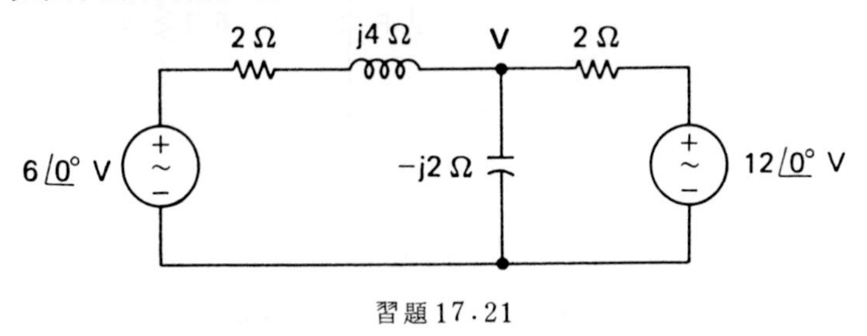

習題 17.21

17.22 如圖求 **V** 的穩態值。

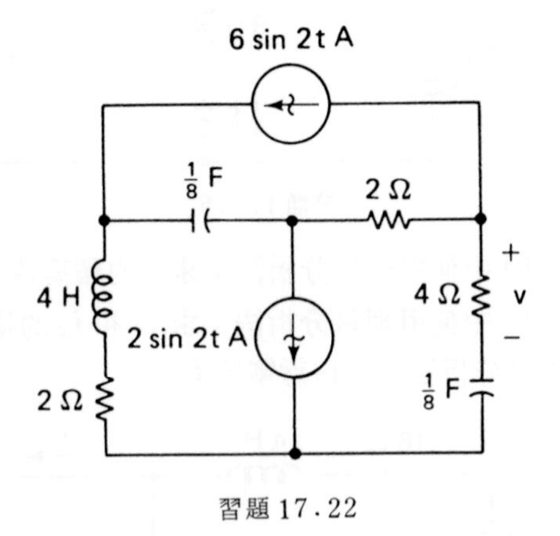

習題 17.22

17.23 如圖中取 **I** 為參考相量求穩態電流 i ，在於(a) $\omega = 4$ 弳／秒及(b) $\omega = 2$ 弳／秒的情況下組成相量圖。（取 $\mathbf{I} = 1\angle 0°$ 安培為參考相量，並作校正工作）

17.24 如圖使用習題 17.23 中的方法求穩態電壓 **V** 。（取電壓相量 $\mathbf{V} = 1\angle 0°$ 伏特為參考相量，並作校正工作。

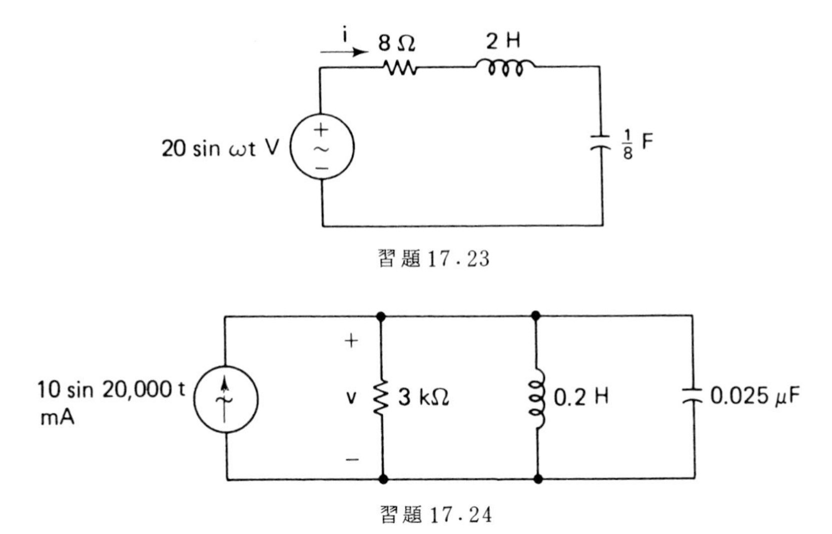

習題 17.23

習題 17.24

第18章

交流網路理論

除了以複數取代實數外，相量電路和直流電阻性電路完全相似，故適用於電阻電路的網路理論亦可適用於相量電路。若把直流電流和電壓以相量電流和電壓，及把電阻由阻抗所取代，則第八章電阻網路理論都可以轉歸於相量電路。

本章將討論重疊定理　戴維寧定理、諾頓定理、電源之轉換，及 Y - Δ 轉換。我們將了解這些定理與它所對應電阻電路定理完全相同，並可用同樣方法來分析。重疊定理是如有兩個以上相同頻率電源電路，任何電流或電壓都可以由每一電源單獨產生電流或電壓的總和。若電源有不同頻率，則必定要用重疊定理，因阻抗定義僅允許在一時間只有一個頻率。

18.1　重疊定理（*SUPERPOSITION*）

若交流電路有一個以上的電源，則重疊定理原則如同直流電路一樣，去求得任何電壓或電流。我們可求單獨產生的電壓或電流（其它電源去掉），若頻率都相同，可把每一電源所產生的相量電壓或電流相加而獲得總相量電壓或電流。若頻率不同，則必須把相量部份轉換成時域值，然後再相加而得總時域電壓或電流。

例 18.1：在圖 18.1 電路，使用重疊定理求穩態電流 i 。

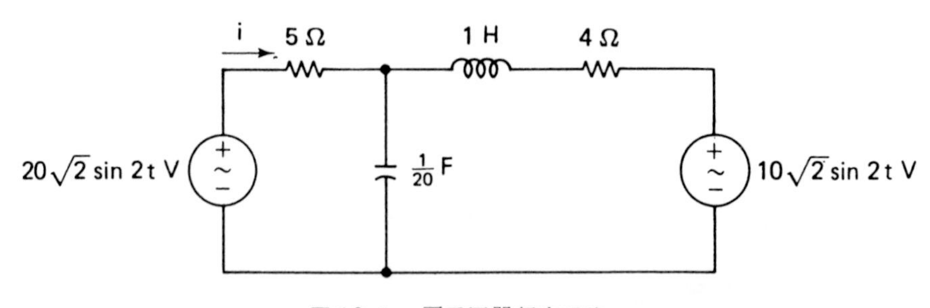

圖 18.1　兩電源單頻率電路

解：相量電路如圖 18.2 中，$\mathbf{I}$ 是 i 的相量，藉重疊定理為

$$\mathbf{I} = \mathbf{I}_1 + \mathbf{I}_2 \tag{18.1}$$

式中 $\mathbf{I}_1$ 是 20 伏特電源所產生的電流（10 伏特短路），$\mathbf{I}_2$ 是由 10 伏特電源所產生的電流（20 伏特短路），單獨的 $\mathbf{I}_1$ 和 $\mathbf{I}_2$ 相量圖示於圖 18.3 (a)及(b)之中。在(a)中把 10 伏特電源去掉，而(b)中是去掉 20 伏特之電源，把圖 18.3 (a)中由電源端看入的阻抗是

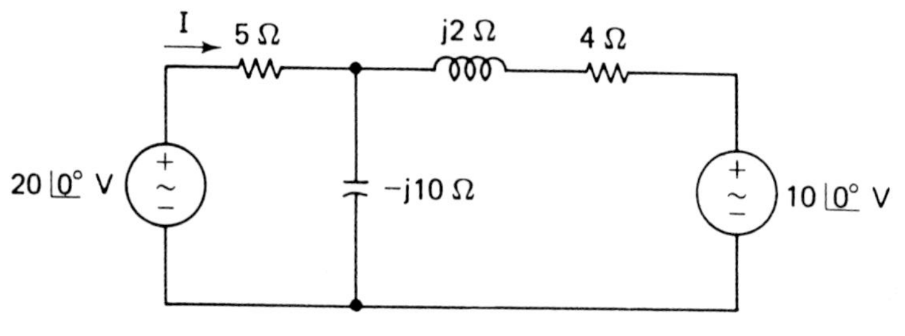

圖 18.2　圖 18.1 的相量電路

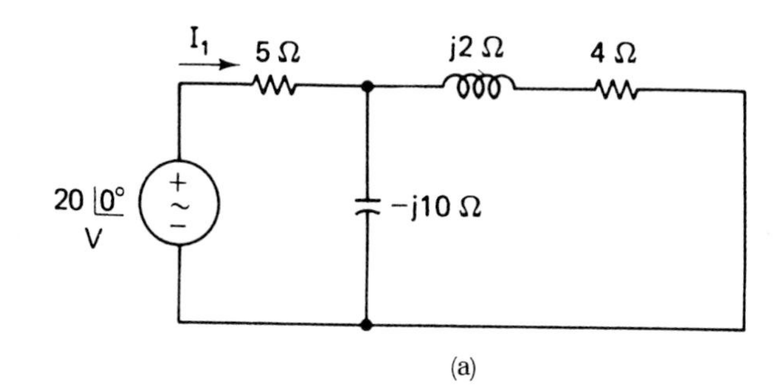

(a)

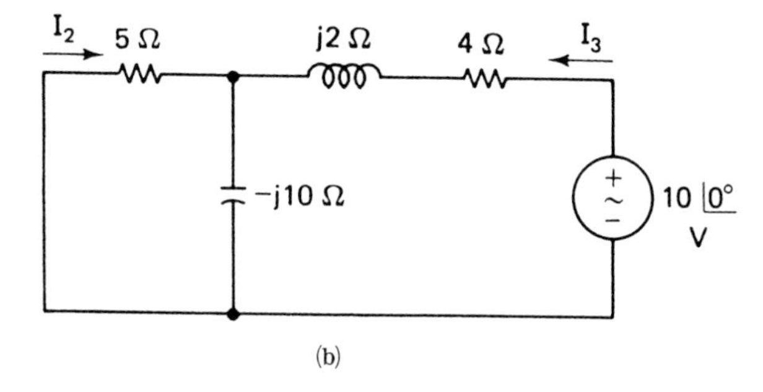

(b)

圖 18.3　圖 18.2 中的(a) $\mathbf{I}_1$ 和(b) $\mathbf{I}_2$ 的相量電路

$$\mathbf{Z}_1 = 5 + \frac{-j10\,(4+j2)}{-j10+4+j2}$$

$$= 5 + \frac{-j10\,(4+j2)}{4-j8}$$

$$= 5 + \frac{5(4-j8)}{4-j8}$$

$$= 5 + 5 = 10\ \Omega$$

因此，電流 $\mathbf{I}_1$ 是

$$\mathbf{I}_1=\frac{20\angle 0^\circ}{\mathbf{Z}_1}=\frac{20\angle 0^\circ}{10}=2\angle 0^\circ \text{ A}$$

在圖 18.3(b)中從電源所看入的阻抗是

$$\mathbf{Z}_2=4+j2+\frac{-j10(5)}{5-j10}$$

$$=4+j2-\frac{j10}{1-j2}\cdot\frac{1+j2}{1+j2}$$

$$=4+j2-\frac{10(-2+j1)}{5}$$

$$=4+j2+4-j2=8$$

因此，電流 $\mathbf{I}_3$ 是

$$\mathbf{I}_3=\frac{10\angle 0^\circ}{8}=\frac{5}{4}\angle 0^\circ \text{ A}$$

利用分流定理而得電流 $\mathbf{I}_2$ 爲

$$\mathbf{I}_2=-\frac{-j10}{5-j10}\cdot\mathbf{I}_3$$

上式的負號是因 $\mathbf{I}_2$ 的極性所需的。把 $\mathbf{I}_3$ 代入此式有

$$\mathbf{I}_2=\frac{j2}{1-j2}\cdot\frac{5}{4}$$

$$=\frac{j5}{2(1-j2)}\cdot\frac{1+j2}{1+j2}$$

$$=\frac{5(-2+j1)}{2(5)}$$

或

$$\mathbf{I}_2=\frac{-2+j1}{2}=\frac{\sqrt{5}}{2}\angle 153.4^\circ \text{ A}$$

在圖 18.2 的相量電流 $\mathbf{I}$ 因此是

$$\mathbf{I}=\mathbf{I}_1+\mathbf{I}_2=2\angle 0^\circ+\frac{-2+j1}{2} \text{ A}$$

或

$$\mathbf{I}=2+\frac{-2+j1}{2}$$

$$=\frac{2+j1}{2}=\frac{\sqrt{5}}{2}\angle 26.6^\circ \text{ A}$$

因此時域電流是

$$i=\frac{\sqrt{5}\sqrt{2}}{2}\sin(2t+26.6^\circ)\ \text{A}$$

或

$$i=1.58\sin(2t+26.6^\circ)\ \text{A}$$

具有不同頻率電源之電路

若電路具有兩個以上不同頻率之電源，不能直接求得電流或電壓，這是因相量電路及阻抗不能同時考慮一個以上的頻率。但可使用重疊定理，而每一電路僅含有一個電源，當然也只有一個頻率存在。以下面例題說明分析的程序。

例 18.2：在圖 18.4 中電路，求穩態電流 i 。

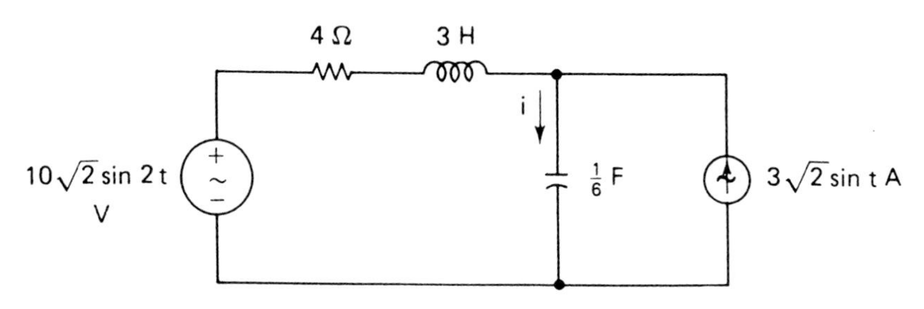

圖 18.4　具有不同頻率的電源的電路

解：使用重疊定理電流是

$$i=i_1+i_2$$

式中 i_1 是由電壓源單獨所產生（把電流源去掉），而 i_2 由電流源所產生（電壓源去掉），其相量圖分別示於圖 18.5 (a)及(b)之中。在(a)中 $\mathbf{I}_1$ 是 i_1的相量，$\omega=2$ 弳／秒（電壓源的），把電流源開路。在(b)中 $\mathbf{I}_2$ 是 i_2 的相量，$\omega=1$ 弳/秒（電流源的頻率），而電壓源被短路所取代。

在圖 18.5 (a)中從電源看入的阻抗是

$$\mathbf{Z}=4+j6-j3=4+j3=5\angle 36.9^\circ\ \Omega$$

因此電流是

$$\mathbf{I}_1=\frac{10\angle 0^\circ}{\mathbf{Z}}=\frac{10\angle 0^\circ}{5\angle 36.9^\circ}=2\angle -36.9^\circ\ \text{A}$$

因此，正弦函數電流是

$$i_1=2\sqrt{2}\sin(2t-36.9^\circ)\ \text{A}$$

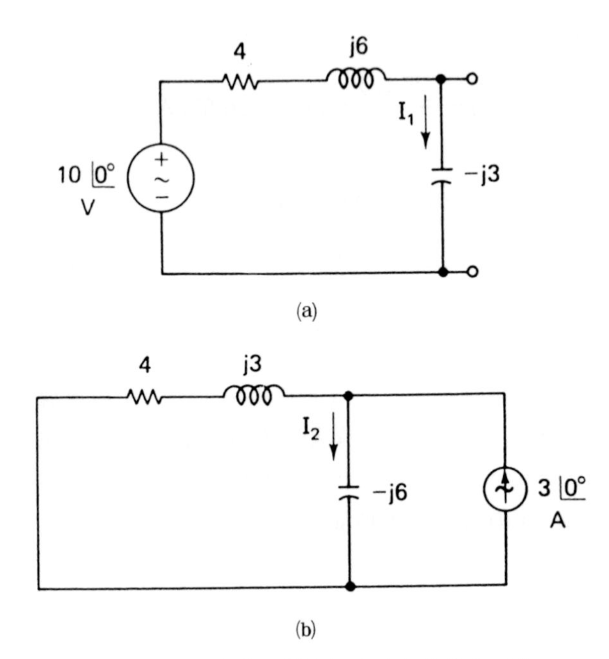

圖 18.5　對於為求得(a) i_1 及(b) i_2 的相量電路

在圖 18.5(b)中利用分流定理可得

$$\mathbf{I}_2 = \frac{4+j3}{4+j3-j6} \cdot 3\underline{|0^\circ} = \frac{3(4+j3)}{4-j3}$$

$$= \frac{3(5\underline{|36.9^\circ})}{5\underline{|-36.9^\circ}}$$

或

$$\mathbf{I}_2 = 3\underline{|73.8^\circ} \text{ A}$$

因此正弦函數電流是

$$i_2 = 3\sqrt{2} \sin(t + 73.8^\circ) \text{ A}$$

利用重疊定理知總穩態電流 i 是

$$i = i_1 + i_2$$

或

$$i = 2\sqrt{2} \sin(2t - 36.9^\circ) + 3\sqrt{2} \sin(t + 73.8^\circ) \text{ A}$$

如果電路中有更多的直流電源，重疊定理亦可適用。此時由直流電源所產生的部份電流或電壓是把其它所有電源去掉，並把電感器短路，電容器開路而求得。這種型式問題是在練習題 18.1-1 中再作討論。

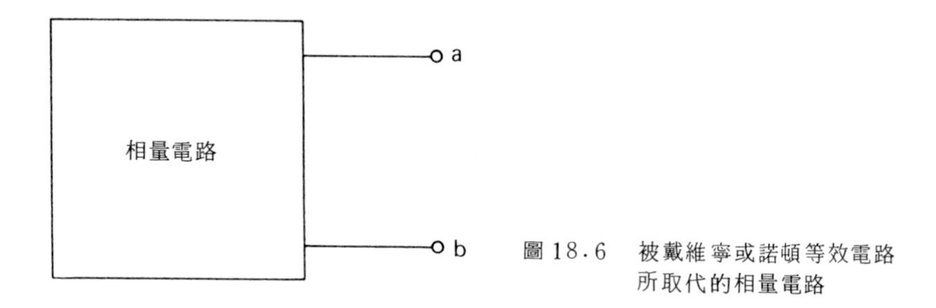

圖 18.6　被戴維寧或諾頓等效電路所取代的相量電路

18.2　戴維寧和諾頓定理 (*THÉVENIN'S AND NORTON'S THEOREMS*)

在相量電路中，開路電壓$\mathbf{V}_{oc}$和短路電流 $\mathbf{I}_{sc}$是相量，且把無源電路戴維寧電阻R_{th}以戴維寧阻抗$\mathbf{Z}_{th}$所取代外，戴維寧和諾頓定理的應用完全和電阻電路相同。

戴維寧定理

如圖 18.6 相量電路，此電路的戴維寧等效電路如圖 18.7 (a)所示，此等效電路是由電壓源 $\mathbf{V}_{oc}$ 與 $\mathbf{Z}_{th}$ 串聯組成的。電源是圖18.6中 a-b 端的開路相量電壓，而阻抗是由 a-b 端看入把所有電源去掉所求得的阻抗。這與第八章電阻電路戴維寧定理型式相同。

諾頓定理

再參考圖 18.6 相量電路，諾頓等效電路如圖18.7 (b)所示。阻抗 $\mathbf{Z}_{th}$和戴維寧等效電路相同，而 $\mathbf{I}_{sc}$是短路相量電流，是 a-b 端短路所流過的電流。

且與電阻電路相同，開路電壓和短路電流彼此有關。在相量情況下的關係是

$$\mathbf{V}_{oc}=\mathbf{Z}_{th}\mathbf{I}_{sc} \tag{18.2}$$

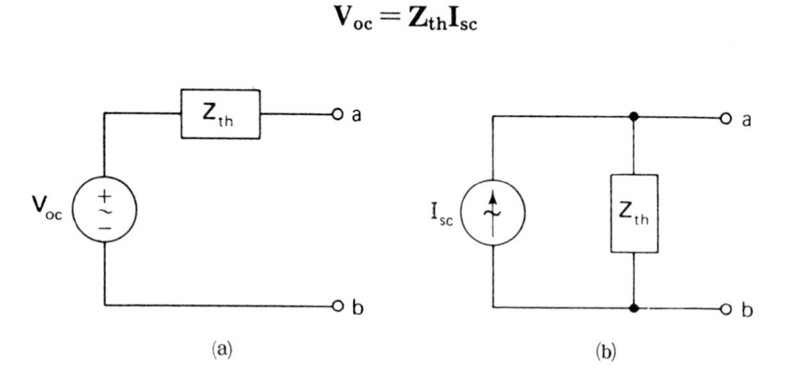

圖 18.7　相量域中的(a)戴維寧(b)諾頓等效電路

因此可先求得 V_{oc} ，I_{sc} 及 Z_{th} 中兩個數，然後再使用這結果去求第三個數值，將以例題來說明分析程序。

例 18.3：在圖 18.8 中 a - b 端左邊相量電路以它的戴維寧等效所取代，並藉此求相量電流 **I** 。

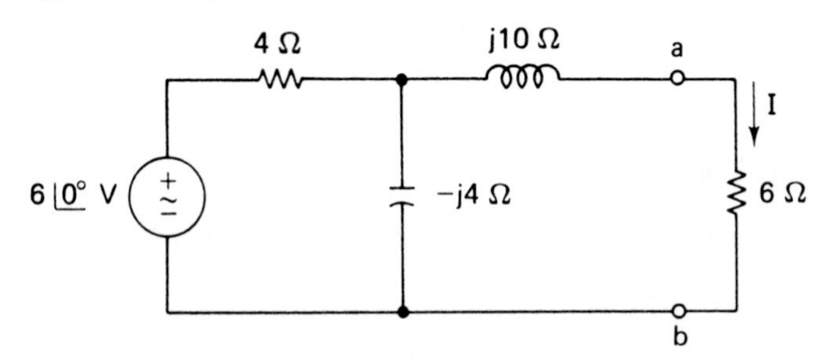

圖 18.8　欲被戴維寧等效電路所取代之電路

解：開路電壓 V_{oc} 是由圖 18.9 (a)所示把 a - b 開路求得。因此電感器沒有電流流過，V_{oc} 是電容器兩端的電壓。利用分壓定理可得

$$\mathbf{V}_{oc} = \frac{-j4}{4-j4} \cdot 6\angle 0^\circ = 3 - j3$$

或

$$\mathbf{V}_{oc} = 3\sqrt{2}\angle -45^\circ \text{ V}$$

爲了求 Z_{th} 把電源去掉，如圖 18.9 (b)的電路。因此 Z_{th} 是由 $j\,10\,\Omega$ 阻抗和 $4\,\Omega$ 並聯 $-j\,4\,\Omega$ 的串聯阻抗，爲

$$\mathbf{Z}_{th} = j10 + \frac{4(-j4)}{4-j4}$$

$$= 2 + j8\ \Omega = 8.246\angle 75.96^\circ\ \Omega$$

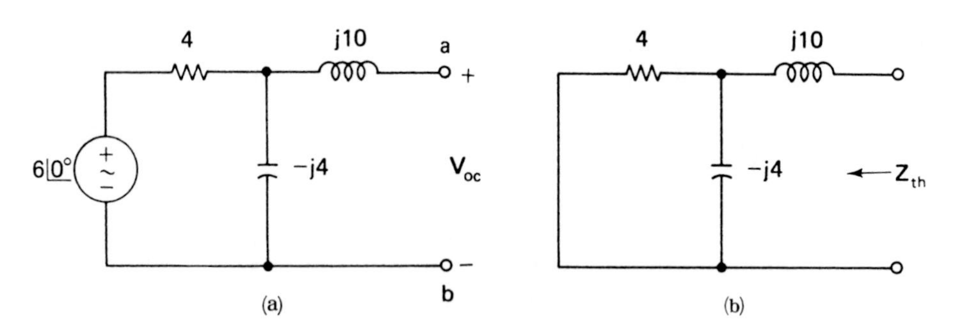

圖 18.9　爲獲得(a) V_{oc} 及(b) Z_{th} 的電路

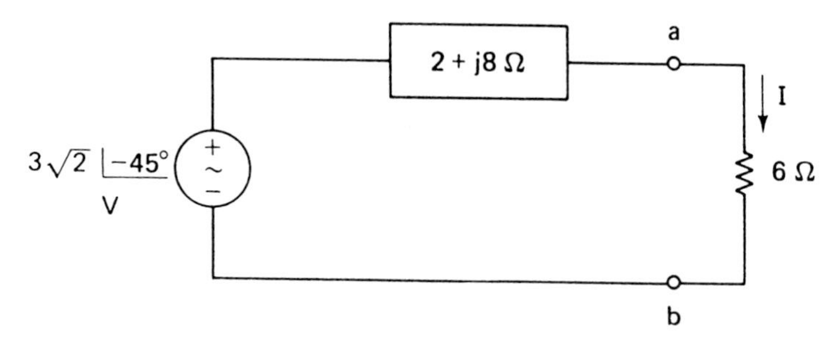

圖 18.10　圖 18.8 電路之戴維寧等效電路

因此，戴維寧等效電路如圖 18.10 所示，圖中已把 6 Ω 負載電阻器加上。在圖 18.8 中的電流 **I**，可使用圖 18.10 中的電路求得，這結果是

$$\mathbf{I}=\frac{3\sqrt{2}\,\angle -45^\circ}{2+j8+6}$$

$$=\frac{3\sqrt{2}\,\angle -45^\circ}{8\sqrt{2}\,\angle 45^\circ}$$

$$=0.375\,\angle -90^\circ\ \text{A}$$

例 18.4：在圖 18.8 中 a - b 端左邊的相量電路以諾頓等效所取代，並求 **I**。

解：例題 18.3 中已求出 $\mathbf{V}_{oc}$ 及 $\mathbf{Z}_{th}$，因此利用（18.2）式可得

$$\mathbf{I}_{sc}=\frac{\mathbf{V}_{oc}}{\mathbf{Z}_{th}}=\frac{3\sqrt{2}\,\angle -45^\circ}{8.246\,\angle 75.96^\circ}$$

或

$$\mathbf{I}_{sc}=0.515\,\angle -120.96^\circ\ \text{A}$$

因此，諾頓等效電路含有 6 Ω 負載的圖 18.11 電路，使用分流定理而得

$$\mathbf{I}=\frac{2+j8}{2+j8+6}(0.515\,\angle -120.96^\circ)$$

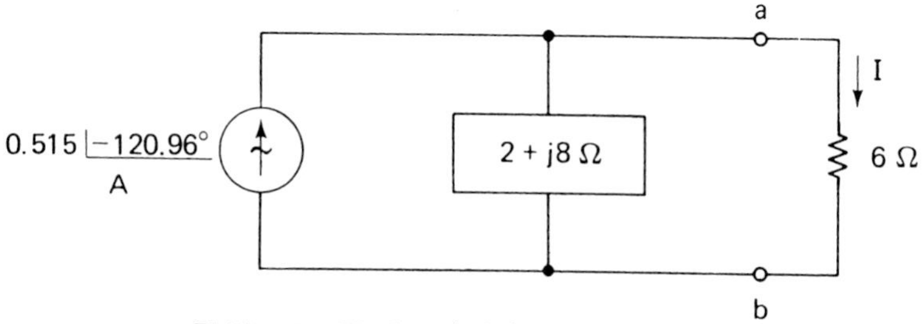

圖 18.11　圖 18.8 中電路的諾頓等效電路

$$=\frac{(\sqrt{68}\angle 75.96)(0.515\angle -120.96^\circ)}{\sqrt{128}\angle 45^\circ}$$
$$=0.375\angle -90^\circ \text{ A}$$

這驗證了例題18.3中所獲得的結果。

18.3 電壓和電流相量電源之轉換（*VOLTAGE AND CURRENT PHASOR SOURCE CONVERSIONS*）

如在8.4節電阻電路一樣，相量電壓源可以轉換爲相量電流源，反之亦然，這種轉換是使用戴維寧和諾頓定理。在圖18.7(a)和(b)中戴維寧和諾頓相量電路是同一相量電路之等效電路，因此彼此互相等效。阻抗 $\mathbf{Z}_{th}$ 在兩電路完全相同，而 $\mathbf{V}_{oc}$ 和 $\mathbf{I}_{sc}$ 的關係是

$$\mathbf{V}_{oc}=\mathbf{Z}_{th}\mathbf{I}_{sc} \tag{18.3}$$

因此，圖18.7(a)的實際電壓源（理想電壓源串聯阻抗）是在兩端點上等效於圖18.7(b)中的實際電流源（理想電流源和阻抗並聯而成）。

電源的轉換

使用戴維寧和諾頓相量電路的等效，可作電壓至電流源的轉換或電流轉換至電壓源的工作，這與電阻電路一樣。我們把諾頓等效實際電流源取代電壓源，或以戴維寧等效電壓源取代電流源。這工作可使用（18.3）式完成，而每一電源的阻抗是相同的。

例 18.5： 把圖18.12(a)中實際電壓源轉換成等效電流源。

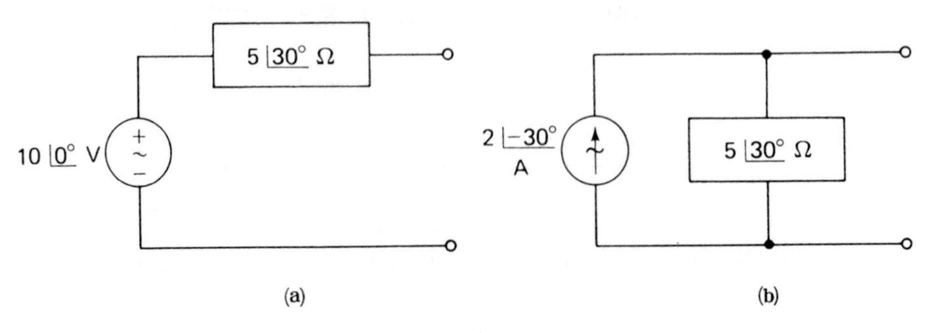

圖18.12 等效電壓和電流源

解： 電流源的內部阻抗是 $\mathbf{Z}=5\angle 30^\circ\ \Omega$，這值和電壓源相同。理想電流源 $\mathbf{I}$ 是

在圖18.12(a)中電路端點短點而獲得，其值為

$$\mathbf{I} = \frac{10\angle 0^\circ}{5\angle 30^\circ} = 2\angle -30^\circ \text{ A}$$

圖18.12(b)是等效的實際電流源，是 **I** 和 **Z** 並聯而成。當然這電路是圖18.12(a)的諾頓等效。

例18.6： 使用電源連續轉換法，求圖18.13中電路的戴維寧和諾頓等效電路。

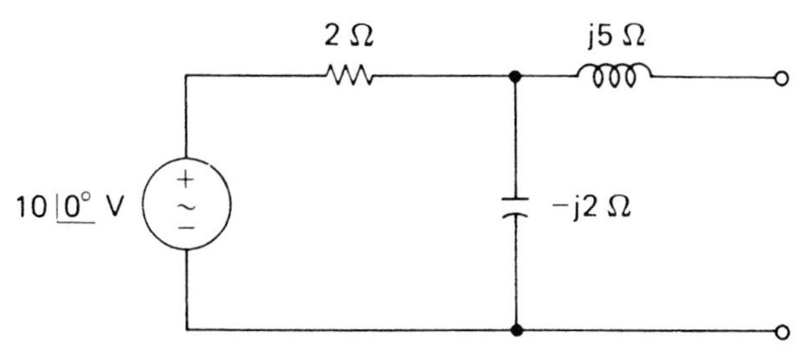

圖 18.13 含有電壓源的電路

解： 10伏特電源和2Ω電阻電壓源可用等效電流源

$$\mathbf{I}_1 = \frac{10\angle 0^\circ}{2} = 5\angle 0^\circ \text{ A}$$

與2Ω電阻並聯所取代，如圖18.14(a)中，此時2Ω電阻和$-j2$Ω電容器並聯，等效阻抗是

$$\frac{2(-j2)}{2-j2} = 1 - j1\ \Omega$$

所取代，如圖18.14(b)所示。

圖18.14(b)中5A電源和$1-j1$Ω阻抗的等效電壓源為

$$\begin{aligned}\mathbf{V}_2 &= (1-j1)(5\angle 0^\circ)\\ &= 5 - j5\\ &= 5\sqrt{2}\angle -45^\circ \text{ V}\end{aligned}$$

與$1-j1$Ω阻抗串聯，如圖18.15(a)所示。把兩個阻抗串接成等效阻抗是

$$1 - j1 + j5 = 1 + j4\ \Omega$$

如圖18.15(b)所示。為一電壓源和一阻抗串聯。是圖18.13中的戴維寧等效電路。

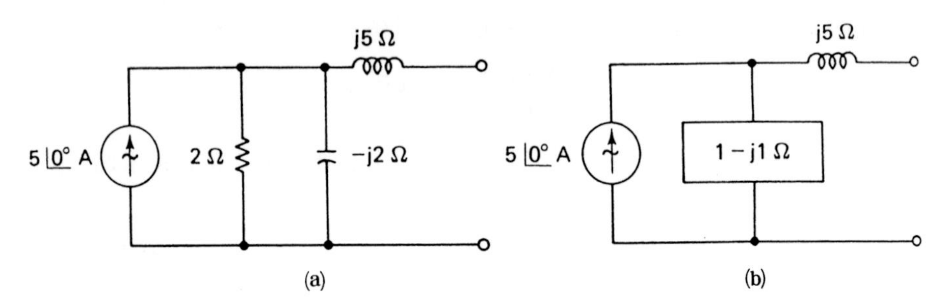

圖 18.14　圖 18.13 電路的等效電路

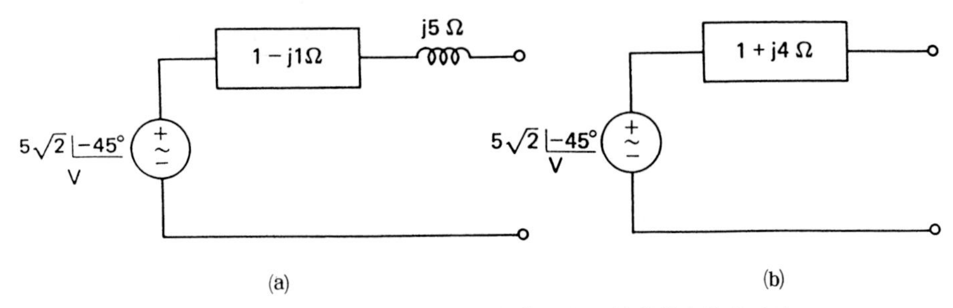

圖 18.15　圖 18.13 電路的(a)等效電路及(b)戴維寧等效電路

諾頓等效電路是把圖18.15(b)轉換成實際電流源而成。如圖18.15(b)中一樣內部阻抗是 $1+j4\,\Omega$，電流源是

$$\mathbf{I}_3=\frac{5\sqrt{2}\,\angle -45^\circ}{1+j4}$$

$$=\frac{5\sqrt{2}\,\angle -45^\circ}{\sqrt{17}\,\angle 76^\circ}$$

$$=1.715\,\angle -121^\circ\ \text{A}$$

諾頓等效電路示於圖18.16之中。

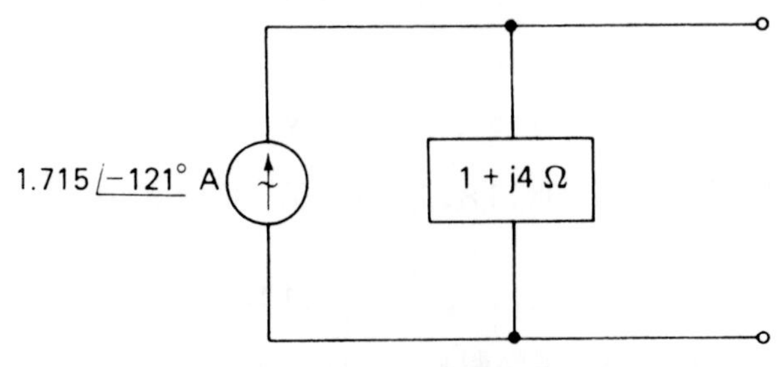

圖 18.16　圖 18.13 電路的諾頓等效電路

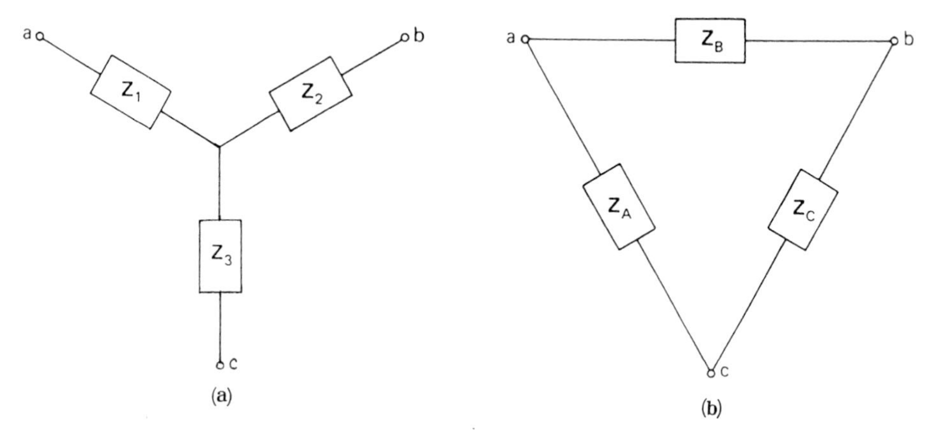

圖 18.17　(a) Y 和(b) Δ（－）阻抗的連接

18.4　Y 和 Δ 相量網路（*Y AND* Δ PHASOR NETWORKS）

如在8.6節中電阻電路一樣。可有如圖18.17(a)和(b)所示 Y 與 Δ 連接法。唯一不同的是以阻抗複數取代電阻的實數。

Δ-*Y*之轉換

我們可以把 Y 連接轉換至 Δ 等效電路，或由 Δ 轉換至 Y，其公式和電阻電路所導出的（8.18）式和（8.20）式的型式完全相同。在Y-Δ轉換〔把圖18.17中 Y 轉換至(b)圖中的 Δ〕，我們有

$$\mathbf{Z}_A=\frac{\mathbf{Z}_1\mathbf{Z}_2+\mathbf{Z}_2\mathbf{Z}_3+\mathbf{Z}_3\mathbf{Z}_1}{\mathbf{Z}_2}$$

$$\mathbf{Z}_B=\frac{\mathbf{Z}_1\mathbf{Z}_2+\mathbf{Z}_2\mathbf{Z}_3+\mathbf{Z}_3\mathbf{Z}_1}{\mathbf{Z}_3}\qquad(18.4)$$

$$\mathbf{Z}_C=\frac{\mathbf{Z}_1\mathbf{Z}_2+\mathbf{Z}_2\mathbf{Z}_3+\mathbf{Z}_3\mathbf{Z}_1}{\mathbf{Z}_1}$$

的公式

Y 及 Δ 連接共同示於圖18.18之中，因此可用文字說明Y-Δ轉換。在（18.4）式和圖18.18可知每一分子是 Y 網路阻抗中一次取兩個相乘的和，而分母是欲算 Δ 阻抗所對應的 Y 形網路中的一個阻抗，即

$$\mathbf{Z}_\Delta=\frac{Y\text{ 形網路中阻抗乘積之和}}{\text{對應於 }Y\text{ 中的阻抗}}\qquad(18.5)$$

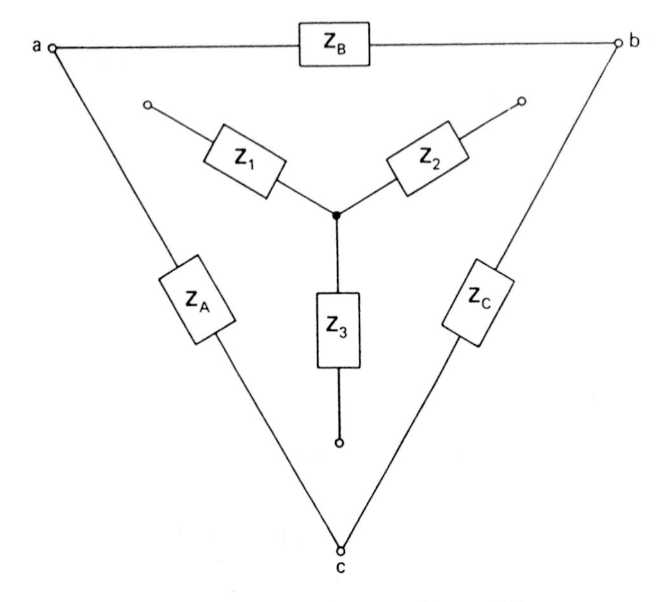

圖 18.18　對於Y-Δ 及 Δ-Y 轉換的電路

這是非常近似（8.19）式中電阻器的情況。

例 18.7： 求圖18.19(a)中Y形網路之Δ形等效電路。

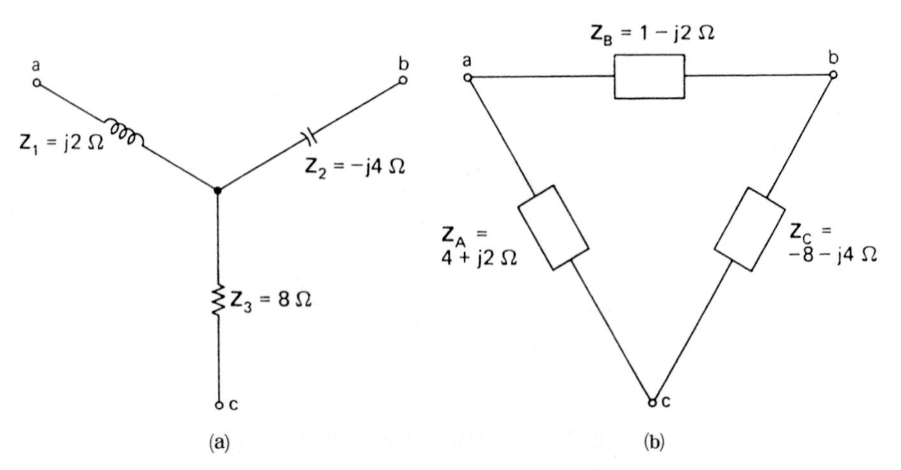

圖 18.19　(a)Y形網路及(b)它的等效Δ形網路

解： 由圖18.19(a)中我們有

$$\mathbf{Z}_1\mathbf{Z}_2 + \mathbf{Z}_2\mathbf{Z}_3 + \mathbf{Z}_3\mathbf{Z}_1 = j2(-j4) - j4(8) + 8(j2)$$
$$= 8 - j16$$

的式子，它是（18.4）式或（18.5）式每一分子部份，則

$$\mathbf{Z}_A=\frac{8-j16}{\mathbf{Z}_2}=\frac{8-j16}{-j4}=4+j2\ \Omega$$

$$\mathbf{Z}_B=\frac{8-j16}{\mathbf{Z}_3}=\frac{8-j16}{8}=1-j2\ \Omega$$

$$\mathbf{Z}_C=\frac{8-j16}{\mathbf{Z}_1}=\frac{8-j16}{j2}=-8-j4\ \Omega$$

因此圖18.19(b)是它的等效Δ之連接。

Δ-Y轉換

把圖 18.17 (b)中Δ連接轉換至等效Y連接，可由下式Δ-Y轉換公式來完成，公式爲

$$\mathbf{Z}_1=\frac{\mathbf{Z}_A\mathbf{Z}_B}{\mathbf{Z}_A+\mathbf{Z}_B+\mathbf{Z}_C}$$

$$\mathbf{Z}_2=\frac{\mathbf{Z}_B\mathbf{Z}_C}{\mathbf{Z}_A+\mathbf{Z}_B+\mathbf{Z}_C} \tag{18.6}$$

$$\mathbf{Z}_3=\frac{\mathbf{Z}_A\mathbf{Z}_C}{\mathbf{Z}_A+\mathbf{Z}_B+\mathbf{Z}_C}$$

此式與電阻方程式（8.20）式型式完全相同。每一式子分母是Δ形每一阻抗之和，而分子可參考圖18.18，是與Y阻抗相鄰的兩個Δ阻抗之積（爲Y阻抗之兩邊）即

$$\mathbf{Z}_Y=\frac{\text{在}\Delta\text{中兩相鄰}\mathbf{Z}_S\text{的乘積}}{\text{在}\Delta\text{中的}\mathbf{Z}_S\text{之和}} \tag{18.7}$$

例 18.8：求圖 18.20 中電路的等效阻抗$\mathbf{Z}_T$。

解：沒有兩個阻抗是串聯或並聯，但除了$7+j12$外是橋式網路，可藉Y-Δ或Δ-Y轉換而簡化。將使用Δ-Y轉換去改變a，b，c端點Δ的Y形等效。等效Y形在a，b，c端點以圖 18.21 中虛線來取代。使用（18.7）式，Y形網路阻抗分別是

$$\mathbf{Z}_1=\frac{j4\,(-j6)}{(j4)+(-j6)+(4+j2)}=\frac{24}{4}=6\ \Omega$$

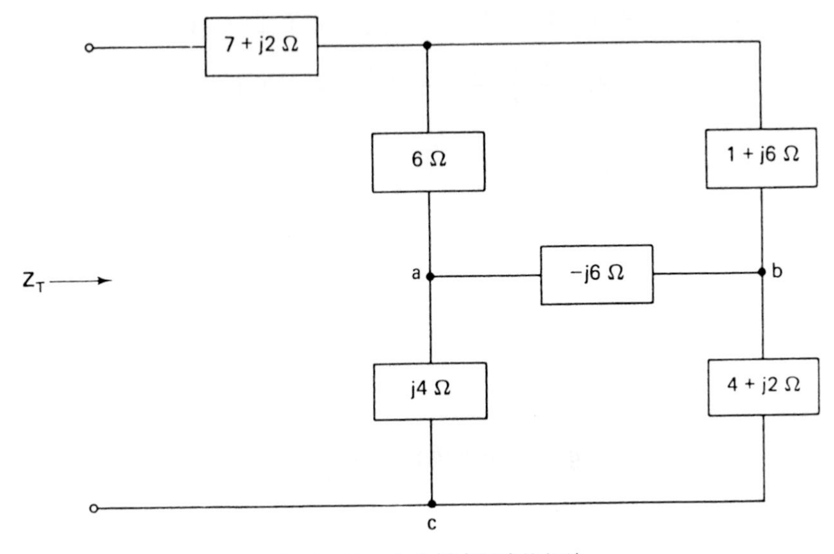

圖 18.20　包含橋式電路的網路

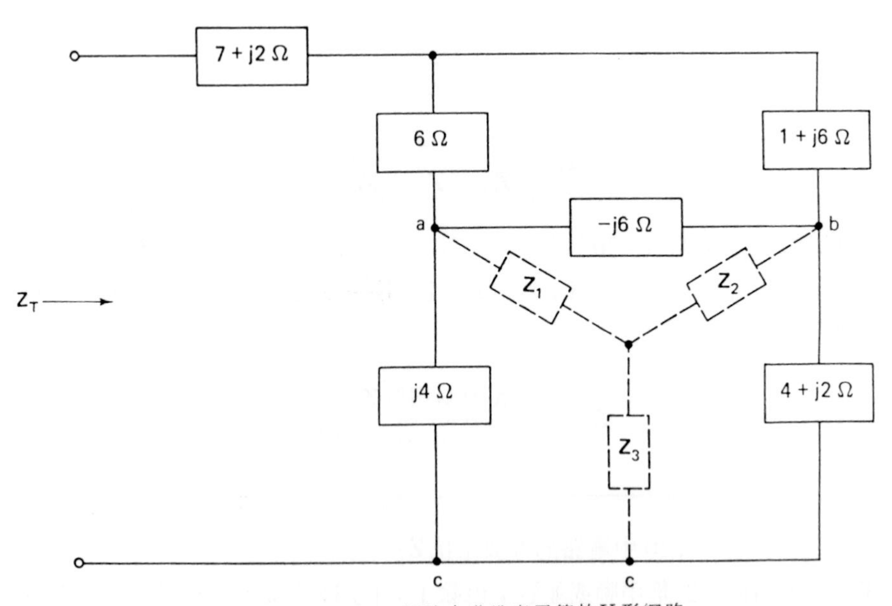

圖 18.21　圖 18.20 網路中準備應用等效 Y 形網路

$$\mathbf{Z}_2=\frac{-j6(4+j2)}{4}=3-j6\ \Omega$$

$$\mathbf{Z}_3=\frac{j4(4+j2)}{4}=-2+j4\ \Omega$$

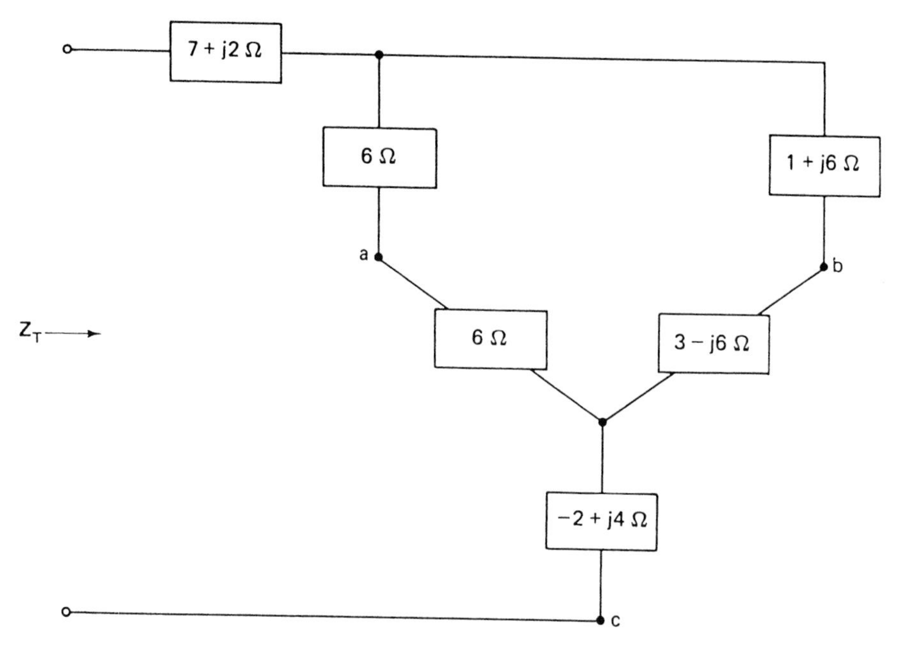

圖 18.22 把圖 18.21 電路以 Y 形取代 Δ 之網路

把 Δ 以 Y 所取代而得圖18.22中的電路

兩個 6 Ω 電阻串聯等效阻抗是 $6+6=12\,\Omega$ 。同樣的，$1+j6\,\Omega$ 和 $3-j6\,\Omega$ 串聯等效阻抗是 $1+j6+3-j6=4\,\Omega$ 。結果如圖18.23中的電路，可

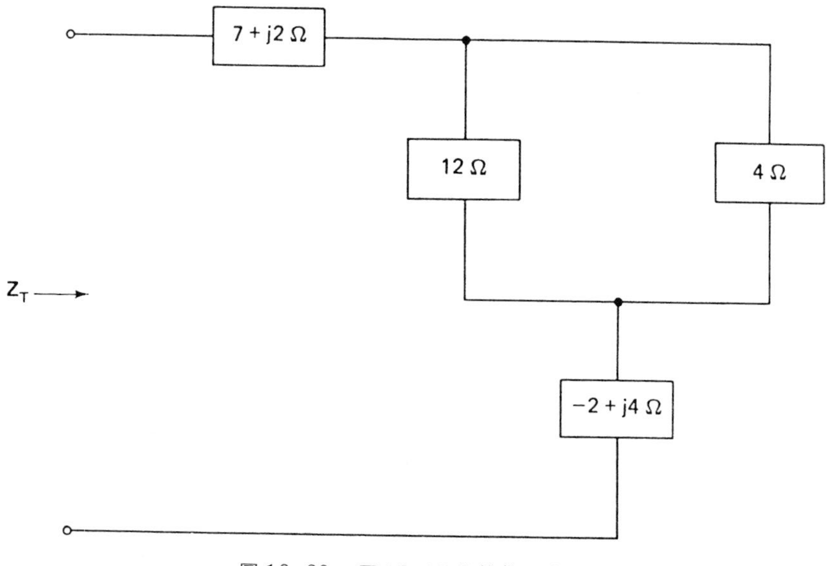

圖 18.23 圖 18.22 的等效電路

看出 12 Ω和 4 Ω電阻器是並聯，再與 $7+j2\ \Omega$ 及 $-2+j4\ \Omega$ 之阻抗串聯，因此，等效阻抗是

$$\begin{aligned}\mathbf{Z}_T &= (7+j2)+\frac{12(4)}{12+4}+(-2+j4)\\ &= (7+3-2)+j(2+4)\\ &= 8+j6\ \Omega\end{aligned}$$

阻抗都相等之情況

若 Y 形連接阻抗都相等且為 $\mathbf{Z}_y$，則所有等效 Δ 中阻抗亦相等。令 $\mathbf{Z}_\Delta$ 是任何 Δ 阻抗之值，在 $\mathbf{Z}_A=\mathbf{Z}_\Delta$ 時，利用（18.4）式有

$$\mathbf{Z}_\Delta=\frac{\mathbf{Z}_y\mathbf{Z}_y+\mathbf{Z}_y\mathbf{Z}_y+\mathbf{Z}_y\mathbf{Z}_y}{\mathbf{Z}_y}=\frac{3\mathbf{Z}_y^2}{\mathbf{Z}_y}$$

或

$$\mathbf{Z}_\Delta=3\mathbf{Z}_y \tag{18.8}$$

之結果，且亦符合其它兩個阻抗，故所有都是 $\mathbf{Z}_\Delta$。由（18.8）式我們有相對應 Δ 至 Y 的轉換，它是

$$\mathbf{Z}_y=\frac{\mathbf{Z}_\Delta}{3} \tag{18.9}$$

例 18.9：若 Δ 形網路中阻抗都相同且 $\mathbf{Z}_\Delta=30\underline{/60^\circ}\ \Omega$，求等效 Y 接法。

解：Y 中所有阻抗都相同，利用（18.9）式可得

$$\begin{aligned}\mathbf{Z}_y &= \frac{\mathbf{Z}_\Delta}{3}=\frac{30\underline{/60^\circ}}{3}\\ &= 10\underline{/60^\circ}\ \Omega\end{aligned}$$

18.5 摘　要（*SUMMARY*）

諸如重疊定理、戴維寧定理、諾頓定理、電源的轉換，及 Y-Δ 轉換等網路理論，在交流穩態時幾乎與它所對應的電阻電路理論完全相同。唯一不同是把電阻電路中的電壓和電流以相量電壓和電流所取代，而電阻由阻抗所取代。在戴維寧和諾頓定理時，開路電壓和短路電流是相量 $\mathbf{V}_{oc}$ 及 $\mathbf{I}_{sc}$，而從無源電路端點所看入的阻抗是 $\mathbf{Z}_{th}$。電源轉換和 Y-Δ 轉換法則和對應的電阻電路之法則完

全相同。

重疊定理是把除了一個電源外，其它所有電源去掉後求得相量電壓或電流，然後求各自電流或電壓之總和。在含有兩個以上不同頻率的電源時，必須使用重疊定律。因相量中同一時間僅能使用單一頻率。若所有電源都有相同的頻率，重疊定理可在相量域中完成，若相量是對應於不同頻率，首先必須轉換至時域，再把所有時域值相加而獲得總和。

練習題

18.1-1　求下圖穩態電流 i 。（提示：使用重疊定理。且由直流電所產生的電流是把電感器及交流電源短路，而電容器以開路取代。）

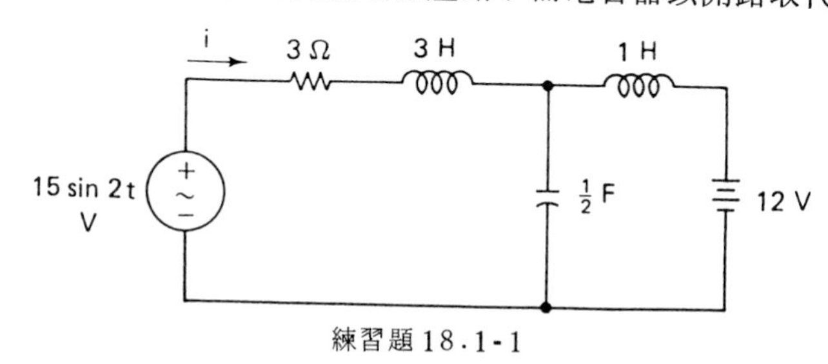

練習題 18.1-1

答：$3\sin(2t-53.1°)$ 安培。

18.1-2　求穩態節點電壓**V**。

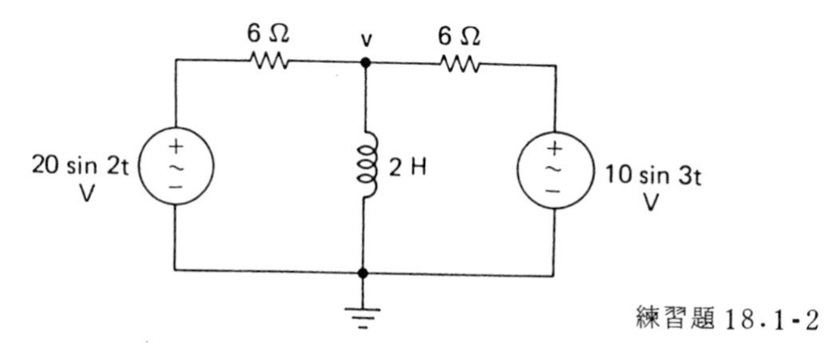

練習題 18.1-2

答：$8\sin(2t+36.9°)+2\sqrt{2}\sin(3t+26.6°)$ 伏特。

18.2-1　求端點 a-b 左方之戴維寧等效電路。

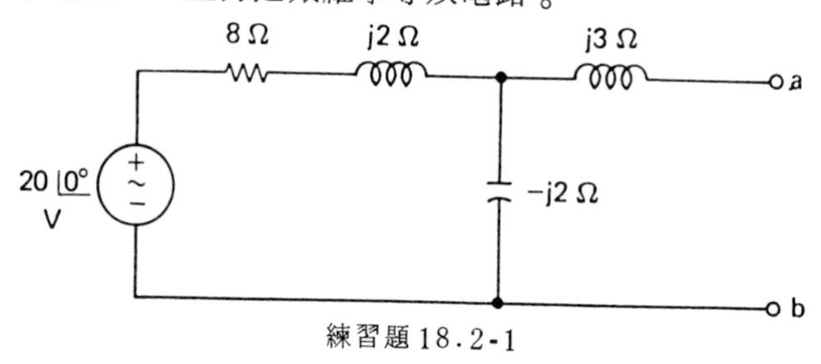

練習題 18.2-1

答：$\mathbf{V}_{oc}=5\angle-90°$ 伏特，$\mathbf{Z}_{th}=\frac{1+j2}{2}\ \Omega$ 。

18.2-2 求在練習題 18.2-1 端點 a-b 左方之諾頓等效電路。

答：$\mathbf{I}_{sc}=2\sqrt{5}\angle-153.4°$ 安培，$\mathbf{Z}_{th}=\frac{1+j2}{2}\ \Omega$ 。

18.3-1 使用電源連續轉換法，把 a-b 端左方電路以戴維寧等效電路所取代，並求 $\mathbf{V}$ 。

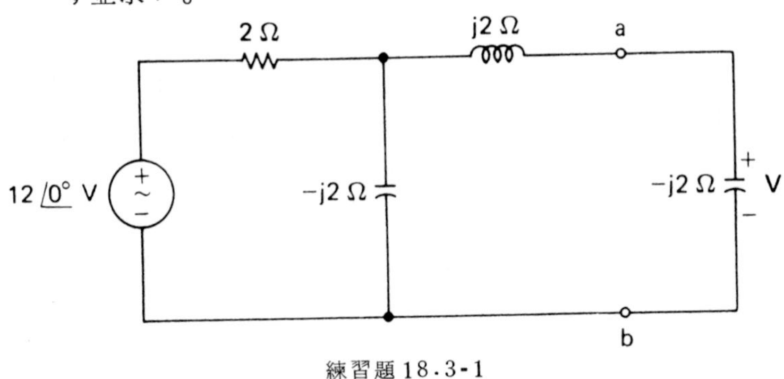

練習題 18.3-1

答：$\mathbf{V}_{oc}=6-j6$ 伏特，$\mathbf{Z}_{th}=1+j1\ \Omega$，$\mathbf{V}=-j12$ 伏特。

18.3-2 把兩個電壓源以電流源取代，並求出 $\mathbf{V}$ 。

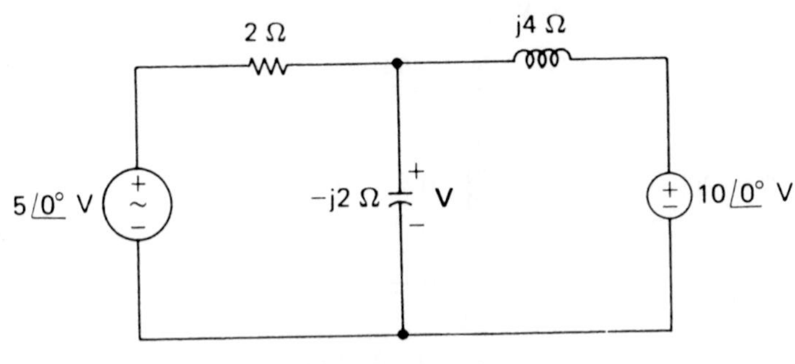

練習題 18.3-2

答：$2-j6$ 伏特。

18.4-1 在圖18.17(a)中 Y 形網路阻抗是

$\mathbf{Z}_1=j10\ \Omega$

$\mathbf{Z}_2=10+j10\ \Omega$

$\mathbf{Z}_3=-j4\ \Omega$

求等效 Δ 網路中的阻抗 $\mathbf{Z}_A$，$\mathbf{Z}_B$ 及 $\mathbf{Z}_C$ 。

答：$2+j4\ \Omega$，$-15-j5\ \Omega$，$6+j2\ \Omega$ 。

18.4-2　在圖18.17(b)中，Δ網路各元件阻抗是

$\mathbf{Z}_A=2+j4\,\Omega$

$\mathbf{Z}_B=j6\,\Omega$

$\mathbf{Z}_C=-j2\,\Omega$

求等效Y網路中阻抗$\mathbf{Z}_1$，$\mathbf{Z}_2$及$\mathbf{Z}_3$。

答：$12+j6\,\Omega$，$6\,\Omega$，$-4-j2\,\Omega$。

18.4-3　在下圖中若

$$\mathbf{Z}_1=\frac{2+j1}{5}\,\Omega 。$$

$\mathbf{Z}_2=\mathbf{Z}_3=\mathbf{Z}_4=1-j1\,\Omega$

$\mathbf{Z}_5=\mathbf{Z}_6=j3\,\Omega$

把Y接中的$\mathbf{Z}_2$，$\mathbf{Z}_3$，$\mathbf{Z}_4$以它的等效Δ所取代，並求$\mathbf{Z}_T$。

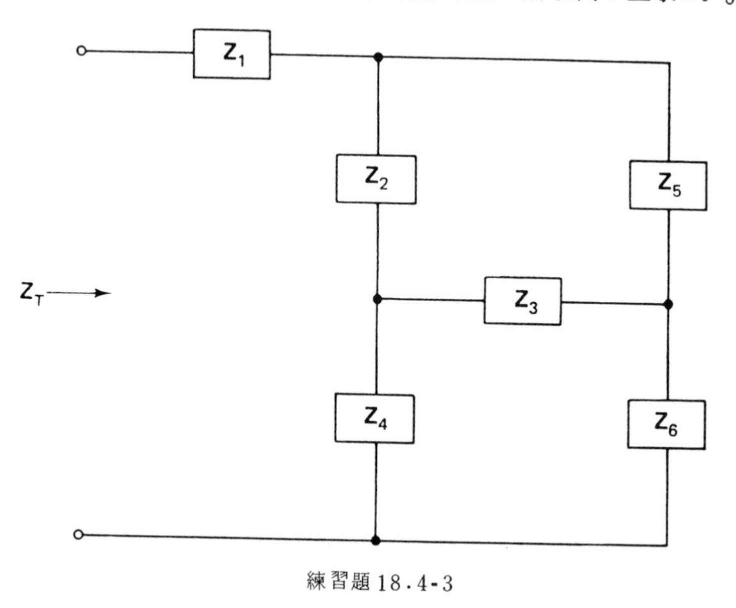

練習題 18.4-3

答：$4-j1\,\Omega$。

習　題

18.1　使用重疊定理求相量電流$\mathbf{I}_1$，$\mathbf{I}_2$及$\mathbf{I}$，此處$\mathbf{I}=\mathbf{I}_1+\mathbf{I}_2$如圖示電流。而$\mathbf{I}_1$和$\mathbf{I}_2$分別是11伏特及7伏特電源單獨工作所產生的電流。

18.2　使用重疊定理去求相量電壓$\mathbf{V}_1$，$\mathbf{V}_2$及$\mathbf{V}$，此處$\mathbf{V}=\mathbf{V}_1+\mathbf{V}_2$如圖示電壓，而$\mathbf{V}_1$和$\mathbf{V}_2$分別由20伏特及2A電源單獨工作所產生的電壓。

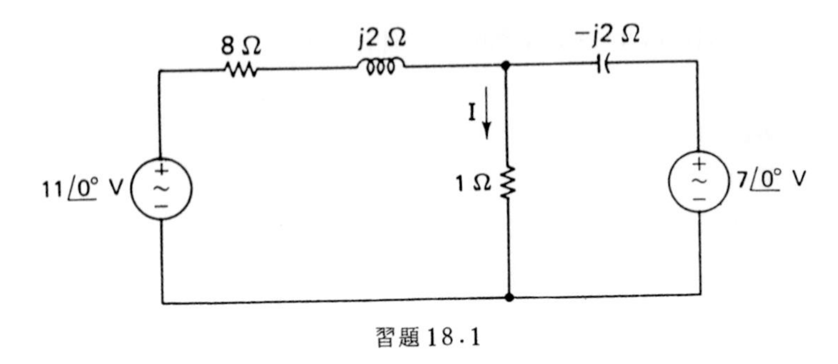

習題 18.1

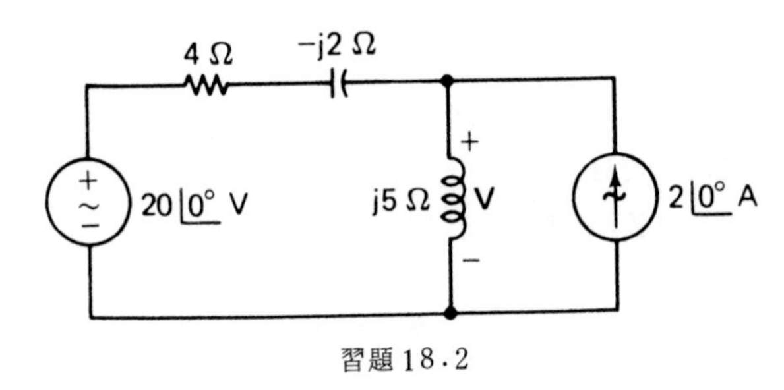

習題 18.2

18.3　若 i_g 是 4 安培直流電源，求 v 的穩態值。

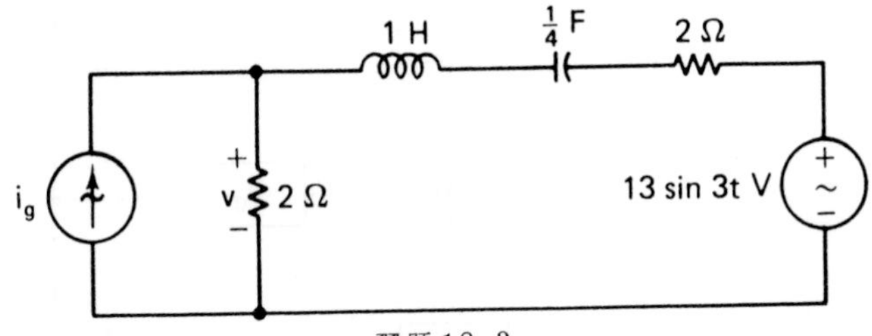

習題 18.3

18.4　若在習題 18.3 中 $i_g=2\sin 2t$ 安培，求 v 的穩態值。

18.5　使用重疊定理解習題 17.21。

18.6　使用重疊定理解習題 17.22。

18.7　把網路 a-b 端左方以戴維寧等效所取代，並求 v。

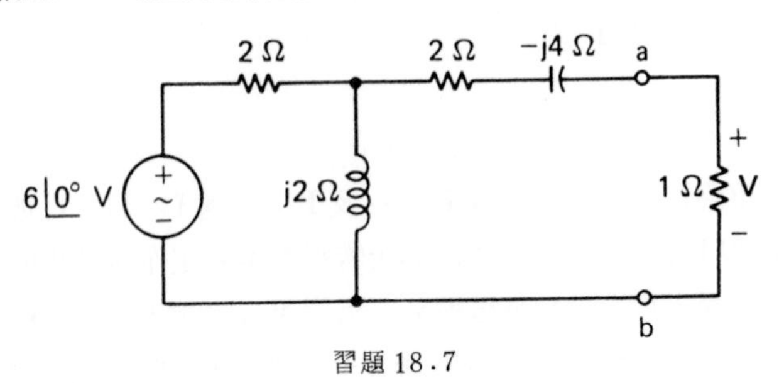

習題 18.7

18.8　在習題18.7中 a-b 端點左方以諾頓等效所取代，並求 v 。

18.9　在下面電路所對應的相量電路中，把 a-b 端左方以戴維寧等效所取代，並求 i 的相量 $\mathbf{I}$ 及 i 的穩態值 。

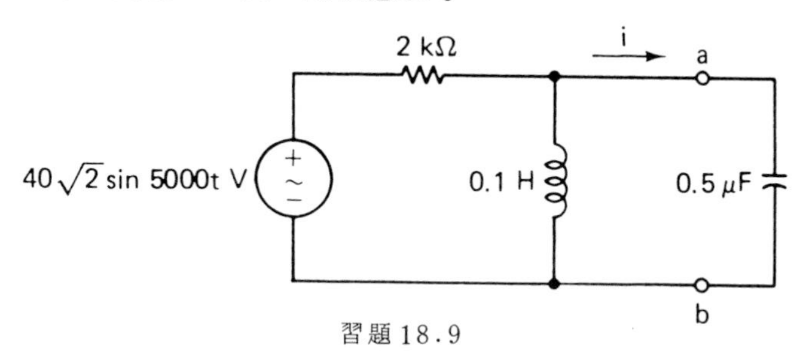

習題 18.9

18.10　將網路 a-b 端左方以戴維寧等效所取代，並求 $\mathbf{I}$ 。

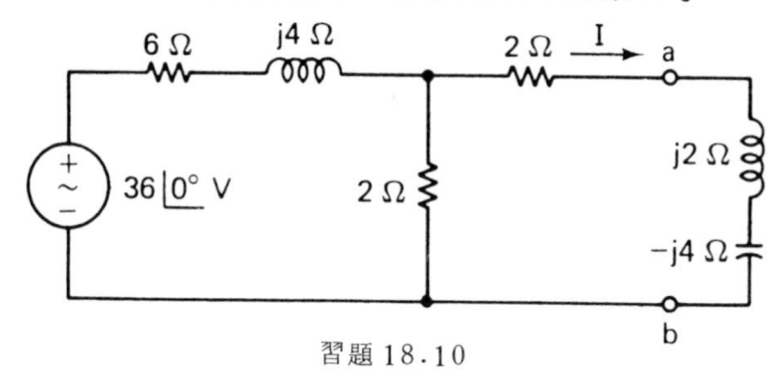

習題 18.10

18.11　把電路 a-b 端左方以諾頓等效取代，並求 $\mathbf{I}$ 。

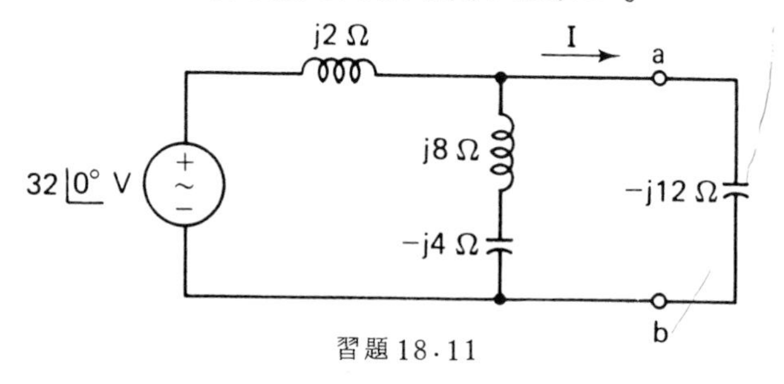

習題 18.11

18.12　使用電源連續轉換法在習題 18.7 電路 a-b 端的左方中，先求得它的戴維寧等效後再求 $\mathbf{V}$ 。

18.13　如圖使用電源轉換法獲得 a-b 端左方的戴維寧等效，並求 $\mathbf{V}$ 。

18.14　把下面電路中兩個電壓源以它的等效電流源所取代，並求 $\mathbf{I}$ 。

18.15　在圖18.17(a)中 Y 網路若元件阻抗分別為

$\mathbf{Z}_1 = 1 - j2\Omega$

$\mathbf{Z}_2 = j5\Omega$

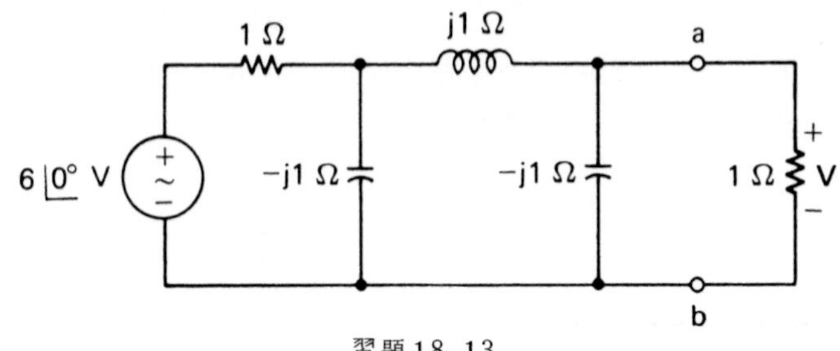

習題 18.13

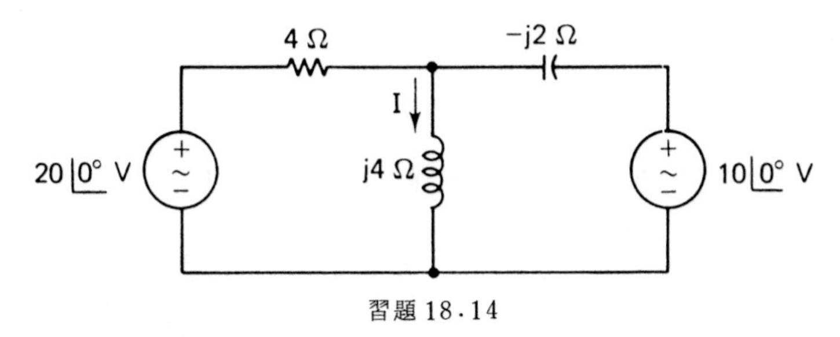

習題 18.14

$\mathbf{Z}_3 = 1 + j2\,\Omega$

將 Y 網路轉換成如圖18.17(b)中的等效 Δ 網路。

18.16 若圖18.17(b)中 Δ 網路，元件阻抗分別是

$\mathbf{Z}_A = 2 + j4\,\Omega$

$\mathbf{Z}_B = j2\,\Omega$

$\mathbf{Z}_C = 2 - j6\,\Omega$

將 Δ 網路轉換成如圖18.17(a)中的等效 Y 網路。

18.17 在練習題 18.4-3 電路中，使用 Y-Δ 或 Δ-Y 轉換求 $\mathbf{Z}_T$，若元件阻抗分別是

$\mathbf{Z}_1 = 4 + j2\,\Omega$　　$\mathbf{Z}_4 = -j2\,\Omega$

$\mathbf{Z}_2 = j4\,\Omega$　　$\mathbf{Z}_5 = -j3\,\Omega$

$\mathbf{Z}_3 = 1 + j1\,\Omega$　　$\mathbf{Z}_6 = j3/2\,\Omega$

18.18 在練習題 18.4-3 電路中，使用 Y-Δ 或 Δ-Y 轉換求 $\mathbf{Z}_T$，元件阻抗為

$$\mathbf{Z}_1 = \frac{3 + j1}{2}\,\Omega$$

$\mathbf{Z}_2 = \mathbf{Z}_3 = \mathbf{Z}_4 = 2 + j1\,\Omega$

$\mathbf{Z}_5 = \mathbf{Z}_6 = -j3\,\Omega$

第19章

交流穩態功率

第十五章中已提出，供給元件的瞬時功率是電壓和電流的乘積，若要考慮它是時間的函數，亦可定義週期性電壓和電流的平均功率，平均功率是某一週期內瞬時功率的平均值。且平均功率是交流瓦特表上功率的讀值。

本章將對交流穩態電路的平均功率更深入的探討，並可看到平均功率是交流電壓和電流相量結合在一起。且將定義交流穩態負載的功率因數（power factor），及視在功率（apparent power），無效功率（reactive power），及複數功率（complex power）。最後將考慮瓦特表如何連接測量交流穩態功率。

19.1 平均功率（*AVERAGE POWER*）

如同已了解的，供給負載電壓 v 及電流 i（如圖 19.1）的功率 p 是

$$p = vi \tag{19.1}$$

此負載可能是單一元件或更多元件的電路。

交流電路

若圖 19.1 電路是處於交流穩態電路，且電壓及電流都是正弦函數，分別以下式表示

$$v = V_m \sin \omega t \tag{19.2}$$

及

$$i = I_m \sin (\omega t - \theta) \tag{19.3}$$

此處選擇電壓相角為零，及電流落後電壓 θ 之相角。這是一般的情況，若電流是領前電壓，則 θ 為負值，此時瞬時功率是

$$p = vi = V_m I_m \sin \omega t \sin (\omega t - \theta) \tag{19.4}$$

為了求得 p 的平均值，需用下列二個三角恒等式

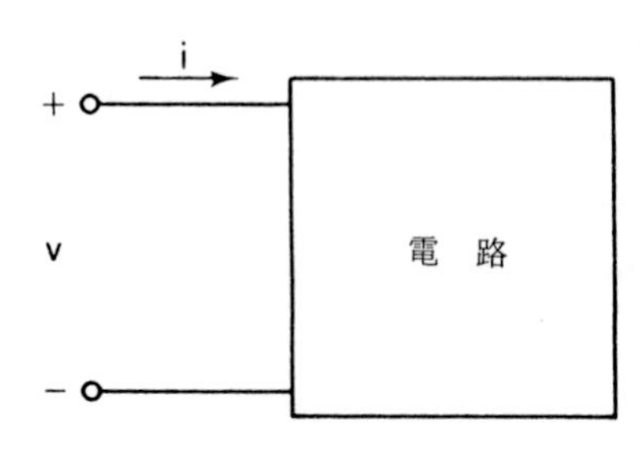

圖 19.1　吸收功率的電路

$$\sin(\omega t-\theta)=\sin\omega t\cos\theta-\cos\omega t\sin\theta \tag{19.5}$$

及

$$\sin\omega t\cos\omega t=\frac{1}{2}\sin 2\omega t \tag{19.6}$$

使用這兩個恒等式，把（19.4）式改寫成下列形式

$$p=V_mI_m\sin\omega t(\sin\omega t\cos\theta-\cos\omega t\sin\theta)$$
$$=V_mI_m(\cos\theta\sin^2\omega t-\sin\theta\sin\omega t\cos\omega t)$$

或

$$p=V_mI_m\cos\theta\sin^2\omega t-\frac{1}{2}V_mI_m\sin\theta\sin 2\omega t$$

若分別把 p_1 及 p_2 標示爲

$$p_1=(V_mI_m\cos\theta)\sin^2\omega t \tag{19.7}$$

及

$$p_2=\left(-\frac{1}{2}V_mI_m\sin\theta\right)\sin 2\omega t \tag{19.8}$$

則瞬時功率可寫成

$$p=p_1+p_2 \tag{19.9}$$

平均交流穩態功率

在（19.9）式中 p 的平均功率以 P 來表示，其值爲

$$P=P_1+P_2 \tag{19.10}$$

式中 P_1 是 p_1 的平均值，而 P_2 是 p_2 的平均值。P 是交流瓦特表的穩態交流功率的讀值。

如在15.6節中，一正弦波的平方的平均值

$$f_1(t)=K_1\sin^2\omega t$$

是 F_1，其值爲

$$F_1=\frac{K_1}{2}$$

〔這可從（15.42）及（15.44）式看到式中的$K_1=RI_m{}^2$〕。即平均值是 $\sin^2\omega t$ 係數的一半。應用這結果到（19.7）式中，p_1的平均值P_1是

$$P_1 \doteq \frac{1}{2} V_m I_m \cos\theta$$

p_2的平均值P_2是（19.8）式正弦函數的平均值，此數從第十五章中已知它是等於零。即

$$P_2 = 0$$

將P_1和P_2代入（19.10）式中，可得供給至交流負載平均功率是

$$P = \frac{V_m I_m}{2} \cos\theta \tag{19.11}$$

相量間之關係

在圖 19.2 相量電路，相量**V**和**I**是（19.2）式的v及（19.3）式的i之相量。因此它們的相量是

$$\begin{aligned} \mathbf{V} &= V\angle 0^\circ \text{ V} \\ \mathbf{I} &= I\angle -\theta \text{ A} \end{aligned} \tag{19.12}$$

此處V和I是均方根值，其值爲

$$\begin{aligned} V &= V_{\text{rms}} = \frac{V_m}{\sqrt{2}} \\ I &= I_{\text{rms}} = \frac{I_m}{\sqrt{2}} \end{aligned} \tag{19.13}$$

上式在第十五章中已討論過。

使用（19.13）式，可以以均方根值來表示平均功率。則

$$VI = \frac{V_m}{\sqrt{2}} \cdot \frac{I_m}{\sqrt{2}} = \frac{V_m I_m}{2}$$

因此在（19.11）式中可得

$$P = VI\cos\theta \tag{19.14}$$

P的標準單位是瓦特（W），與瞬時功率同。由（19.14）式可了解這一

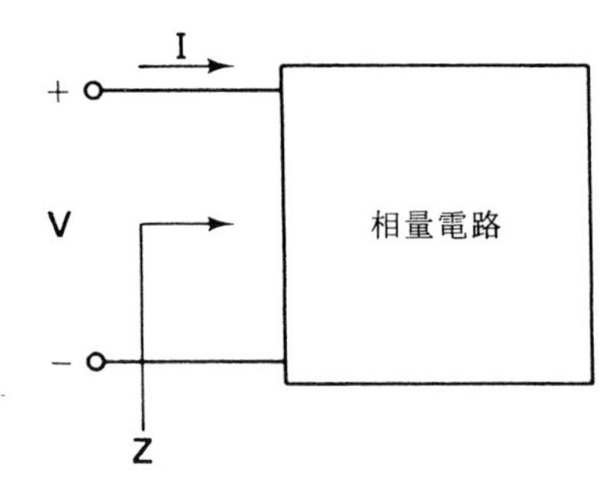

圖 19.2　吸收功率的相量電路

點，因 cos θ 是無單位的數。

示於圖 19.2 中阻抗 **Z** 是

$$\mathbf{Z}=\frac{\mathbf{V}}{\mathbf{I}}=\frac{V\underline{/0^\circ}}{I\underline{/-\theta}}=\frac{V}{I}\underline{/\theta}\ \Omega$$

換句話說它是

$$\mathbf{Z}=|\mathbf{Z}|\underline{/\theta}\ \Omega \tag{19.15}$$

式中

$$|\mathbf{Z}|=\frac{V}{I}=\frac{V_m}{I_m} \tag{19.16}$$

及 $\theta=0-(-\theta)$，為 **V** 的角度減去 **I** 的角度，標示為

$$\theta=\text{ang}\ \mathbf{V}-\text{ang}\ \mathbf{I} \tag{19.17}$$

Z 的特徵示於圖 19.3(a)中相量圖，而 **V** 和 **I** 間 θ 的關係示於圖 19.3(b)之中。

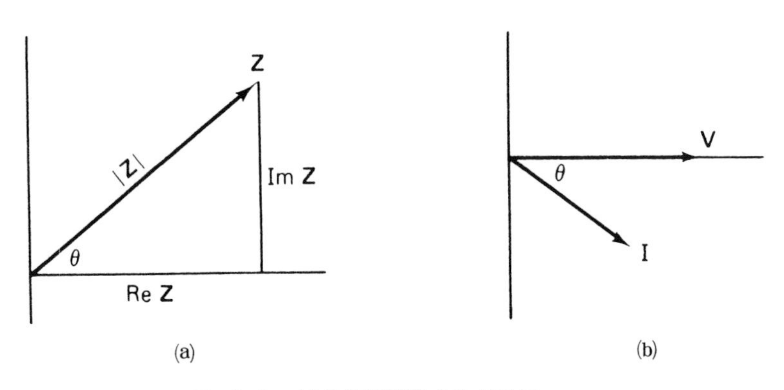

圖 19.3　(a) **Z** 和(b) **V** 與 **I** 的相量圖

因此平均功率可從相量來決定，而不需經由轉換至時域後再決定。僅需相量電壓和電流的大小 **V** 和 **I** 及它們的相角 θ 就可決定平均功率。

功率與阻抗之關係

可以把（19.14）式中的 **V** 消去，獲得以電流和阻抗爲項目的平均功率之表示式。由（19.16）式有

$$V = |\mathbf{Z}|\, I$$

且由圖 19.3 (a)中可看出

$$\cos\theta = \frac{\mathrm{Re}\,\mathbf{Z}}{|\mathbf{Z}|}$$

把這些數值代入（19.14）式之中，可得

$$P = (|\mathbf{Z}|\, I)\left(I\frac{\mathrm{Re}\,\mathbf{Z}}{|\mathbf{Z}|}\right)$$

或

$$P = I^2\,\mathrm{Re}\,\mathbf{Z} \qquad (19.18)$$

此式類似於供給電阻器功率的情況 $p = i^2R$ 。

例 19.1：若電流的均方根值是 $I = 2$ A，求供給負載阻抗爲 $\mathbf{Z} = 4 + j3\ \Omega$ 的平均功率。

解：**Z** 的實數部份是 $\mathrm{Re}\,\mathbf{Z} = 4$ ，利用（19.18）式可得

$$\begin{aligned} P &= I^2\,\mathrm{Re}\,\mathbf{Z} \\ &= (2)^2(4) \\ &= 16\ \mathrm{W} \end{aligned}$$

例 19.2：求在圖 19.4 電路電源所供給的交流穩態功率，利用（19.14）式及（19.18）式來解題。

解：對應於圖 19.4 的相量電路具有一電源電壓爲

$$\mathbf{V} = \frac{40}{\sqrt{2}}\underline{/0^\circ}\ \mathrm{V} \qquad (19.19)$$

及從電源看入的阻抗是

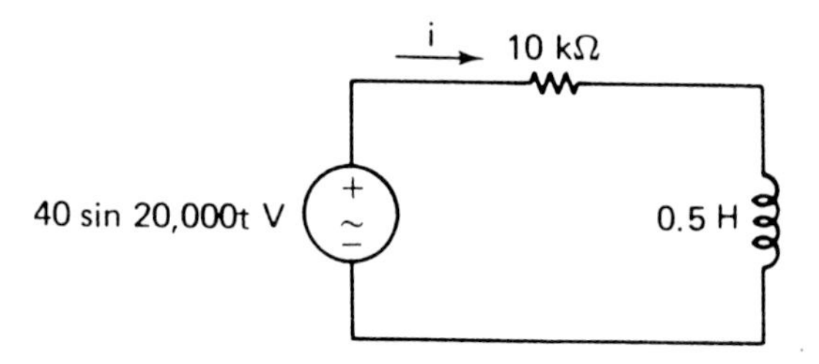

圖 19.4　處於交流穩態中的電路

$$\begin{aligned}\mathbf{Z} &= R + j\omega L \\ &= 10\times10^3 + j(20{,}000)(0.5) \\ &= (10 + j10)\times10^3\ \Omega\end{aligned}$$

或

$$\mathbf{Z} = 10 + j10\ \text{k}\Omega \tag{19.20}$$

在極座標型式爲

$$\mathbf{Z} = 10\sqrt{2}\,\underline{\lfloor 45^\circ}\ \text{k}\Omega \tag{19.21}$$

由（19.19）式可知$\mathbf{V}=40/\sqrt{2}$伏特，由（19.21）式得

$$|\mathbf{Z}| = 10\sqrt{2}\ \text{k}\Omega \qquad \theta = 45^\circ$$

因此，電流的均方根值

$$I = \frac{V}{|\mathbf{Z}|} = \frac{40/\sqrt{2}}{10\sqrt{2}} = 2\ \text{mA}$$

（注意，伏特／仟歐姆＝毫安培），因此利用（19.14）式得

$$\begin{aligned}P &= VI\cos\theta \\ &= \left(\frac{40}{\sqrt{2}}\right)(2)\cos 45^\circ \\ &= 40\ \text{mW}\end{aligned}$$

解答以毫瓦特爲單位，因其數爲伏特乘以毫安培。

由（19.20）式了解

$$\text{Re}\,\mathbf{Z} = 10\ \text{k}\Omega$$

因此利用（19.18）式有

$$\begin{aligned}P &= I^2\,\text{Re}\,\mathbf{Z} \\ &= (2)^2(10) = 40\ \text{mW}\end{aligned}$$

19.2 功率因數（POWER FACTOR）

如在 19.1 節中所了解的，供給交流穩態負載的平均功率是

$$P = VI\cos\theta \tag{19.22}$$

式中 V 和 I 爲電壓和電流的均方根值，而 θ 是電流領前或落後電壓的角度。實際上，電壓和電流的均方根值可容易測得，故它們的乘積 VI 稱爲視在功率。這是因電壓和電流乘積所呈現的功率，與電阻直流的情況相同。

視在功率之表示式：

將以 S 來表示視在功率，寫爲

$$S = VI \qquad \text{VA} \tag{19.23}$$

單位爲伏安（VA），是用來從平均功率中區別視在功率，在平均功率的單位是瓦特。在大電壓時，如電力工業中，視在功率通常以仟伏安（kVA）爲單位。

功率因數的定義

因爲 $\cos\theta$ 絕對不會大於 1，由（19.22）及（19.23）式可知平均功率 P 不可能大於視在功率。當 $\cos\theta = 1$ 時，它們剛好相等，但在其它情況 P 是小於 S。平均功率與視在功率的比值定義爲功率因數。將以 F_p 表示功率因數，由（19.22）式和（19.23）式可知

$$F_p = \frac{P}{S} = \frac{P}{VI} \tag{19.24}$$

或

$$F_p = \cos\theta \tag{19.25}$$

θ 有時稱爲功率因數角（power-factor angle），當然它是負載阻抗 $\mathbf{Z}$ 的相角。

例 19.3：求由 100 Ω 電阻器及 0.1 H 電感器串聯在一起負載之功率因數，若頻率 $\omega = 500$ 弳／秒。

解：負載阻抗是

$$\mathbf{Z} = R + j\omega L$$
$$= 100 + j(500)(0.1) = 100 + j50\ \Omega$$

因此 $\mathbf{Z}$ 的相角是

$$\theta = \tan^{-1}\frac{50}{100} = 26.6^\circ$$

功率因數爲

$$F_p = \cos\theta = \cos 26.6^\circ = 0.894$$

電阻性負載

在含純電阻 R 負載下，電壓和電流是同相，且 $\theta = 0^\circ$，因此功率因數爲

$$F_p = \cos 0 = 1$$

且平均功率及視在功率是相等，所給的是

$$P = S = VI$$

使用歐姆定律，另一種表示式爲

$$P = S = RI^2$$

及

$$P = S = \frac{V^2}{R}$$

電抗性負載

若負載是純電抗性，如電感器或電容器中，功率因數爲零。因在電感器中有

$$\mathbf{Z} = \mathbf{Z}_L = jX_L = X_L\angle 90^\circ$$

之式子。而在電容器中有

$$\mathbf{Z} = \mathbf{Z}_C = -jX_C = X_C\angle -90^\circ$$

之公式。因此功率因數角 θ 是 $+90^\circ$（電感器），而電容器的角度是 -90°，在任一情況的功率因數爲

$$F_p = \cos(\pm 90^\circ) = 0$$

一電感器或單一電容器，或由電感器及電容器所合成的任何網路，其消耗平均功率爲零。因此電感器和電容器有時稱爲無損失元件。事實上，無損失元件在週期中的一部份儲存能量，而另一部份放出能量，因此平均供給的功率爲零。

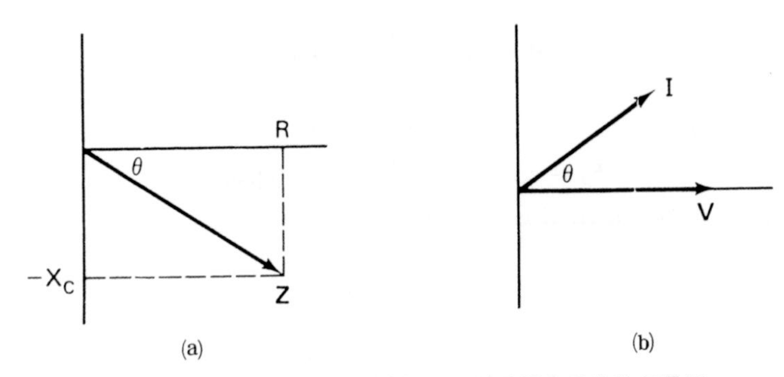

圖 19.5　對於 RC 負載的(a)阻抗及(b)電壓和電流的相量圖

領前及落後之功率因數

一負載相角位於 $-90° < \theta < 0°$ 是等效於 RC 組合，如此

$$\mathbf{Z} = R - jX_C$$

$\mathbf{Z}$ 的阻抗相量圖示於圖 19.5(a)中，可看出 $\mathbf{Z}$ 的角度，以 $-\theta$ 來表示，爲負值且位於第四象限中。因 $-\theta$ 是負值，則電流 $\mathbf{I}$ 領前電壓 $\mathbf{V}$ 一個 θ 角，如圖 19.5(b)中所示。相量 $\mathbf{V} = V\underline{|0°}$ 已取爲參考相量，所以

$$\mathbf{I} = \frac{\mathbf{V}}{\mathbf{Z}} = \frac{V\underline{|0°}}{|\mathbf{Z}|\underline{|-\theta}}$$
$$= I\underline{|\theta}$$

因此對於 RC 負載，相角是位於 $-90°$ 和 0 之間，且電流是領前電壓。

而對於 RL 負載，阻抗是

$$\mathbf{Z} = R + jX_L$$

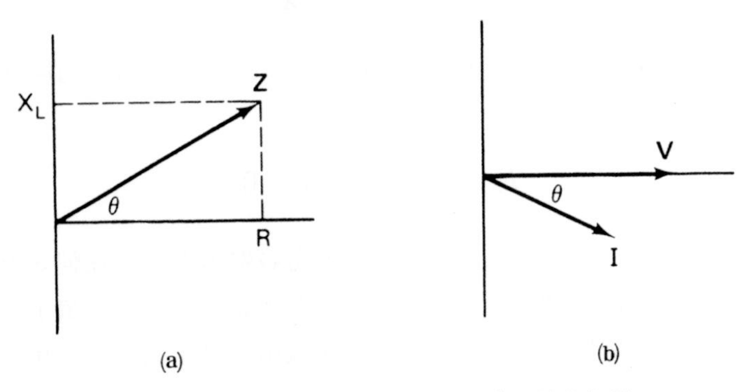

圖 19.6　RL 負載的(a)阻抗及(b)電壓和電流的相量

它具有圖 19.6 (a)中的阻抗相量圖。相角 θ 是正值，位於 0 至 90° 之間，且電流落後電壓，如圖 19.6 (b)中所示。

因 $\cos\theta$ 值對於正或負 θ 都相同，因此無法從功率因數中告訴我們負載是 RC 或 RL 型（爲感抗大於或小於容抗。）如 $\theta=-15°$ 的 RC 負載及具有 $\theta=+15°$ 的 RL 負載，在這兩種情形功率因數都是

$$F_p = \cos(\pm 15°) = 0.966$$

爲了避免判別負載之困難性，將定義由於電流領前或落後爲依據，而有領前或落後的功率因數。如剛才所討論的例子，$\theta=-15°$ 的 RC 負載及領前的電流，我們將說具有 0.966 領前之功率因數。相同的，$\theta=+15°$ 的 RL 負載及落後之電流，將稱爲 0.966 落後的功率因數。

例 19.4：在圖 19.7 中，求從電源看入的功率因數有多少，並說明它是領前或是落後。

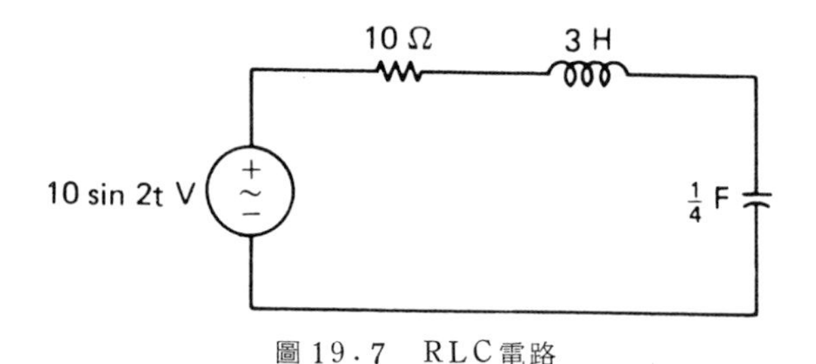

圖 19.7　RLC 電路

解：因頻率 $\omega=2$ 弳／秒，故從電源所看入的阻抗是

$$\mathbf{Z} = R + j\omega L - j\frac{1}{\omega C}$$

$$= 10 + j(2)(3) - j\frac{1}{2(\frac{1}{4})}$$

$$= 10 + j4\ \Omega$$

故功率因數角爲

$$\theta = \tan^{-1}\frac{4}{10} = 21.8°$$

且功率因數爲

$$F_p = \cos 21.8° = 0.928$$

因 F_p 為正值，故為電感性。（亦可從 $X=\omega L-\dfrac{1}{\omega C}=4$ 的事實看出）所以電流落後電壓，且功率因數為 0.928 落後。

19.3 功率三角形（POWER TRIANGLE）

如在第 19.2 節中所了解，平均功率 P 和視在功率 $S=VI$ 的關係是

$$P=S\cos\theta \tag{19.26}$$

或等效於

$$\cos\theta=\frac{P}{S}$$

因此，可把 P，S，和 θ 以斜邊為 S 及 θ 角鄰邊為 P 的直角三角形來表示它們的關係。此三角形稱為功率三角形，在圖 19.8(a)為 $\theta>0$（落後功率因數），在圖 19.8(b)中 $\theta<0$（領前功率因數）。數值 Q，示於三角形的另一邊，則我們將了解另一種功率的型式。

無效功率

因平均功率 P 為實數，故功率三角形 P 邊位於實軸上，Q 平行於虛數軸上，為複數的虛數部份。由此三角形可以看出 Q，S，及 θ 間的關係為

$$\sin\theta=\frac{Q}{S}$$

因此

$$Q=S\sin\theta \tag{19.27}$$

或

$$Q=VI\sin\theta \tag{19.28}$$

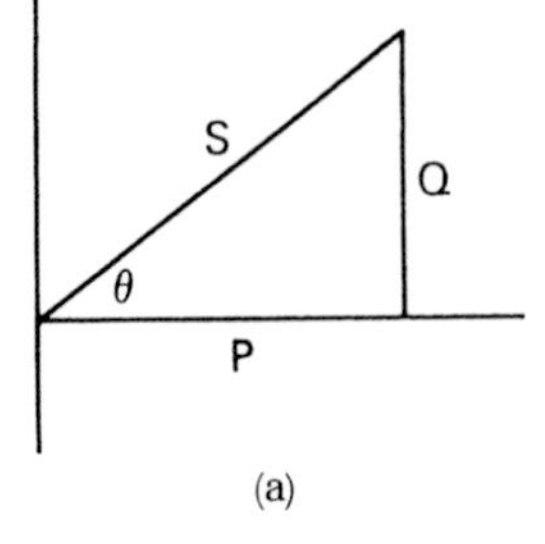

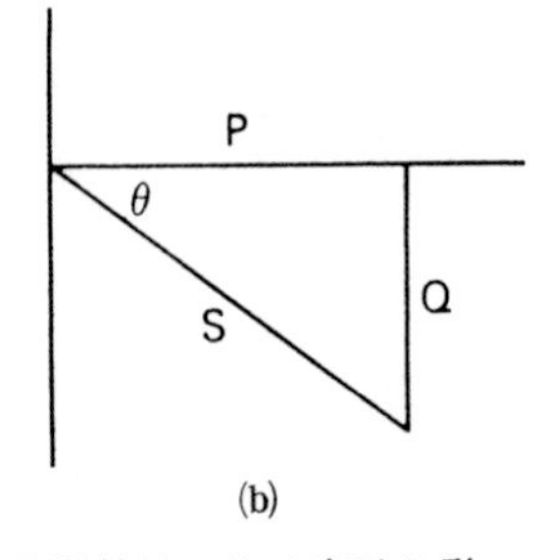

圖 19.8　對於(a)落後功率因數及(b)領前功率因數情況的功率三角形

因 $\cos\theta$ 和 $\sin\theta$ 是無單位，由(19.26)式及(19.27)式可看出P和Q有同樣的單位，且Q爲功率的另一種型式。爲了區分這兩種功率，Q單位定義爲乏(var)，它表示了伏安的電抗性，因Q與實數P成直角，和阻抗圖中的電抗X與電阻R實數軸成直角一樣。且Q有時稱爲無效功率(或電抗功率)。

複數功率

由圖19.8可知P和Q可以被斜邊所代表複數中的實數及虛數，此複數爲S，角度爲θ，如以$\mathbf{S}$來表示，則可寫成

$$\mathbf{S}=P+jQ \tag{19.29}$$

在極座標中，因$|\mathbf{S}|=S$，故有

$$\mathbf{S}=S\underline{|\theta}$$

或

$$\mathbf{S}=VI\underline{|\theta} \tag{19.30}$$

之關係式。

因兩部份都是功率值，$\mathbf{S}$有時稱爲複數功率。且很有用，因實數部份爲實功率，或平均功率。虛數部份爲無效功率。且它的大小爲視在功率，相角爲功率因數角。

複數功率與電壓和電流相量間的關係

可由電壓和電流相量求得複數功率，因包含有V，I和θ。但有比較容易的方法，直接由電壓和電流相量求得$\mathbf{S}$，選擇電壓相量爲

$$\mathbf{V}=V\underline{|\phi} \tag{19.31}$$

如果阻抗是$\mathbf{Z}=|\mathbf{Z}|\underline{|\theta}$

電流相量是

$$\mathbf{I}=\frac{\mathbf{V}}{\mathbf{Z}}=\frac{V\underline{|\phi}}{|\mathbf{Z}|\underline{|\theta}}$$

或

$$\mathbf{I}=I\underline{|\phi-\theta} \tag{19.32}$$

式中$I=V/|\mathbf{Z}|$。且相量$\mathbf{I}$的共軛複數$\mathbf{I}^*$，是把角度的符號變號即可。所以由(19.32)式可得

$$\mathbf{I}^*=I\underline{|\theta-\phi} \tag{19.33}$$

最後，完成**VI***的乘積，由（19.31）及（19.33）式可得

$$\mathbf{VI}^* = (V\angle\phi)(I\angle\theta-\phi)$$
$$= VI\angle\phi+\theta-\phi$$

或

$$\mathbf{VI}^* = VI\angle\theta$$

將這結果和（19.30）式比較，有

$$\mathbf{S} = \mathbf{VI}^* \tag{19.34}$$

的關係式。

例 19.5：有一負載爲阻抗$\mathbf{Z}=10\angle 15°\ \Omega$及電壓$\mathbf{V}=50\angle 0°$伏特。求與負載相結合的視在功率、複數功率、平均功率、無效功率及功率因數。

解：電流爲

$$\mathbf{I}=\frac{\mathbf{V}}{\mathbf{Z}}=\frac{50\angle 0°}{10\angle 15°}=5\angle -15°\ \text{A}$$

其共軛爲

$$\mathbf{I}^*=5\angle 15°\ \text{A}$$

複數功率

$$\mathbf{S}=\mathbf{VI}^*=(50\angle 0°)(5\angle 15°)=250\angle 15°$$

視在功率

$$S=|\mathbf{S}|=250\ \text{VA}$$

功率因數角

$$\theta=\text{ang}\,\mathbf{S}=15°$$

故功率因數爲

$$F_p=\cos 15°=0.966\ \text{落後}$$

平均功率是

$$P=S\cos\theta$$
$$=250\cos 15°=241.5\ \text{W}$$

及無效功率爲

$$Q=S\sin\theta$$
$$=250\sin 15°=64.7\ \text{vars}$$

無効功率和功率因數

我們可以找出無效功率 Q 和電流及阻抗的關係，藉著

$$V=|\mathbf{Z}|I$$

及從圖19.3中得知

$$\sin\theta=\frac{\operatorname{Im}\mathbf{Z}}{|\mathbf{Z}|}$$

將這兩數值代入（19.28）式中，可得

$$Q=(|\mathbf{Z}|I)(I)\left(\frac{\operatorname{Im}\mathbf{Z}}{|\mathbf{Z}|}\right)$$

上式可以簡化成

$$Q=I^2\operatorname{Im}\mathbf{Z} \tag{19.35}$$

且 $\operatorname{Im}\mathbf{Z}=X$，我們有

$$Q=I^2X \tag{19.36}$$

之關係式。亦可把 $\mathbf{I}$ 消去，而以 $\mathbf{V}$ 來取代，而得到

$$Q=\frac{V^2\operatorname{Im}\mathbf{Z}}{|\mathbf{Z}|^2} \tag{19.37}$$

由此可了解，若負載是電感性，則 $X>0$，Q 爲正值，爲功率因數落後的情況。若爲電容性，則 $X<0$（如 $X=-X_C$），Q 爲負值，爲功率因數領前的情況。最後，如果負載是純電阻性，則 $X=0$，$Q=0$，是功率因數爲1的情況（$F_p=1$）。

最後作個結論，Q 與功率因數有下列之關係。若 $Q=0$，功率因數是1且爲電阻性負載。若 $Q>0$，功率因數爲落後，且爲電感性負載。若 $Q<0$，功率因數爲領前，且負載是電容性。而且大的正負 Q 值對應了低功率因數，另一方面，小的正負 Q 值指示了大的功率因數（近於1）。

例 19.6： 有一負載吸收了 $P=10$ kW的平均功率，若無效功率分別是(a) $Q=0$，(b) $Q=500$ 乏，(c) $Q=5$ 仟乏及(d) $Q=-20$ 仟乏，求功率因數。

解：由圖19.8可知功率因數角是

$$\theta = \tan^{-1}\frac{Q}{P} \tag{19.38}$$

因此，在(a)中有

$$\theta = \tan^{-1} 0 = 0$$

功率因數為

$$F_p = \cos 0 = 1$$

在(b)中

$$\theta = \tan^{-1}\frac{500}{10{,}000} = 2.862^\circ$$

及

$$F_p = \cos 2.862^\circ = 0.999 \text{ 落後}$$

在(c)中

$$\theta = \tan^{-1}\frac{5{,}000}{10{,}000} = 26.6^\circ$$

及

$$F_p = \cos 26.6^\circ = 0.894 \text{ 落後}$$

在(d)中

$$\theta = \tan^{-1}\frac{-20}{10} = -63.43^\circ$$

及

$$F_p = 0.447 \text{ 領前}$$

19.4 功率因數的改善（*POWER-FACTOR CORRECTION*）

實際上負載的功率因數非常重要。例如，工業上有數仟瓦特的負載，而功率因數對電費有很大的影響。為了解這一點，解（19.24）式中電流的均方根值為

$$I = \frac{P}{VF_p} \tag{19.39}$$

由此式可知，若所供給的電壓V是定值，及取得固定的功率P，而改變 F_p 可影響電力公司所供給的電流很大。

若功率因數很小，則必須供給高的電流，而較高的功率因數，僅需小的電流。爲此電力公司鼓勵用戶具有高功率因數的系統，如0.9或更高值，並對較低功率因數的工業用戶處以罰款。

改善功率因數的方法

我們可以使低功率因數系統變高，或改善功率因數。在負載上並聯一電抗性元件，並不改變平均功率下改善。因元件爲電抗性，故阻抗爲

$$\mathbf{Z} = 0 + jX$$

其中 Re$\mathbf{Z}$＝0，因此它不會吸收平均功率，而使負載的功率不會改變。

若原來功率因數是落後，這在實用上是常碰到的，因許多電動機和裝置都是電感性，因此加入的電抗元件必須具有超前的功率因數，而使全部的功率因數稍爲落後，功率因數提高，即所加入元件是電容器。若所需改善爲超前的功率因數，則需並聯電感器在負載上，但這在實例中是很少的。

範例如圖19.9中，$\mathbf{Z}$是原始負載，$\mathbf{Z}_1$是加上用來改善功率因數的並聯元件。線電壓$\mathbf{V}$，負載電流$\mathbf{I}$，而從電力線所取的電流是$\mathbf{I}_1$，因電壓$\mathbf{V}$跨於負載$\mathbf{Z}$，負載將取用未改善以前的電流$\mathbf{I}$。

由改善所引起的唯一改變是電流$\mathbf{I}_1$而不是$\mathbf{I}$，改善後，$\mathbf{I}_1$的大小將比$\mathbf{I}$小。

如果$\mathbf{Z}$的功率因數是落後，爲了改善必須有

$$\mathbf{Z}_1 = -jX_C \tag{19.40}$$

的並聯阻抗，爲電容器的阻抗。若$\mathbf{Z}$的功率因數是超前，並聯的元件必須具有

$$\mathbf{Z}_1 = jX_L \tag{19.41}$$

阻抗的電感器。

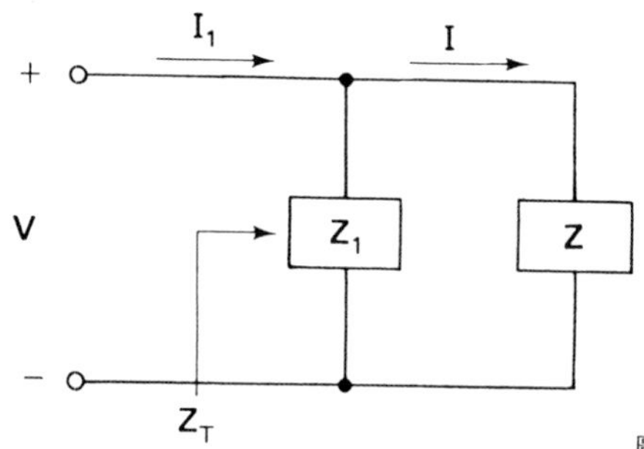

圖19.9　爲改善功率因數的電路

例 19.7：有0.8落後功率因數的負載，並從100伏特均方根值電壓電力線吸收500瓦的平均功率。如果功率因數是改善成0.95落後，如圖19.9電路，求在改善功率因數之前及以後由電力線中所取的電流均方根值。

解：未改善之時，利用（19.39）式可得

$$I=\frac{P}{VF_p}=\frac{500}{(100)(0.8)}=6.25\text{ A}$$

改善後，負載仍然取用6.25安培的電流，但是在圖19.9中從電力線所取的電流是 $\mathbf{I}_1$，其均方根值是

$$I_1=\frac{P}{VF_p}=\frac{500}{(100)(0.95)}=5.26\text{ A}$$

這幾乎比未改善時少取用約1安培，或16％的電流。

第一種程序

一直接求圖19.9中改善功率因數所需之阻抗 $\mathbf{Z}_1=jX$ 的方法是求圖中所示等效阻抗 $\mathbf{Z}_T$ 之值爲

$$\mathbf{Z}_T=\frac{(jX)\mathbf{Z}}{jX+\mathbf{Z}} \tag{19.42}$$

式中若功率因數落後則 $X=-X_C$，若功率因數超前則 $X=X_L$。把 $\mathbf{Z}_T$ 改成極座標型式

$$\mathbf{Z}_T=|\mathbf{Z}_T|\underline{/\theta_T} \tag{19.43}$$

它所產生的角 θ_T，就是改善功率因數角，若所欲改善的功率因數是 F_p（所給的），則有

$$\cos\theta_T=F_P \tag{19.44}$$

此方程式包含了未知數 X，因此可以求出 X 值。

例 19.8：有一負載 F_p 爲0.8落後，它從60 Hz及100 V均方根值電壓吸收了60瓦的平均功率。求在19.9圖中所需並聯電容器的容量爲多少而能改善功率因數變成0.9落後。

解：負載電流的均方根值是

$$I=\frac{P}{VF_p}=\frac{60}{(100)(0.8)}=0.75\ \text{A}$$

因此負載阻抗的大小是

$$|\mathbf{Z}|=\frac{V}{I}=\frac{100}{0.75}=\frac{400}{3}\ \Omega$$

$\mathbf{Z}$ 的相角即功率因數角是等於

$$\theta=\tan^{-1}0.8=36.9^\circ$$

因此，負載阻抗是

$$\mathbf{Z}=\frac{400}{3}\angle 36.9^\circ\ \Omega$$

其極座標型式為

$$\mathbf{Z}=\frac{400}{3}(\cos 36.9^\circ+j\sin 36.9^\circ)$$

$$=\frac{80}{3}(4+j3)\ \Omega$$

因負載是電感性，並聯改善元件需阻抗為 $-jX_C$ ，利用（19.42）式知等效阻抗是

$$\mathbf{Z}_T=\frac{-jX_C\left(\frac{80}{3}\right)(4+j3)}{-jX_C+\frac{80}{3}(4+j3)}$$

$$=\frac{-j80X_C(4+j3)}{320+j(240-3X_C)}\cdot\frac{320-j(240-3X_C)}{320-j(240-3X_C)}$$

上式可簡化成

$$\mathbf{Z}_T=\frac{80X_C}{320^2+(240-3X_C)^2}[12X_C+j(9X_C-2000)]$$

$\mathbf{Z}_T$ 相角 θ_T 是在中括號中數目的角度，因它的係數是一角度為零的正實數，因此有

$$\theta_T=\tan^{-1}\left(\frac{9X_C-2000}{12X_C}\right) \tag{19.45}$$

的方程式。

欲改善0.9功率因數滿足下列關係式

$$0.9=\cos\theta_T$$

由上式可得

$$\theta_T = \cos^{-1} 0.9 = 25.84°$$

由上式得

$$\tan \theta_T = \tan 25.84° = \frac{9X_C - 2000}{12X_C}$$

或

$$\frac{9X_C - 2000}{12X_C} = 0.4843$$

解這方程式而得X_C之結果爲

$$X_C = 627\ \Omega$$

最後，求與負載並聯之電容C值，它與X_C有下列關係

$$X_C = \frac{1}{\omega C}$$

或

$$C = \frac{1}{\omega X_C} = \frac{1}{2\pi f X_C}$$

$$= \frac{1}{2\pi(60)(627)}$$

$$= 4.23 \times 10^{-6}\ \text{F}$$

$$= 4.23\ \mu\text{F}$$

第二種程序

第二種求解於圖19.9中與負載並聯之改善功因元件$\mathbf{Z}_1$的方法是使用無效功率，這種方法比較容易。此法是建立於電路總複數功率爲各部份複數功率之和的基礎上，此點與實功率情況相同。

加入並聯電抗元件雖沒有取用平均功率，但却取用無效功率。若P和Q爲改善前的實功率及無效功率，而P_T和Q_T爲改善之後的，則

$$P_T = P \tag{19.46}$$

及

$$Q_T = Q + Q_1 \tag{19.47}$$

式中Q_1是$\mathbf{Z}_1 = jX$所吸收的無效功率。因Q和Q_T可從圖19.10中功率三角形求得，圖中θ和θ_T爲未改善及改善後的功率因數角，則從（19.47）式可求得

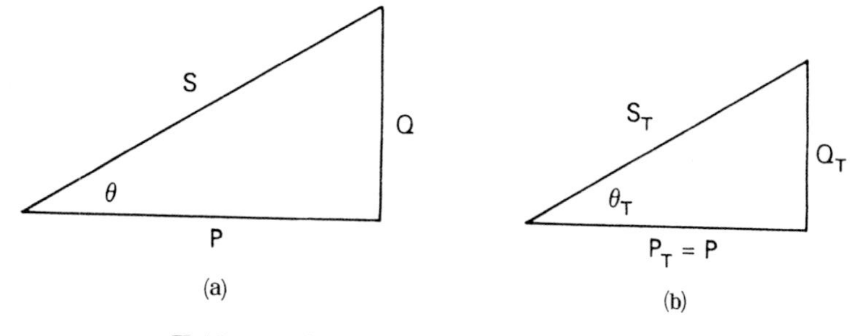

圖 19.10　(a)改善前及(b)改善後的功率三角形

Q_1，故在 $\mathbf{Z}_1 = jX_1$ 時利用（19.37）式可知

$$X_1 = \frac{V^2}{Q_1} \tag{19.48}$$

所以

$$Q_1 = \frac{V^2}{X_1}$$

例 19.9：解例題 19.8，採用無效功率的方法。

解：未改善前功率因數角 $\theta = 36.9°$，由圖 19.10(a)可知

$$Q = P\tan 36.9°$$
$$= 60\tan 36.9°$$
$$= 45 \text{ vars}$$

欲改善的功率因數角 $\theta_T = 25.84°$，由圖 19.10(b)知

$$Q_T = P\tan 25.84°$$
$$= 60\tan 25.84°$$
$$= 29.06 \text{ vars}$$

從（19.42）式知分配於 $\mathbf{Z}_1$ 的無效功率是

$$Q_1 = Q_T - Q$$
$$= 29.06 - 45$$
$$= -15.94 \text{ vars}$$

這如所期望的是負值，因此改善元件必須是電容器。

由（19.48）式我們有

$$X_1=\frac{V^2}{Q_1}=\frac{(100)^2}{-15.94}=-627\ \Omega$$

的數值。因此$X_1=-X_C$，此式變成

$$X_C=627\ \Omega$$

這是在例題19.8中所獲得的結果。電容量$C=4.23\ \mu$F由下列可求出，與前例所求的相同。

$$X_C=\frac{1}{2\pi fC}=627$$

19.5 最大功率轉移（*MAXIMUM POWER TRANSFER*）

一實際交流電壓源是由理想電壓源串聯內部阻抗而組成的。在相量的情況，可藉圖19.11的電源來說明，圖中$\mathbf{V}_g$是理想電壓源而$\mathbf{Z}_g$是內部阻抗，這電源類似第八章電阻性實際電源。

如圖19.12實際電源加上負載$\mathbf{Z}$，則供給$\mathbf{Z}$的功率P可以從$\mathbf{V}_g$，$\mathbf{Z}_g$及$\mathbf{Z}$求得。可證明若$\mathbf{V}_g$和$\mathbf{Z}_g$是定值，則負載$\mathbf{Z}$最大功率發生在$\mathbf{Z}$等於內部阻抗$\mathbf{Z}_g$的共軛$\mathbf{Z}_g^*$之時。即，如果

$$\mathbf{Z}_g=R_g+jX_g \tag{19.49}$$

則爲了轉移至負載功率爲最大，必須有

$$\mathbf{Z}=\mathbf{Z}_g^*=R_g-jX_g \tag{19.50}$$

的關係式。爲著名的最大功率轉移定理。

類似於此結果爲練習題8.4-3電阻性電路，其內部阻抗爲電阻R_g，而負載是電阻R。則最大功率轉移是在$R=R_g$時發生，這是（19.50）式中，$X_g=0$的特例。

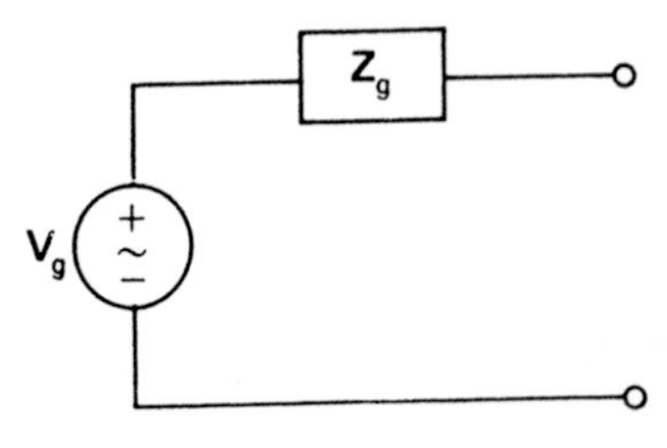

圖19.11　實際交流電壓源

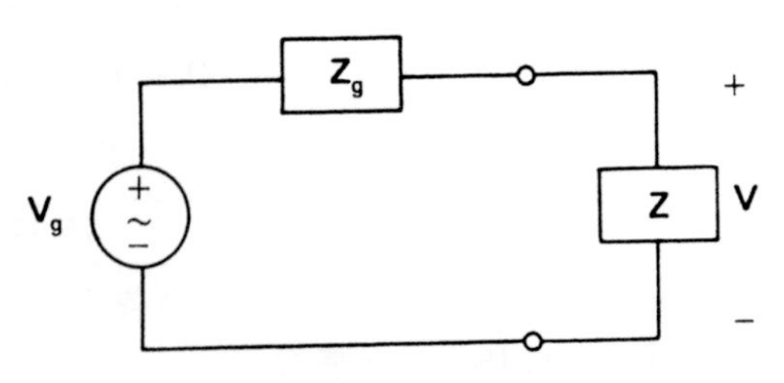

圖19.12　實際電源連接負載Z

例 19.10：圖 19.12 中電壓源 $\mathbf{V}_g = 40\angle 0°$ 伏特和 $\mathbf{Z}_g = 10 + j10\,\Omega$，求負載 $\mathbf{Z}$ 所能取用的最大功率。

解：爲了取用最大功率必須有

$$\mathbf{Z} = \mathbf{Z}_g^* = 10 - j10\,\Omega$$

之阻抗，此時電流 $\mathbf{I}$ 是

$$\mathbf{I} = \frac{\mathbf{V}_g}{\mathbf{Z}_g + \mathbf{Z}} = \frac{40\angle 0°}{10 + j10 + 10 - j10} = 2\angle 0°\ \text{A}$$

因此，供給 $\mathbf{Z}$ 的最大功率是

$$\begin{aligned} P &= |\mathbf{I}|^2 \operatorname{Re} \mathbf{Z} \\ &= (2)^2(10) \\ &= 40\ \text{W} \end{aligned}$$

例 19.11：爲證明最大功率轉移定理是否合理，令例題19.10中負載分別爲(a) $\mathbf{Z} = 10 - j9\,\Omega$ 與(b) $\mathbf{Z} = 9 - j10\,\Omega$，並求出它們所吸收的功率。

解：在(a)部份電流是

$$\mathbf{I} = \frac{\mathbf{V}_g}{\mathbf{Z}_g + \mathbf{Z}} = \frac{40\angle 0°}{10 + j10 + 10 - j9} = \frac{40}{20 + j1}$$

上式可簡化爲

$$\mathbf{I} = 1.9975\angle -2.86°\ \text{A}$$

所以平均功率是

$$\begin{aligned} P &= |\mathbf{I}|^2 \operatorname{Re} \mathbf{Z} \\ &= (1.9975)^2(10) \\ &= 39.9\ \text{W} \end{aligned}$$

在(b)中，電流是等於

$$\mathbf{I} = \frac{40\angle 0°}{10 + j10 + 9 - j10} = 2.105\angle 0°\ \text{A}$$

及功率是

$$P = (2.105)^2(9) = 39.88\ \text{W}$$

這兩種情況的 $\mathbf{P}$ 值是比例題19.10中最大值爲小。

19.6 功率的測量(*POWER MEASUREMENT*)

如第九章中瓦特表是用來量度功率的。在交流穩態電路下，所測量的是供給一負載的平均功率P。

瓦特表的接法

瓦特表包括兩個線圈，一爲旋轉高電阻之電壓線圈，另一是固定低電阻之電流線圈。具有四個端點，每一線圈有兩個，如圖19.13所畫的一樣。電壓圈跨於負載，而電流圈是與負載串聯在一起。瓦特表符號示於圖19.14之中，圖19.15是典型的接法。

每一線圈有一端點是標記±符號，如圖19.13，19.14，及19.15所示一樣。電表讀值爲

$$P = VI\cos\theta \tag{19.51}$$

式中I是流入電流圈±端電流$\mathbf{I}$的均方根値，而V是電壓線圈±端正電壓$\mathbf{V}$的均方根値，θ是相量$\mathbf{V}$和$\mathbf{I}$的相角。在圖19.15中電表爲正確接法而能使功率讀值是(19.51)式的値，爲供給負載的功率。

理想上，電流圈的電壓及電壓圈電流都是零。因此瓦特表存在不會影響到它所測量的功率。

若電流線圈或電壓圈的任一端(不是兩者)點反接，則指示爲負値，或反刻度的讀值。

大部份電表不能讀反刻度之値，而指針停在反刻度禁止器上。則需把一個線圈反接，通常是電壓圈。

其它型式電表是利用測量其它型式的功率。例如，視在功率或伏安表是測量均方根電流和電壓的乘積，而乏時計是用來測量無效功率之用。

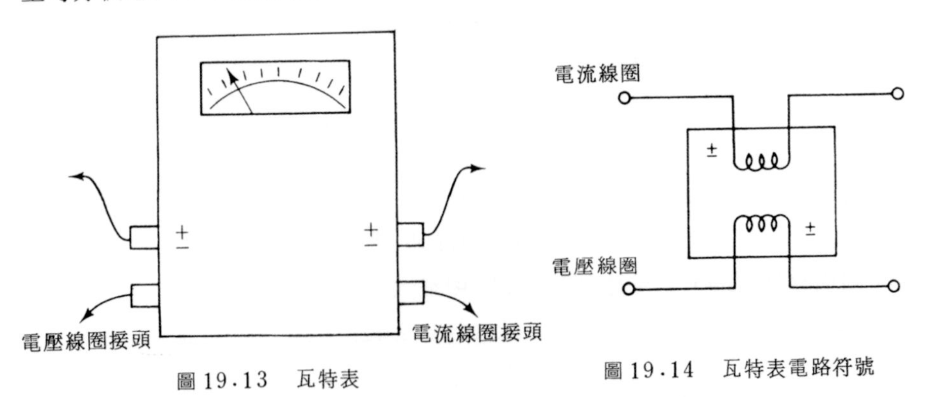

圖19.13　瓦特表

圖19.14　瓦特表電路符號

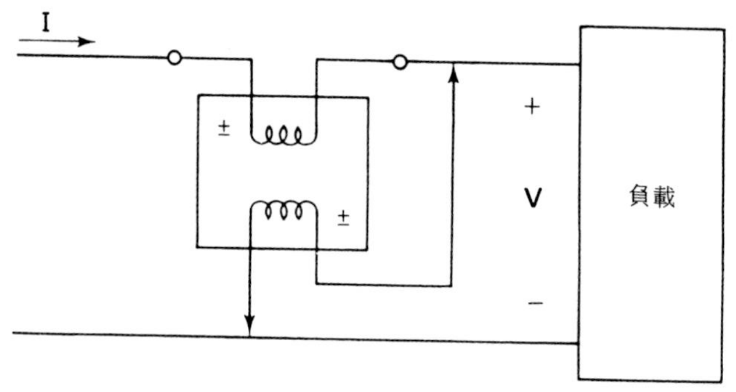

圖 19.15　一瓦特表典型接法

例 19.12：在圖 19.15 中，若電流是 $\mathbf{I}=2\underline{|0^\circ}$ 安培，及負載阻抗 $\mathbf{Z}=10\underline{|60^\circ}$ Ω，求瓦特表的讀值。

解：電壓是

$$\mathbf{V}=\mathbf{ZI}=(10\underline{|60^\circ})(2\underline{|0^\circ})=20\underline{|60^\circ}\ \mathrm{V}$$

由（19.51）式可知讀值是

$$\begin{aligned} P &= VI\cos\theta \\ &= (20)(2)\cos 60^\circ \\ &= 20\ \mathrm{W} \end{aligned}$$

19.7　摘　要（*SUMMARY*）

在交流穩態電路中，大部份瓦特表讀值爲平均功率，是一週期內瞬時功率的平均值。與瞬時功率不同的是平均功率不是時間的函數，但決定在負載電流和電壓相量的均方根值及它們的角度 θ。θ 角稱爲功率因數角，而 $\cos\theta$ 定義爲負載的功率因數。

功率三角形是直角三角形，位於實數軸爲平均功率 P。斜邊與實數軸的夾角是 θ，長度爲視在功率。三角形另一邊，位於虛數軸是無效功率 Q。複數功率 $\mathbf{S}$ 是 $P+jQ$。

低功率因數的裝置，在固定功率 P 和電壓下比高功率因數裝置需要更多的電流。因此希望能改善功率因數（提高其值）。可藉並聯電抗元件完成。若欲改善功率因數是落後（電感性負載），則電抗元件必須爲電容器。若功率因數領前（電容性負載），則電抗元件需爲電感器。

瓦特表包括電流線圈，此線圈與所欲測量負載串聯，另一爲電壓圈，跨接在負載之上。線圈接法如果正確，則瓦特表所指示是供給負載的平均功率值。

練習題

19.1-1　於時域中有一負載的電壓和電流分別是

$v=10\sin(2t+75°)$ 伏特

$i=2\sin(2t+15°)$ 安培

求供給予負載的平均功率。

答：5瓦特。

19.1-2　求供給 2 kΩ 電阻器之平均功率，所通過的電流 $i=4\sin(100t+30°)$ 毫安培。

答：16毫瓦特。

19.1-3　求圖中由電源所供給的平均功率爲多少。

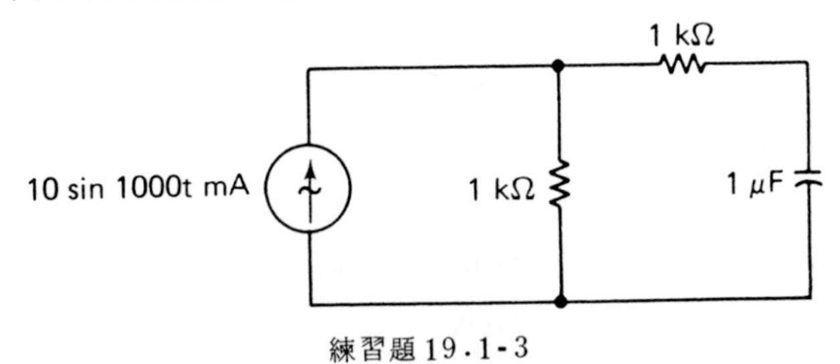

練習題 19.1-3

答：30毫瓦特。

19.1-4　求電路被 10Ω 電阻器所吸收的平均功率。（提示：求 i 所對應的相量 $\mathbf{I}$ 。）

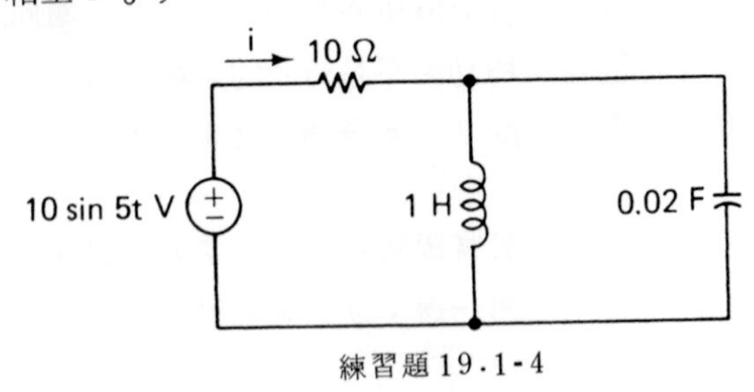

練習題 19.1-4

答：2.5瓦特。

19.2-1　求下列之視在功率。(a)負載由230伏特電力線取用 20 A 的電流，(b)由 100 Ω 電阻和 10 μF 電容並聯接上 100 sin 1000 t 伏特的電源。

答：(a) 4.6 kVA，(b) $50\sqrt{2}$ VA。

19.2-2　若$\omega=500$弳／秒，由$1\,k\Omega$電阻和$2\,\mu F$電容並聯的負載，求功率因數。

答：0.707 領前。

19.2-3　求圖中從電源看入的負載功率因數。

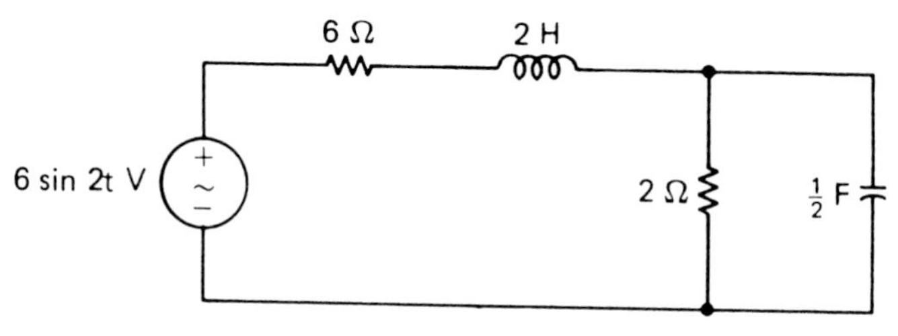

練習題 19.2-3

答：0.894 落後。

19.3-1　有一負載吸收$P=4\,kW$平均功率，及$Q=-3$仟乏的無效功率。若負載電壓均方根值是500伏特，求視在功率、電流均方根值、功率因數及負載阻抗。

答：5 kVA，10 A，0.8 領前，$50\angle{-36.9°}\,\Omega$。

19.3-2　有功率因數 0.9 落後及吸收 1 kW 平均功率負載，求複數功率。

答：$1000+j484$ 伏安。

19.3-3　有一負載的電壓和電流分別是

$\mathbf{V}=100\angle{0°}$ 伏特

及 $\mathbf{I}=5\angle{30°}$ 安培

求複數功率、視在功率、平均功率、無效功率，及功率因數。

答：$500\angle{-30°}$伏安，500伏安，433 瓦特，−250 乏，0.866 超前。

19.4-1　有一負載爲0.8落後功率因數，並含有 100 伏特及 5 A 均方根值電壓和電流。求它吸收的平均功率。

答：400 瓦。

19.4-2　在練習題 19.4-1 中在不改變所吸收的功率下，若把功率因數改善成0.9落後，求改善後從電力線取用電流之均方根值。

答：4.44 A。

19.4-3　若頻率是 60 Hz，求練習題19.4-2中改善所需並聯電容量爲多少。

答：$28.2\,\mu F$。

19.5-1　在圖 19.12 中令$\mathbf{V}_g=24\angle{0°}$伏特及$\mathbf{Z}_g=4+j3\,\Omega$，求獲得最大功

率轉移的**Z**，及供給**Z**的最大功率。

答：$4-j3$，36瓦特。

19.5-2 在圖 19.12 中令$\mathbf{V}_g=24\underline{/0^\circ}$伏特及$\mathbf{Z}_g=4+j3\,\Omega$，求**Z**分別等於(a)$\mathbf{Z}=4-j4\,\Omega$，(b)$\mathbf{Z}=5-j3\,\Omega$，及(c)$\mathbf{Z}=5-j2\,\Omega$時所吸收的功率。

答：(a) 35.45瓦特，(b) 35.56瓦特，(c) 35.12瓦特。

19.6-1 求下圖瓦特表A的讀值。

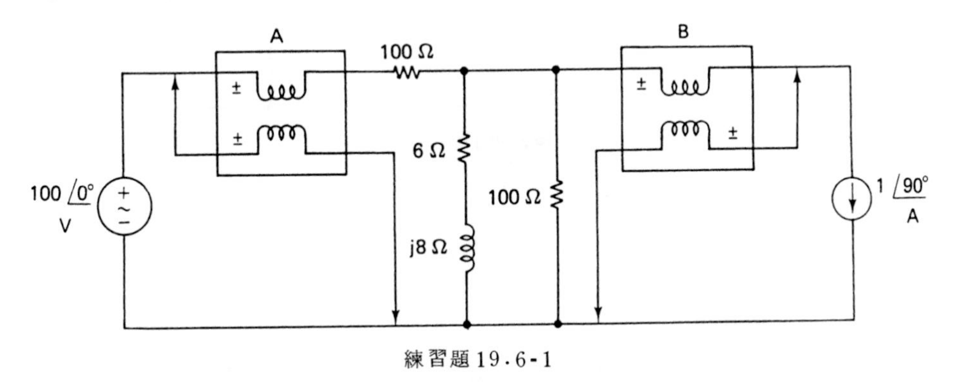

練習題 19.6-1

答：87.5瓦特。

19.6-2 求在練習題 19.6-1 中瓦特表B的讀值。

答：0。

習　題

19.1 有一阻抗$\mathbf{Z}=30+j40\,\Omega$，若跨於它的電壓是$\mathbf{V}=200\underline{/0^\circ}$伏特，求供給它的平均功率。

19.2 有一負載其電壓及電流相量分別是

$\mathbf{V}=100\underline{/105^\circ}$伏特　　及　　$\mathbf{I}=\sqrt{2}\,(1+j1)$安培

求供給它的平均功率。

19.3 如圖求電源所供給的平均功率。

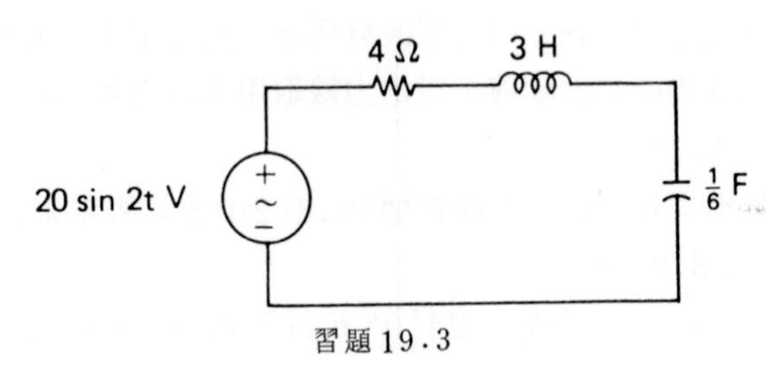

習題 19.3

19.4　供給負載平均功率爲400瓦特，若電壓及電流均方根值爲100伏特及8安培。若功率因數爲落後，求負載的阻抗。

19.5　如圖求由電源所供給的平均功率。

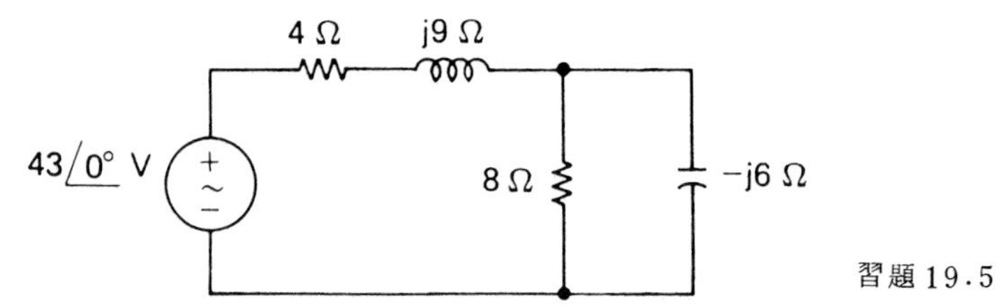

習題19.5

19.6　求習題19.5中被4Ω和8Ω電阻器所吸收的功率。

19.7　有一負載電壓和電流爲

$v=40\sin(6t-20^\circ)$ 伏特

$i=6\sin(6t+40^\circ)$ 安培

求供給它的平均功率。

19.8　求由2 kΩ電阻器和0.5 H電感器串聯負載所吸收的平均功率。若負載電流是 $i=12\sin(200t+10^\circ)$ 毫安培。

19.9　如圖求負載的功率因數

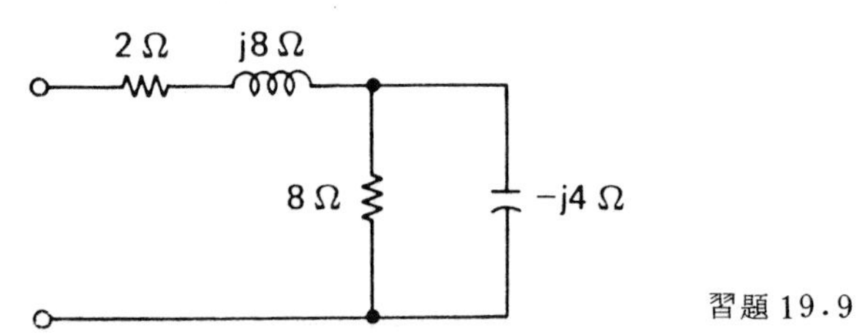

習題19.9

19.10　若電源爲 $\mathbf{V}=12\underline{/0^\circ}$ 伏特連接到習題19.9之上，求供給2Ω電阻器之功率。

19.11　在習題19.9中若有 $-j4.8\,\Omega$ 阻抗跨接其端點，求負載的功率因數。

19.12　求下圖功率因數，及加 $\mathbf{V}=42\underline{/0^\circ}$ 伏特電源在其端點時，求供給負載的功率。

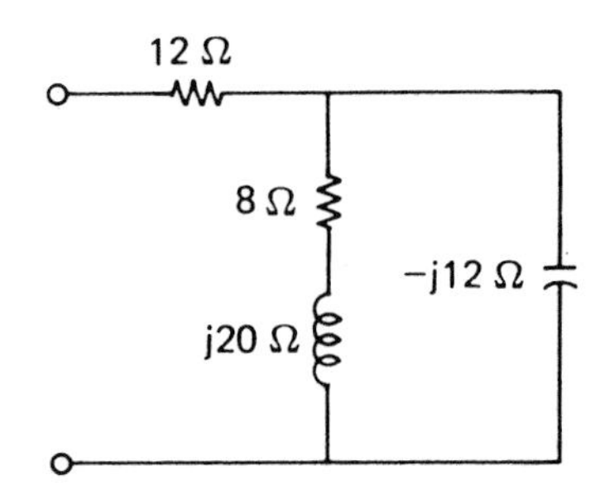

習題19.12

19.13 有一負載 $\mathbf{Z}=6\underline{|60^\circ}\ \Omega$ 的阻抗及電壓 $\mathbf{V}=24\underline{|0^\circ}$ 伏特。求它的平均功率、無效功率，及視在功率。

19.14 有一負載具有電壓和電流為 $\mathbf{V}=50\underline{|0^\circ}$ 伏特及 $\mathbf{I}=10\underline{|-30^\circ}$ 安培。求複數功率、視在功率、平均功率，及無效功率、功率因數。

19.15 有一負載吸收 1200 瓦特平均功率。求功率因數，若無效功率分別是 (a) $Q=0$，(b) $Q=900$ 乏，(c) $Q=-600$ 乏及 (d) $Q=1600$ 乏。

19.16 具有 0.8 落後功率因數且吸收 800 瓦平均功率的負載，求供給它的複數功率。

19.17 有一負載複數功率是 $\mathbf{S}=12+j16$ 伏安，若電流的均方根值是 2 A，求負載阻抗。

19.18 有一負載為 0.8 落後功率因數，且阻抗 $|\mathbf{Z}|=10\ \Omega$，將功率因數改善成 0.9 落後，則跨於負載端之電容量為多少。頻率是 10,000 弳/秒。

19.19 具有 $F_p=0.9$ 落後，且有 60 V 及 4 A 的均方根值電壓及電流。若使 F_p 改善成 0.95 落後，則需並聯的電容量為多少。頻率是 60 Hz。

19.20 圖 19.11 之實際電源 $\mathbf{V}_g=80\underline{|0^\circ}$ 伏特，$\mathbf{Z}_g=10+j5\ \Omega$，求有一負載從電源能取用的最大功率為多少。

19.21 圖 19.12 中令 $\mathbf{V}_g=60\underline{|0^\circ}$ 伏特，$\mathbf{Z}_g=10+j6\ \Omega$，求最大功率轉移的 $\mathbf{Z}$ 值，及供給 $\mathbf{Z}$ 值的最大功率。

19.22 求下圖中瓦特表的讀值。

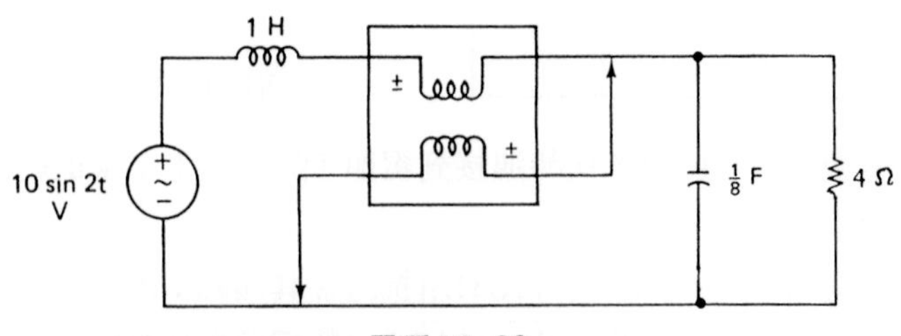

習題 19.22

19.23 如圖求瓦特表的讀值。

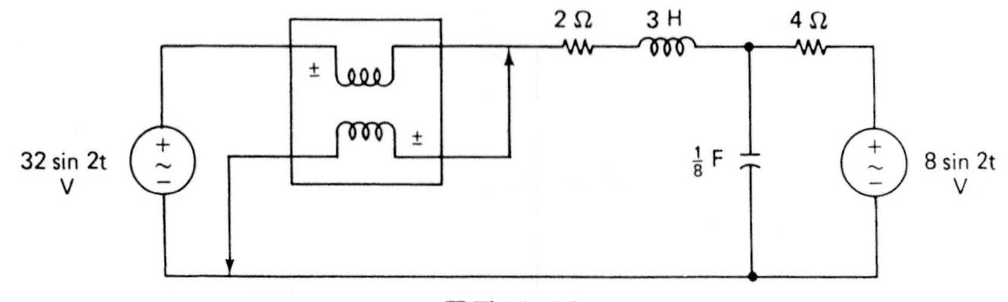

習題 19.23

第20章

三相電路

交流穩態電路分析最重要之一是電力系統中的交流系統。使用此系統的理由是若電壓很高時，作長距離功率的傳輸很便宜，且容易升降壓。在第二十一章中將了解，交流可藉著變壓器昇壓而將功率傳送整個國家，然後再降壓而適用於工業及家庭中，而不需移動元件來傳輸功率。因此比較簡單構成。另一方面，現代科技使機械轉動通常須要昇高或降低直流電壓。

且為了經濟及性能的理由，幾乎所有的電力都是多相電源所產生，是供給超過一相以上電壓的發電機。在單相電路中，供給負載的功率是脈動的，即使電壓和電流同相，亦是如此。另一方面多相系統和多汽缸汽車引擎相類似，它們供出的功率較穩定。且使旋轉機器的振動減小，依次執行更有效。且對多相交流所需傳輸線較經濟。即在傳送同樣功率下，多相交流所需導體重量及元件比單相少了很多。因此幾乎全世界都是多相功率。通常頻率是 50 Hz 或 60 Hz，但是美國 60 Hz 是標準頻率。

本章將討論三相系統，此系統是目前使用最廣的多相系統。電源是能產生平衡電壓組的三相交流發電機，為三個有同樣波幅及頻率，但彼此相位差 120° 的正弦函數電壓。因此三相電源等效於三個彼此連接的單相電源，每一個產生不同相位電壓。如果從電源取用的電流亦組成三個平衡組，則系統稱為平衡三相系統。這是我們考慮的主要情況。

20.1 三相發電機（*THREE-PHASE GENERATOR*）

三相發電機在轉子（或電樞）上有三個分隔 120° 的線圈，如圖 20.1 的截面圖（在實際機器上，電壓由固定線圈所產生，而磁場線圈在轉子上。但原理相同。且實際機器可能有很多對 N-S 極，因此 360° 電工角在轉子旋轉一週

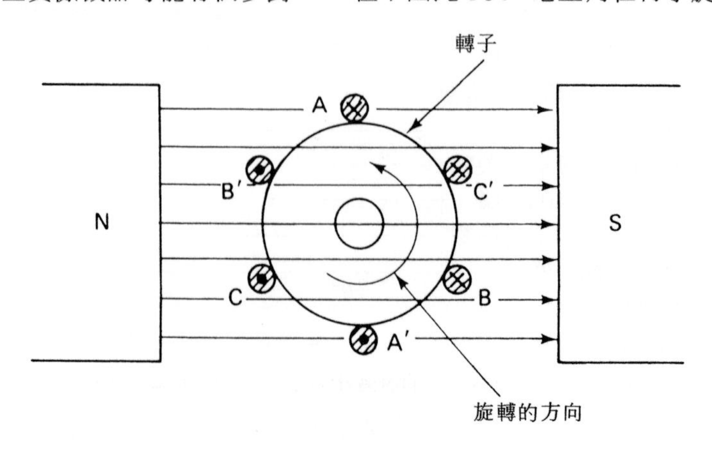

圖 20.1　三相發電機

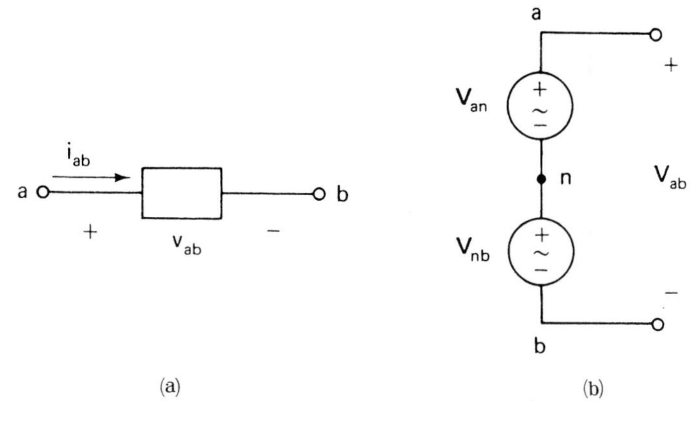

圖 20.2　雙下標表示法的說明

進行很多次。旋轉角度由 N 極經 S 極再到下一個 N 極是 360° 電工角度）。每一線圈有相同匝數及旋轉速度，故產生同形狀的正弦波，但對應於轉子上不同位置而有不同的相位。

雙下標表示法

在分析圖 20.1 發電機動作原理之前，先考慮雙下標表示法，用來判別電壓和電流的極性。如圖 20.2(b)中符號 V_{ab} 是 a 點對 b 點的電壓。即當 V_{ab} 是正值時，則 a 點電位比 b 點高了 V_{ab}。相同的，圖 20.2(a)中電流 i_{ab} 是由 a 點往 b 點流的電流。

雙下標可使相量的加與減更容易。說明於圖 20.2(b)中

$$\mathbf{V}_{ab} = \mathbf{V}_{an} + \mathbf{V}_{nb} \tag{20.1}$$

利用克希荷夫電壓定理知位於 a 與 b 兩端的電壓，其所走的路徑是相同的，此時路徑是 a 到 n 再由 n 到 b，並注意

$$\mathbf{V}_{nb} = -\mathbf{V}_{bn}$$

由這結果，可得（20.1）式是等效於

$$\mathbf{V}_{ab} = \mathbf{V}_{an} - \mathbf{V}_{bn}$$

三相電壓

在圖 20.1 三相發電機中，線圈 AA' 在所示瞬間（取 $\omega t = 0$）交鏈最大的磁通，而變化率爲零，因此電壓在零點。若它的電流由 A 流入從 A' 流出，如圖所示×號（箭尾），及●號（箭頭），電壓 $V_{AA'}$ 在轉子旋轉時由零點到達它

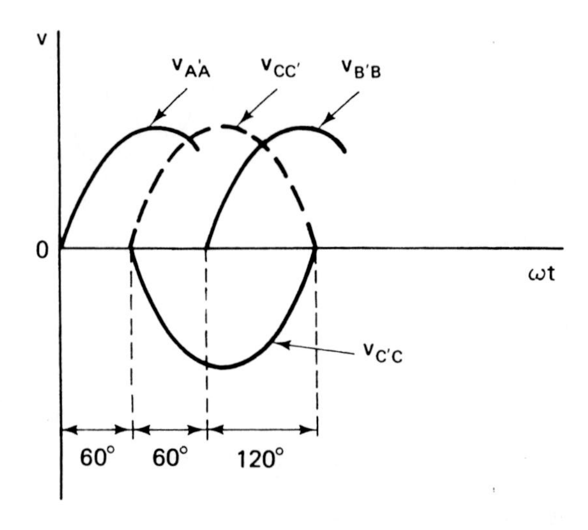

圖 20.3　發生電壓的相序

的峯值，如圖 20.3 所示。線圈 CC' 將短暫佔有在 $\omega t=0$ 時 AA' 的位置，而這是在 $\omega t=60°$ 時發生，此時 C' 位於 A 的位置，而 C 位於 A' 的位置。因此 $V_{CC'}$ 將在 $\omega t=60°$ 時從零昇到正峯值，如圖 20.3 虛線所指出的。因此 $V_{C'C}$（$V_{CC'}$ 的負值）是實線所指示的。最後，在 $\omega t=120°$ 時，B 位於 $\omega t=0$ 時 A 的位置，而 B' 位於 A' 的位置。因此 $V_{B'B}$ 相似於 $V_{A'A}$，但向右移了 120°，接下來的示於圖 20.3 中。

完整的電壓 $V_{A'A}$，$V_{B'B}$ 及 $V_{C'C}$ 在圖 20.4 的波形從 $\omega t=0$ 至 $\omega t=3\pi$。如果這些電壓端點被取用，可看到三相發電機產生相位分離 120° 的三個完全相

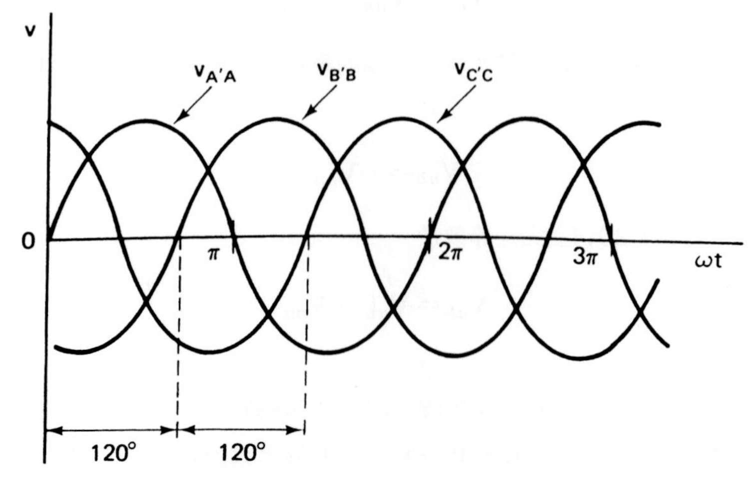

圖 20.4　三相發電機的電壓

同的正弦波，即有

$$v_{A'A}=V_m\sin\omega t$$
$$v_{B'B}=V_m\sin(\omega t-120°)$$
$$v_{C'C}=V_m\sin(\omega t-240°)$$

相量表示法

表示（20.2）式正弦函數的電壓相量爲

$$\begin{aligned}\mathbf{V}_{A'A}&=V_p\underline{/0°}\ \mathrm{V}\\ \mathbf{V}_{B'B}&=V_p\underline{/-120°}\ \mathrm{V}\\ \mathbf{V}_{C'C}&=V_p\underline{/-240°}\ \mathrm{V}=V_p\underline{/120°}\ \mathrm{V}\end{aligned}\tag{20.3}$$

式中 $V_p=V_m/\sqrt{2}$ 是每相電壓的均方根值。如前述，這電壓組稱爲平衡組，因除了相位分離 120° 外，其它完全相同。

以直角座標寫出相量電壓爲

$$\mathbf{V}_{A'A}=V_p$$
$$\mathbf{V}_{B'B}=V_p[\cos(-120°)+j\sin(-120°)]$$
$$=V_p\left(-\frac{1}{2}-j\frac{\sqrt{3}}{2}\right)$$
$$\mathbf{V}_{C'C}=V_p[\cos(-240°)+j\sin(-240°)]$$
$$=V_p\left(-\frac{1}{2}+j\frac{\sqrt{3}}{2}\right)$$

因此它們之和是

$$\begin{aligned}\mathbf{V}_{A'A}+\mathbf{V}_{B'B}+\mathbf{V}_{C'C}&=V_p\left(1-\frac{1}{2}-j\frac{\sqrt{3}}{2}-\frac{1}{2}+j\frac{\sqrt{3}}{2}\right)\\&=0\end{aligned}\tag{20.4}$$

在三相平衡電壓中，這是眞實的。

20.2　Y連接的發電機（*Y-CONNECTED GENERATOR*）

如果圖20.1中發電機線圈AA'，BB'和CC'連接成如圖20.5所示接法，結果是電源具有端點A'，B'及C'及有一稱爲中性點的共通點（A，B，C三點接在一起），此時電源是Y接（如所示接成Y形）。

這種發電機是等效三個單相發電機，如圖20.6(a)所示，圖中電路看作Y連接電源。習慣上以a，b及c來取代字母A'，B'，C'，並把中性點以n來

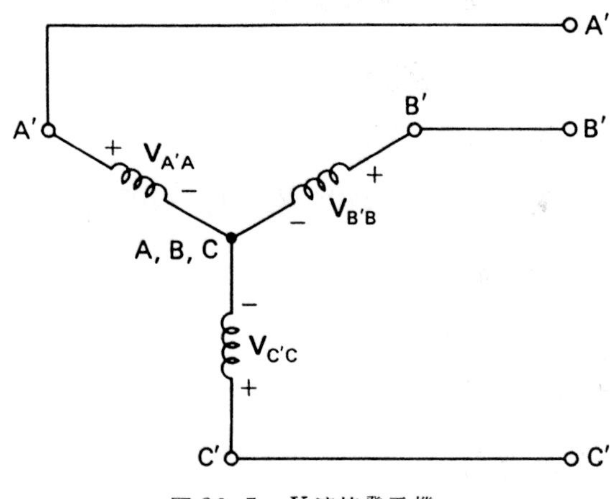

圖20.5　Y連接發電機

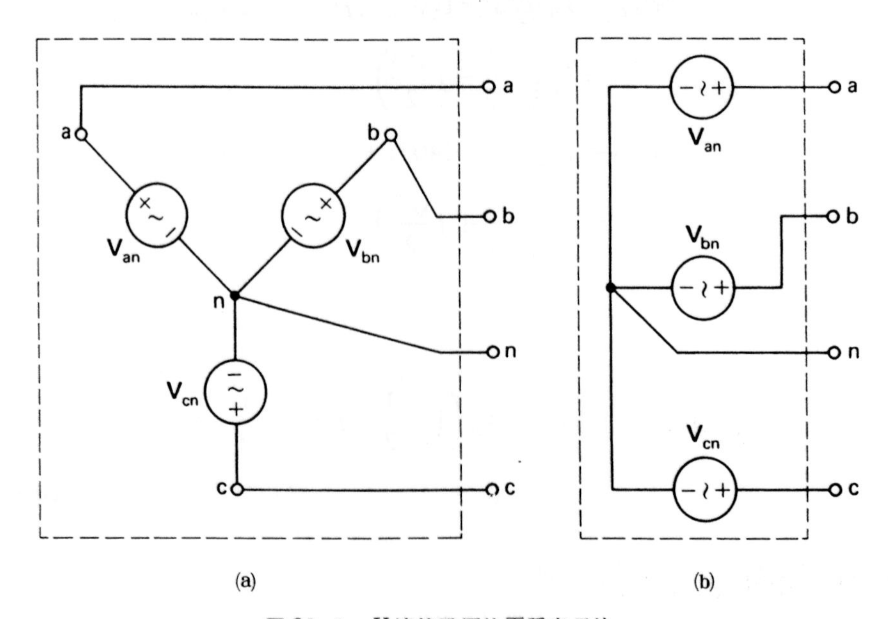

圖20.6　Y連接電源的兩種表示法

標示。使用這種表示法，則在（20.3）式的相量電壓是

$$\begin{aligned} \mathbf{V}_{an} &= V_p\underline{/0^\circ}\ \text{V} \\ \mathbf{V}_{bn} &= V_p\underline{/-120^\circ}\ \text{V} \\ \mathbf{V}_{cn} &= V_p\underline{/120^\circ}\ \text{V} \end{aligned} \tag{20.5}$$

一等效 Y 連接電源有時以圖 20.6(b)表示而較容易畫出的電路。每一種表示法發電機都連接至可接觸端 a，b，c 的共同點，及中性點 n，此電源稱為 Y 連接三相四線式發電機。

正相序和負相序

在（20.5）式中電壓的相序稱為正相序，或 abc 相序，其相量圖示於圖 20.7(a)中，可看出相量依逆時鐘方向旋轉，分別標示為 an，bn，cn 電壓將依序跨過實數軸。在圖 20.7(b)中相量圖的電壓組是

$$\begin{aligned} \mathbf{V}_{an} &= V_p\underline{/0^\circ}\ \text{V} \\ \mathbf{V}_{bn} &= V_p\underline{/120^\circ}\ \text{V} \\ \mathbf{V}_{cn} &= V_p\underline{/-120^\circ}\ \text{V} \end{aligned} \tag{20.6}$$

在圖 20.7(b)中，逆時鐘旋轉電壓順序為 an，cn，bn 的下標。旋轉以負方向（順時鐘）則具有 an，bn，及 cn 的順序，因此稱為負相序，或 acb 相序。

除線圈接法不同外，兩種相序是相似的，因此一般將採用正相序。

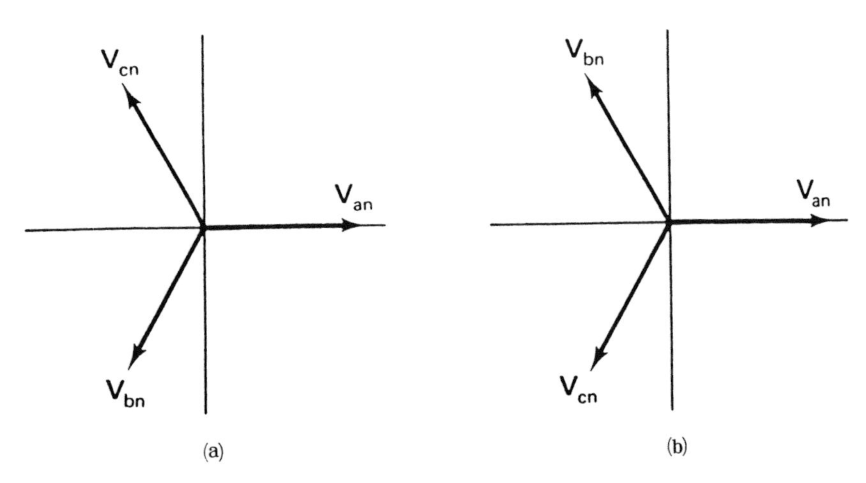

圖 20.7　(a)正相序，(b)負相序

線電壓

線至線的電壓稱爲線電壓，在圖 20.6 中$\mathbf{V}_{ab}$，$\mathbf{V}_{bc}$，$\mathbf{V}_{ca}$是線電壓，可從相電壓求出。例如，使用雙下標表示法，有

$$\begin{aligned}\mathbf{V}_{ab} &= \mathbf{V}_{an} + \mathbf{V}_{nb} \\ &= \mathbf{V}_{an} - \mathbf{V}_{bn} \\ &= V_p\underline{|0^\circ} - V_p\underline{|-120^\circ} \\ &= V_p - V_p\,[\cos(-120^\circ) + j\sin(-120^\circ)] \\ &= V_p - V_p\left(-\frac{1}{2} - j\frac{\sqrt{3}}{2}\right) \\ &= V_p\left(1 + \frac{1}{2} + j\frac{\sqrt{3}}{2}\right)\end{aligned}$$

或

$$\mathbf{V}_{ab} = V_p\left(\frac{3}{2} + j\frac{\sqrt{3}}{2}\right)$$

這式子以極座標表示是

$$\mathbf{V}_{ab} = \mathrm{V}_p\sqrt{\left(\frac{3}{2}\right)^2 + \left(\frac{\sqrt{3}}{2}\right)^2}\;\underline{|\tan^{-1}\frac{\sqrt{3}/2}{3/2}}$$

或

$$\mathbf{V}_{ab} = \sqrt{3}\;V_p\underline{|30^\circ} \qquad (20.7)$$

亦可用圖解法藉著完成以$\mathbf{V}_{an}$及$-\mathbf{V}_{bn}$（$\mathbf{V}_{nb}$的反相）爲邊的平行四邊形求$\mathbf{V}_{ab}$，如圖20.8所示。平行四邊形包含了兩個完全相同的三角形。而在圖形0點處平行四邊形的角是60°，因此每一三角形的角是30°。因此$\mathbf{V}_{ab}$的角是30°，且$\mathbf{V}_{ab}$長度的一半（從0至d點）是具有30°角的直角三角形之一個邊，因此可得

$$\begin{aligned}\frac{1}{2}|\mathbf{V}_{ab}| &= |\mathbf{V}_{an}|\cos 30^\circ \\ &= V_p\frac{\sqrt{3}}{2}\end{aligned}$$

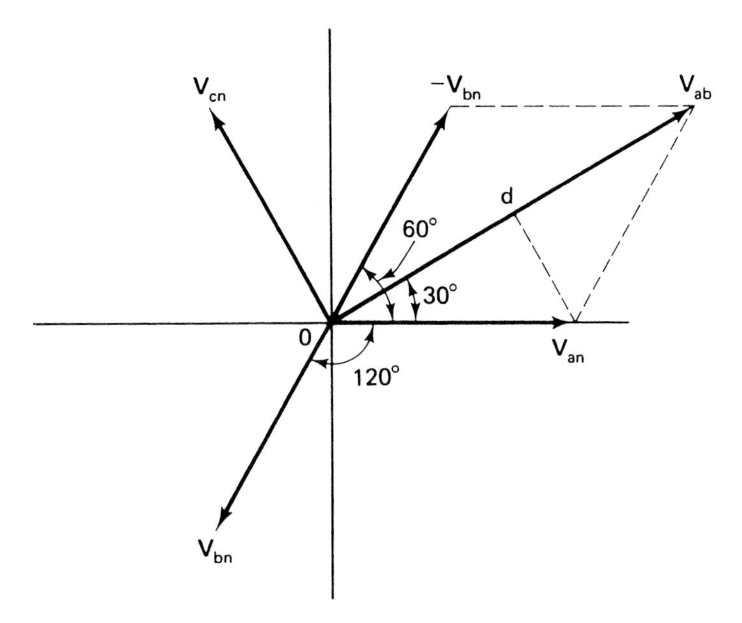

圖 20.8　線電壓的圖解計算法

故 $\mathbf{V}_{ab}$ 的大小是 $\sqrt{3}\,\mathbf{V}_p$ ，所以證明了（20.7）式是正確的 。

另外兩個線電壓 $\mathbf{V}_{bc}$ 及 $\mathbf{V}_{ca}$ 亦可如（20.7）式的代數法求得，但由圖解法更容易了解，其組成和圖 20.8 所完成的相同，其結果示於圖 20.9 中 。由這圖上及已獲得的 $\mathbf{V}_{ab}$ 之結果可寫成

$$\begin{aligned}\mathbf{V}_{ab} &= \sqrt{3}\ V_p\underline{\left|30^\circ\right.}\\ \mathbf{V}_{bc} &= \sqrt{3}\ V_p\underline{\left|-90^\circ\right.}\\ \mathbf{V}_{ca} &= \sqrt{3}\ V_p\underline{\left|150^\circ\right.}\end{aligned} \tag{20.8}$$

因此線電壓也是平衡組，它們有同樣的大小，且相位差了 120° ，線電壓領前了相電壓30° 。即 $\mathbf{V}_{ab}$ 領前 $\mathbf{V}_{an}$ 30° ，$\mathbf{V}_{bc}$ 領前了 $\mathbf{V}_{bn}$ 30° ，及 $\mathbf{V}_{ca}$ 領前 $\mathbf{V}_{cn}$ 30° 。因此，若所有相電壓都旋轉了同樣的角度，則線電壓是把相電壓的相角加 30° 及把大小乘以 $\sqrt{3}$ 。

如果把線電壓的大小以 V_L 來表示，則我們有

$$V_L = \sqrt{3}\ V_p \tag{20.9}$$

的關係式，及線電壓的相量是

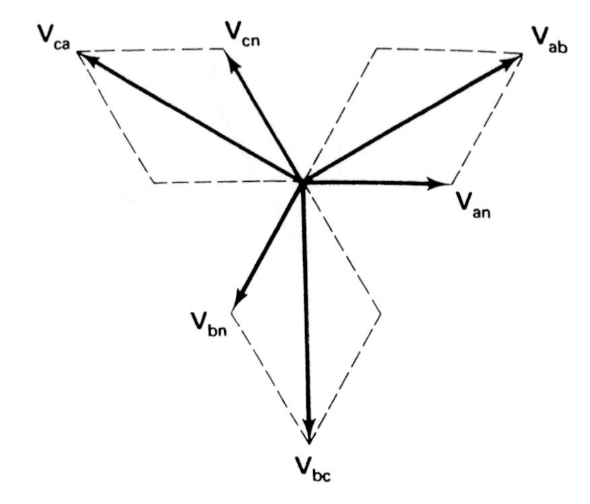

圖 20.9 相及線電壓的相量圖

$$\mathbf{V}_{ab} = V_L \angle 30^\circ$$
$$\mathbf{V}_{bc} = V_L \angle -90^\circ \qquad (20.10)$$
$$\mathbf{V}_{ca} = V_L \angle 150^\circ$$

例 20.1：如果已知的相電壓是

$$\mathbf{V}_{an} = 100 \angle 10^\circ \text{ V}$$
$$\mathbf{V}_{bn} = 100 \angle -110^\circ \text{ V}$$
$$\mathbf{V}_{cn} = 100 \angle 130^\circ \text{ V}$$

求線電壓。

解：把相電壓的相角加上 30°，大小乘以$\sqrt{3}$得

$$\mathbf{V}_{ab} = 100\sqrt{3} \angle 40^\circ \text{ V}$$
$$\mathbf{V}_{bc} = 100\sqrt{3} \angle -80^\circ \text{ V}$$
$$\mathbf{V}_{ca} = 100\sqrt{3} \angle 160^\circ \text{ V}$$

20.3 Y - Y 系統（*Y–Y SYSTEMS*）

三相負載也可連接成Y形，及接到Y連接電源，如圖20.10所示系統，稱爲Y-Y三相系統。三個負載阻抗稱爲相阻抗，可如圖20.10中相同的阻抗，或不同值的阻抗。

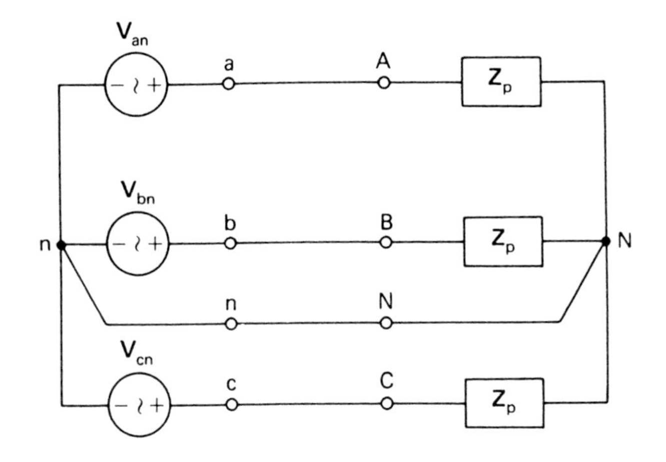

圖 20.10　平衡 Y-Y 系統

平衡系統

若相阻抗都相等，譬如都是 $\mathbf{Z}_p$，如圖 20.10 所示，及電壓源爲平衡組合，則此系統稱爲一平衡系統。故圖20.10電路是平衡 Y-Y 三相四線系統。第四條線是中線 n-N，它可省略而成三線系統。

線電流

因圖20.10的中線存在，電源電壓亦跨接於負載，從圖20.11電路更容易了解，圖上僅示出單相 a（包含 $\mathbf{V}_{an}$ 及位於 A 和 N 間的負載）。由 a 至 A 的線電流以 $\mathbf{I}_{aA}$ 爲標記，且由圖 20.11 知此電流爲

$$\mathbf{I}_{aA}=\frac{\mathbf{V}_{an}}{\mathbf{Z}_p} \tag{20.11}$$

其它線電流，可以以相同方法獲得，是

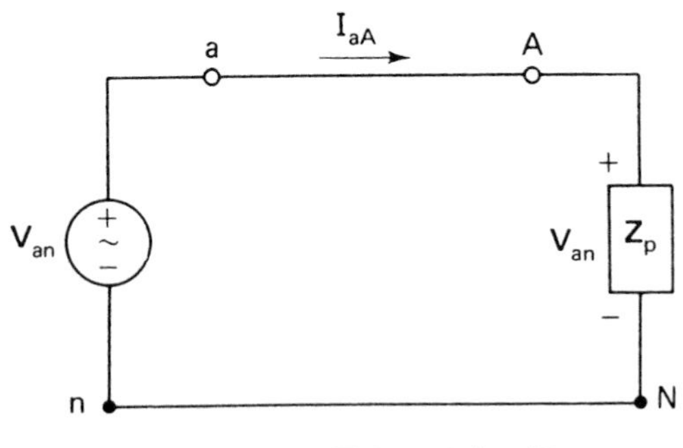

圖 20.11　圖 20.10 的 a 相

$$\mathbf{I}_{bB}=\frac{\mathbf{V}_{bn}}{\mathbf{Z}_p}$$
$$\mathbf{I}_{cC}=\frac{\mathbf{V}_{cn}}{\mathbf{Z}_p} \tag{20.12}$$

如果相阻抗是

$$\mathbf{Z}_p=|\mathbf{Z}_p|\underline{\left|\theta\right.} \tag{20.13}$$

及以（20.5）式相電壓值所取代，則（20.11）及（20.12）式變成

$$\mathbf{I}_{aA}=\frac{V_p}{|\mathbf{Z}_p|}\underline{\left|-\theta\right.}$$
$$\mathbf{I}_{bB}=\frac{V_p}{|\mathbf{Z}_p|}\underline{\left|-120^\circ-\theta\right.} \tag{20.14}$$
$$\mathbf{I}_{cC}=\frac{V_p}{|\mathbf{Z}_p|}\underline{\left|120^\circ-\theta\right.}$$

最後，線電流的大小為 I_L，則

$$I_L=\frac{V_p}{|\mathbf{Z}_p|} \tag{20.15}$$

及我們有

$$\mathbf{I}_{aA}=I_L\underline{\left|-\theta\right.}$$
$$\mathbf{I}_{bB}=I_L\underline{\left|-120^\circ-\theta\right.} \tag{20.16}$$
$$\mathbf{I}_{cC}=I_L\underline{\left|120^\circ-\theta\right.}$$

的結果。

因此線電流大小相等，相角差 120°，亦為一個平衡組合。

中線電流

在（20.4）式看到，一平衡組合元件之和為零。由於線電流為平衡組合，所以它們之和等於零。可得

$$\mathbf{I}_{aA}+\mathbf{I}_{bB}+\mathbf{I}_{cC}=0 \tag{20.17}$$

參考圖 20.10，在節點 n 使用KCL可得

$$\mathbf{I}_{aA}+\mathbf{I}_{bB}+\mathbf{I}_{cC}+\mathbf{I}_{nN}=0$$

因此，線電流 $\mathbf{I}_{nN}$ 是

$$\mathbf{I}_{nN}=-(\mathbf{I}_{aA}+\mathbf{I}_{bB}+\mathbf{I}_{cC})$$

由（20.17）式知此方程式等號右邊是零，所以有

$$\mathbf{I}_{nN}=0$$

的結果。故平衡四線 Y-Y 系統之中線沒有電流通過。中線包含一電阻，但此處是短路，或可完全除去，在電路中不會改變任何事情。

相電流

由圖 20.10 中，稱線 aA，bB，及 cC 上的電流爲相電流（相阻抗取用的電流）。若相電流大小是 I_p，則在 Y 接的負載有

$$I_L=I_p \tag{20.18}$$

的結果。

例 20.2：求圖 20.12 中的 Y-Y 系統之線電流。

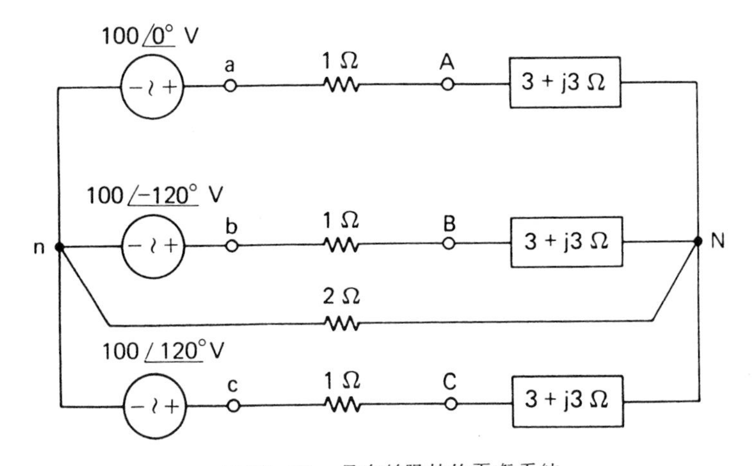

圖 20.12　具有線阻抗的平衡系統

解：此系統含有線阻抗的更實際接線，線電阻是 1Ω。因線阻抗和相阻抗 $3+j3\,\Omega$ 串聯，通常 Y 接負載都是如此，兩者組合成等效阻抗是

$$\mathbf{Z}_p = 1 + (3 + j3) = 4 + j3$$
$$= 5\angle 36.9^\circ\ \Omega \tag{20.19}$$

這是具有理想導線的有效負載之阻抗 。

因爲在這種等效的情況，接線上沒有阻抗，除中線上具有電阻之外，和以前一樣的平衡系統 。然而，因爲系統是平衡，所以中線電流是等於零 。因此，中線可由完全導體所取代，故可等效於圖 20.10 系統，其中 $\mathbf{Z}_p$ 是（20.19）式所給的數值，及如圖20.12中的電源電壓 。

因此，使用（ 20.14 ）式線電流是

$$\mathbf{I}_{aA} = \frac{\mathbf{V}_{an}}{\mathbf{Z}_p} = \frac{100\angle 0^\circ}{5\angle 36.9^\circ} = 20\angle -36.9^\circ\ \text{A}$$

$$\mathbf{I}_{bB} = \frac{\mathbf{V}_{bn}}{\mathbf{Z}_p} = \frac{100\angle -120^\circ}{5\angle 36.9^\circ} = 20\angle -156.9^\circ\ \text{A}$$

$$\mathbf{I}_{cC} = \frac{\mathbf{V}_{cn}}{\mathbf{Z}_p} = \frac{100\angle 120^\circ}{5\angle 36.9^\circ} = 20\angle 83.1^\circ\ \text{A}$$

它是平衡組合 。

一相的基準

這個例題與例題 20.1 相似，是在“ 一相 ”的基準上來解出 。因中線電流在平衡的 Y-Y 系統等於零，所以中線的阻抗沒有任何影響 。因此，可把中線以短路來取代 。如果中線不存在（ 三線系統 ），亦可完成解題的工作 。因之僅需看單相，如圖 20.13 中的 a 相，是由電源 $\mathbf{V}_{an}$ 的線阻抗 $\mathbf{Z}_L$ 及相阻抗 $\mathbf{Z}_p$ 串聯組合成的 。線電流 $\mathbf{I}_{aA}$ ，相電壓 $\mathbf{I}_{aA}\mathbf{Z}_p$ ，及線中的電壓降 $\mathbf{I}_{aA}\mathbf{Z}_L$ 可從這單相分析中求得 。而其它電壓和電流可利用類似的方法求得 。或從以前的結果求出，因此系統是平衡系統 。

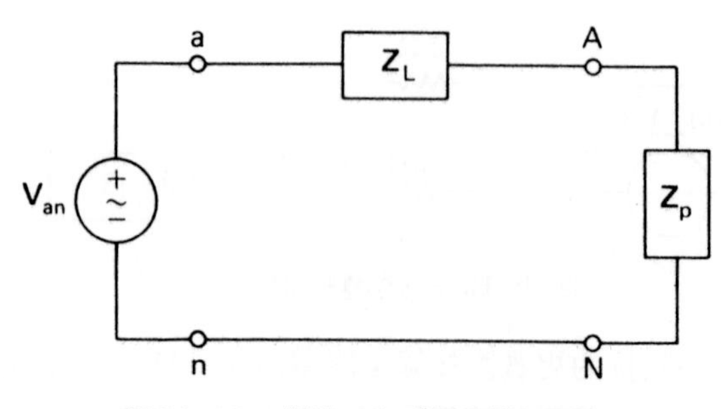

圖 20.13　對於一相分析的單相電路

三相功率

供給圖 20.10 Y 接負載每一相的平均功率是以 P_p 來表示，其值為

$$\begin{aligned} P_p &= V_p I_p \cos\theta \\ &= I_p^2 \operatorname{Re} \mathbf{Z}_p \end{aligned} \tag{20.20}$$

式中 θ 是 $\mathbf{Z}_p$ 的相角，因此供給負載的總功率為

$$P = 3P_p = 3V_p I_p \cos\theta \tag{20.21}$$

相阻抗的相角 θ 是總三相負載的功率因數角，與單相同。

例 20.3：有平衡 Y-Y 系統具有線電壓 $\mathbf{V}_L = 200$ 伏特及 0.9 落後的功率因數下有三相功率 $P = 600$ 瓦特。求線電流 I_L 及相阻抗 $\mathbf{Z}_p$。

解：由（20.21）式可知相功率

$$P_p = \frac{P}{3} = \frac{600}{3} = 200 \text{ W}$$

由（20.9）式知相電壓

$$V_p = \frac{V_L}{\sqrt{3}} = \frac{200}{\sqrt{3}} \text{ V}$$

因此利用（20.20）式，相電流為

$$I_p = \frac{P_p}{V_p \cos\theta} = \frac{200}{(200/\sqrt{3})(0.9)} = 1.925 \text{ A}$$

因在 Y-Y 系統中線電流即是相電流，所以

$$I_L = 1.925 \text{ A}$$

$\mathbf{Z}_p$ 的大小是

$$|\mathbf{Z}_p| = \frac{V_p}{I_p} = \frac{200/\sqrt{3}}{1.925} = 60\ \Omega$$

相角是功率因數角，其值為

$$\theta = \cos^{-1} 0.9 = 25.84°$$

因此相阻抗是

$$\mathbf{Z}_p = 60\underline{/25.84°}\ \Omega$$

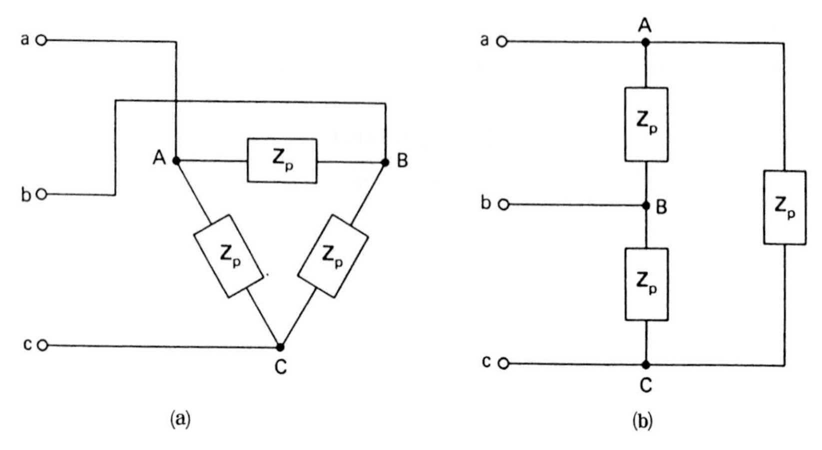

圖 20.14　Δ 接負載的兩種形式

20.4　Δ 接法的負載（*DELTA-CONNECTED LOAD*）

另一種三相負載的連接法是Δ接法。平衡Δ接負載是三相阻抗相等。例如，有 $\mathbf{Z}_p$ 相阻抗Δ接負載如圖 20.14(a)中。另一等效畫法，示於圖20.14(b)中較易畫出的圖形。

Δ接負載的優點及缺點

Δ接負載優點是元件可以在Δ中單相上很容易加上或減去，因負載直接跨於線上之故。在Y接中不能如此執行，因它含有中點。以後將會了解，供給一定功率至負載時，在Δ中相電流小於Y中的相電流。換句話說，Δ接的相電壓比Y接的相電壓為高，這是Δ接的缺點。

發電機很少接成Δ接，因每相電壓不可能完全平衡，將有淨電壓存在，在Δ中產生一環繞電流。此電流在發電機中產生不想要的熱效應。且在Y接發電機和Y負載中都有較低的相電壓，因此所需的絕緣程度較低。

因Δ接沒有中點，故Δ負載永遠是三線系統的一部份。

相電壓和相電流

由圖20.14可看出Δ接負載的線電壓與負載相電壓相同。因此有

$$V_p = V_L \tag{20.22}$$

的關係式，此式V_p和V_L為負載的相電壓和線電壓的大小。

在圖20.15中的Y-Δ系統（Y電源，Δ負載）中，若發電機的相電壓是

$$\mathbf{V}_{an} = V_g\underline{|0^\circ}$$

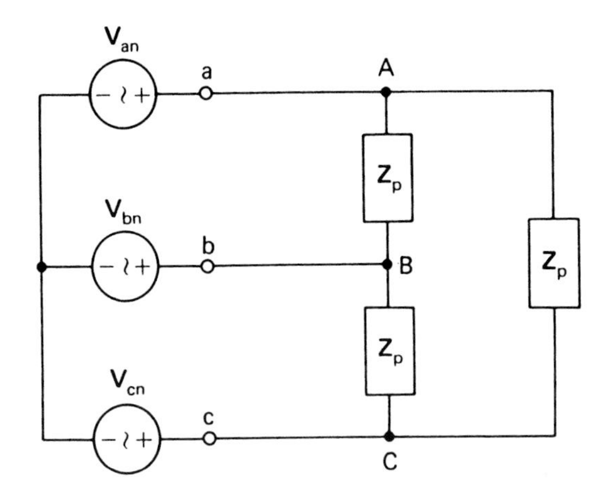

圖 20.15　Y-Δ系統

$$\mathbf{V}_{bn}=V_g\angle -120^\circ$$
$$\mathbf{V}_{cn}=V_g\angle 120^\circ \tag{20.23}$$

則線電壓，亦即負載相電壓，由（20.8）式知

$$\mathbf{V}_{ab}=\sqrt{3}\ V_g\angle 30^\circ=V_L\angle 30^\circ$$
$$\mathbf{V}_{bc}=\sqrt{3}\ V_g\angle -90^\circ=V_L\angle -90^\circ$$
$$\mathbf{V}_{ca}=\sqrt{3}\ V_g\angle 150^\circ=V_L\angle 150^\circ$$

式中

$$V_L=V_p=\sqrt{3}\ V_g \tag{20.25}$$

若圖 20.14 中的 $\mathbf{Z}_p=|\mathbf{Z}_p|\angle\theta$，則相電流是

$$\mathbf{I}_{AB}=\frac{\mathbf{V}_{ab}}{\mathbf{Z}_p}=I_p\angle 30^\circ-\theta$$
$$\mathbf{I}_{BC}=\frac{\mathbf{V}_{bc}}{\mathbf{Z}_p}=I_p\angle -90^\circ-\theta \tag{20.26}$$
$$\mathbf{I}_{CA}=\frac{\mathbf{V}_{ca}}{\mathbf{Z}_p}=I_p\angle 150^\circ-\theta$$

式中 I_p 是相電流的均方根值，其值爲

$$I_p=\frac{V_L}{|\mathbf{Z}_p|}=\frac{V_p}{|\mathbf{Z}_p|} \tag{20.27}$$

由（20.26）式可看出每相相電流都相等及有 120° 的相位差。因此形成了平衡的組合。

線電流

在圖 20.14 中線 aA 的電流是

$$\mathbf{I}_{aA}=\mathbf{I}_{AB}+\mathbf{I}_{AC}=\mathbf{I}_{AB}-\mathbf{I}_{CA}$$

減法運算可用圖解法來完成，和圖 20.8 及圖 20.9 中 Y 接線電壓情況相同。這工作示於圖 20.16 中，圖中可看出 $\mathbf{I}_{aA}$ 落後了 $\mathbf{I}_{AB}$ 30°，且它的大小 $\sqrt{3}$ 倍為 $\mathbf{I}_{aA}$。用同樣的程序至 $\mathbf{I}_{bB}$ 及 $\mathbf{I}_{cC}$（示於圖 20.16 中）而獲得線電流是

$$\begin{aligned}\mathbf{I}_{aA}&=I_L\underline{/-\theta}\\ \mathbf{I}_{bB}&=I_L\underline{/-120°-\theta}\\ \mathbf{I}_{cC}&=I_L\underline{/120°-\theta}\end{aligned} \tag{20.28}$$

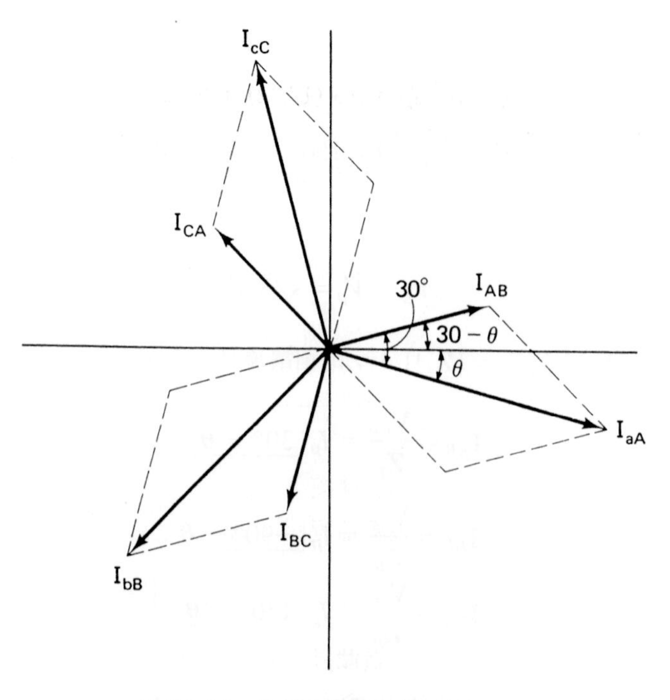

圖 20.16　對於 Δ 負載的相及線電流

式中 I_L 是線電流的大小，其值是

$$I_L=\sqrt{3}\ I_p$$

因此，線電流也形成了平衡的組合。

（20.24）式及（20.26），（20.28）式的相角是基於（20.23）式發電機的電壓上。如果把某相角加到發電機電壓的相角上，也必須在其它數值的相角加上同樣大小的相角。

例 20.4：在圖 20.15 中 Y-Δ 系統，電源電壓分別是 $\mathbf{V}_{an}=100\underline{/0°}$ 伏特，$\mathbf{V}_{bn}=100\underline{/-120°}$ 伏特，$\mathbf{V}_{cn}=100\underline{/120°}$ 伏特，及相阻抗 $\mathbf{Z}_p=10\underline{/60°}$ Ω。求線電壓、線電流，及負載電流，爲 V_L，I_L 及 I_p 大小的數值。以及供給負載的功率。

解：線電壓是

$$V_L=\sqrt{3}\,(100)=173.2\ \text{V}$$

相電流是

$$I_p=\frac{V_p}{|\mathbf{Z}_p|}=\frac{V_L}{|\mathbf{Z}_p|}=\frac{173.2}{10}=17.32\ \text{A}$$

則線電流是

$$I_L=\sqrt{3}\ I_p=\sqrt{3}\ (17.32)=30\ \text{A}$$

最後，供給負載的每相功率 P_p 是

$$P_p=V_pI_p\cos\theta$$

因 $V_p=V_L=173.2$ 伏特，$\theta=60°$（ $\mathbf{Z}_p$ 的相角 ），則有

$$P_p=(173.2)(17.32)\cos 60°=1500\ \text{W}$$

所以供給負載的功率是

$$P=3P_p=3(1500)=4500\ \text{W}=4.5\ \text{kW}$$

摘　要

線和相電壓以及線和相電流的特性摘要列於表 20.1 中。在 Y 接中線和相電流是相同，這和Δ接中線和相電壓情況相同。在 Y 接的線電壓和Δ接的線電流爲它們相之數值乘以 $\sqrt{3}$ 倍。

***Y*-Δ 轉換**

有一些三相電路的問題，如果負載是 Y 接時則較容易解答。而另一些可能負載爲Δ接較易解答。在這種情況，必須使用 Y-Δ 轉換，並以（18.5）式及（

表 20.1　三相電壓及電流的關係

負載	線電壓 V_L 及相電壓 V_P 的關係 V_p	線電流 I_L 和相電流 I_P 的關係 I_p
Y	$V_L=\sqrt{3}\ V_p$	$I_L=I_p$
Δ	$V_L=V_p$	$I_L=\sqrt{3}\ I_p$

18.7）式求得。在平衡負載的特別狀況，如果在 Y 接時相阻抗是 $\mathbf{Z}_p=\mathbf{Z}_y$ ，及在 Δ 接時 $\mathbf{Z}_p=\mathbf{Z}_\Delta$，利用（18.8）式及（18.9）式有

$$\mathbf{Z}_\Delta = 3\mathbf{Z}_y \tag{20.29}$$

的關係式。

例 20.5：求圖 20.17 中 Y-Δ 系統之線電流的大小 I_L 爲多少。

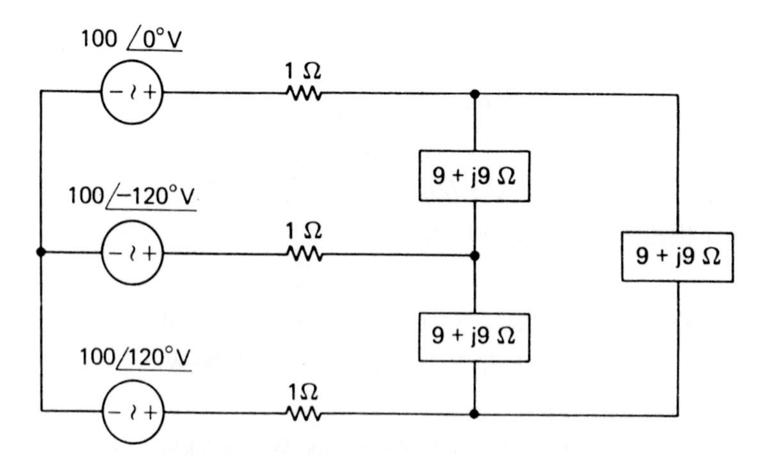

圖 20.17　在接線中具有損耗的 Y-Δ 系統

解：因接線含有 1Ω 的電阻，必須計算線上電壓的數值，此值可藉求電源電壓和線電流爲項目的負載電流而求得。但另一更容易的方法，是把 Δ 負載轉換至等效 Y 負載，再把 Y 阻抗和線上阻抗結合在一起。因此，我們注意由（20.29）式中知 $\mathbf{Z}_y=\mathbf{Z}_\Delta/3$ ，而 $\mathbf{Z}_\Delta=9+j9\,\Omega$ 是 Δ 的相阻抗，因此，有

$$\mathbf{Z}_y=\frac{9+j9}{3}=3+j3\ \Omega$$

的結果，而爲圖 20.18 中的等效 Y-Y 系統。

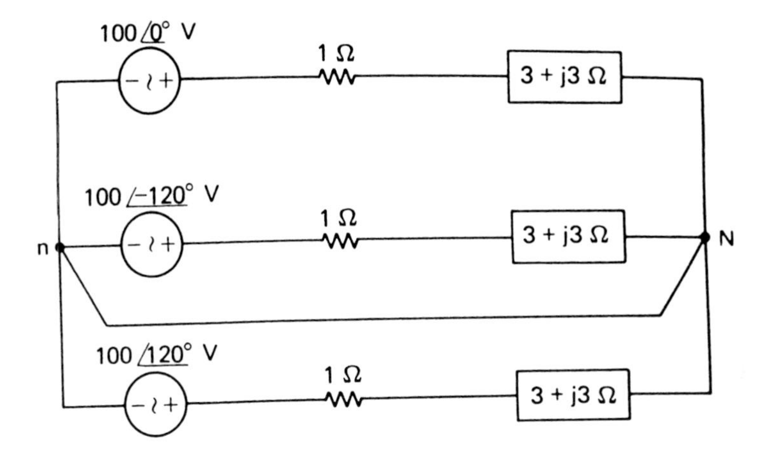

圖 20.18　圖 20.17 的 Y-Y 等效

把 1 Ω 和 $3+j3$ Ω 串聯阻抗組合在一起，等效阻抗

$$\mathbf{Z}_p = 4 + j3$$

$$= 5\underline{|36.9°}\ \Omega$$

亦增加一條中線 nN 在圖上，且不影響任何電流和電壓的數值（因中線沒有電流通過）。因此，在“單相”基準之上，線電流是

$$I_L = \frac{100}{|\mathbf{Z}_p|} = \frac{100}{5} = 20\ \mathrm{A}$$

求功率的一般方法

不管負載是 Y 接或 Δ 接，我們具有的總功率是

$$P = 3P_p = 3V_pI_p\cos\theta \tag{20.30}$$

在 Y 接時，$V_p = V_L/\sqrt{3}$ 及 $I_p = I_L$，及在 Δ 接時有 $V_p = V_L$ 及 $I_p = I_L/\sqrt{3}$ 的結果。在任一種情況（20.30）式都變成

$$P = 3\frac{V_LI_L}{\sqrt{3}}\cos\theta$$

或

$$P = \sqrt{3}\ V_LI_L\cos\theta \tag{20.31}$$

例 20.6：有一 Δ 接負載具有 $V_L = 250$ 伏特及 $\mathbf{Z}_p = 100\angle 36.9^\circ\ \Omega$，以兩種不同的方式求供給負載的功率。

解：相電流是

$$I_p = \frac{V_L}{|\mathbf{Z}_p|} = \frac{250}{100} = 2.5\ \text{A}$$

相電壓是

$$V_p = V_L = 250\ \text{V}$$

因 $\cos\theta = \cos 36.9^\circ = 0.8$，利用（20.30）式我們有

$$\begin{aligned} P &= 3V_pI_p\cos\theta \\ &= 3(250)(2.5)(0.8) \\ &= 1500\ \text{W} \end{aligned}$$

而線電流是

$$I_L = \sqrt{3}\,I_p = 2.5\sqrt{3}\ \text{A}$$

因此，應用（20.31）式，功率是

$$\begin{aligned} P &= \sqrt{3}\,V_LI_L\cos\theta \\ &= \sqrt{3}\,(250)(2.5\sqrt{3})(0.8) \\ &= 1500\ \text{W} \end{aligned}$$

20.5 功率的測量（*POWER MEASUREMENT*）

爲了測量三相負載的功率，可用一瓦特表來測量每相的功率，如圖20.19中 Y 接之測量方法。每一瓦特表電流線圈與負載的一相串聯，而電壓線圈是跨於相負載上。如果僅使用線 a，b 及 c 來測量更爲方便，因爲要與中點 N 接觸十分困難（當然，在 Δ 接的情況沒有中點存在）。

兩個瓦特表的測量方法

在測量三相的總功率，如僅考慮線電壓是可能的。實際上，此種方法是十分吸引人的，因僅需兩個瓦特表就能取代圖20.19中使用三個來測量的方法。這種方法常用於 Y 和 Δ 接負載兩者之上，負載可以是平衡或不平衡負載都可以。

爲了說明這種方法，考慮圖20.20中的三相負載，在圖中有三個瓦特表，每一個電流圈是接於線上，及它們的電壓圈位於線與共同點 x 之間。瓦特表讀值的和是 P，它是下式瞬時功率 P 的平均值

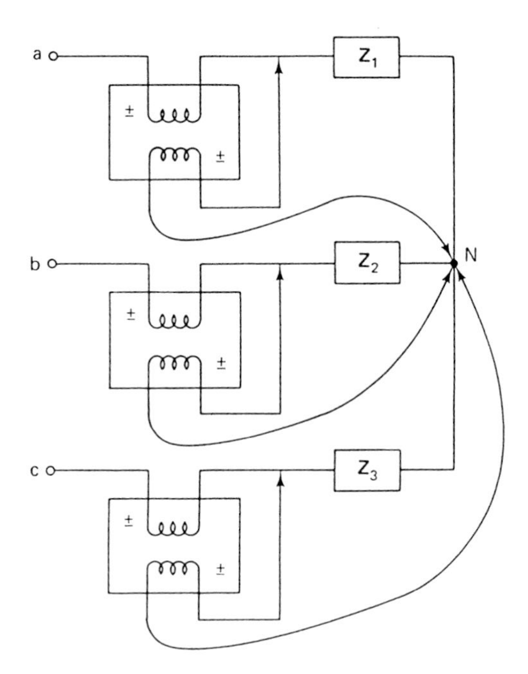

圖 20.19　使用三個瓦特表來測量功率

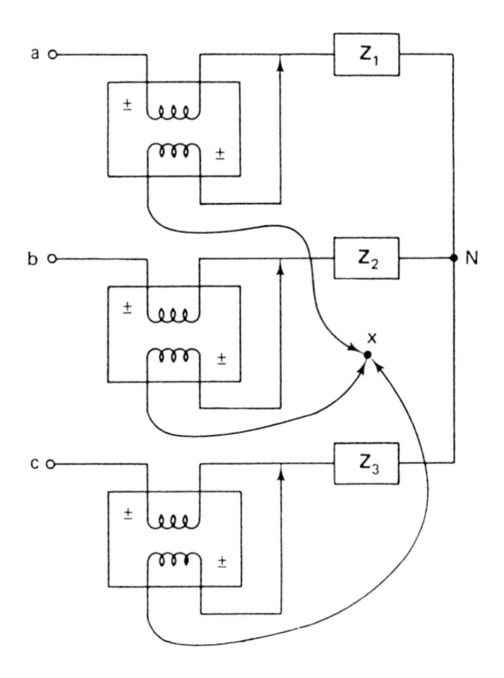

圖 20.20　連接至一共同點的三個瓦特表

$$p = i_{aN}v_{ax} + i_{bN}v_{bx} + i_{cN}v_{cx} \tag{20.32}$$

採用雙下標表示法可以寫出

$$v_{ax} = v_{aN} + v_{Nx}$$

$$v_{bx} = v_{bN} + v_{Nx}$$

$$v_{cx} = v_{cN} + v_{Nx}$$

的關係式，代入（20.32）式中得

$$p = i_{aN}(v_{aN} + v_{Nx}) + i_{bN}(v_{bN} + v_{Nx}) + i_{cN}(v_{cN} + v_{Nx})$$

重新整理等號右邊的式子有

$$\begin{aligned} p = {} & i_{aN}v_{aN} + i_{bN}v_{bN} + i_{cN}v_{cN} \\ & + v_{Nx}(i_{aN} + i_{bN} + i_{cN}) \end{aligned} \tag{20.33}$$

的結果。然而利用 KCL 有

$$i_{aN} + i_{bN} + i_{cN} = 0$$

所以（20.33）式變成

$$p = i_{aN}v_{aN} + i_{bN}v_{bN} + i_{cN}v_{cN} \tag{20.34}$$

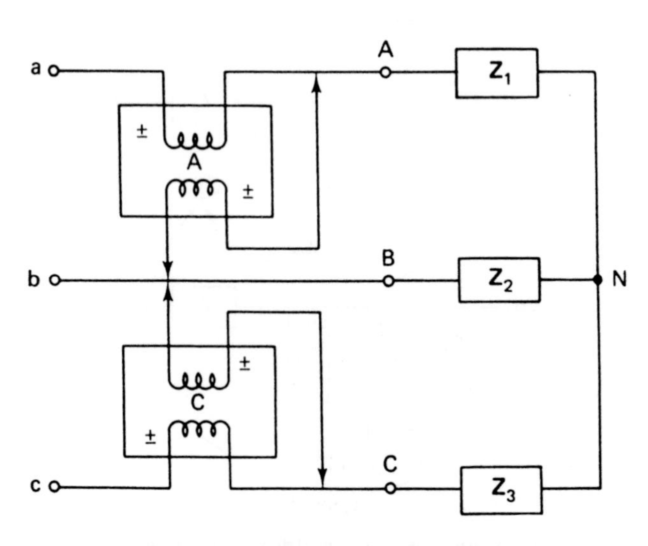

圖 20.21　兩瓦特表讀出總負載功率

在（20.34）式中等號右邊的三項是供給三個負載的瞬時功率。p 是總瞬時功率而它的平均功率 P 是總三相負載功率。因此不論 x 點位於何處，三個瓦特表讀值之代數和是供給負載的總平均功率。

因在圖20.20中 x 點是任意的，可以置它於任一線上，則電流圈在此線上的電表讀值將是零，這是因電壓圈的電壓是零之故。因此負載總功率是由其它兩個瓦特表來測量，而讀值為零的瓦特表可移去。例如，x 點位於圖20.21中線 b 上，則總負載功率是

$$P = P_A + P_C$$

式中 P_A 和 P_C 分別是瓦特表 A 和 C 的讀值。另外有其它兩種以兩瓦特表獲得 P 值的方法。一為把 x 點置於線 a 上，而另一是置於線 C 上。

例 20.7：在圖20.21中線電壓是

$$\mathbf{V}_{ab} = 100\sqrt{3}\underline{/0^\circ}\ \text{V}$$

$$\mathbf{V}_{bc} = 100\sqrt{3}\underline{/-120^\circ}\ \text{V}$$

$$\mathbf{V}_{ca} = 100\sqrt{3}\underline{/120^\circ}\ \text{V}$$

及相阻抗是

$$\mathbf{Z}_1 = \mathbf{Z}_2 = \mathbf{Z}_3 = 10 + j10 = 10\sqrt{2}\underline{/45^\circ}\ \Omega$$

求瓦特表讀值 P_A 及 P_C，及供給負載的功率。

解：相電壓 V_{AN} 可以從線電壓 V_{ab} 而求得。因 V_{AN} 落後 V_{ab} 30° 及大小為 $V_p = V_L / \sqrt{3} = 100$ 伏特，則有

$$\mathbf{V}_{AN} = 100\underline{/-30^\circ}\ \text{V}$$

因此，其它相電壓是

$$\mathbf{V}_{BN} = 100\underline{/-150^\circ}\ \text{V}$$

$$\mathbf{V}_{CN} = 100\underline{/-270^\circ}\ \text{V}$$

而線電流 $\mathbf{I}_{aA}$ 是

$$\mathbf{I}_{aA} = \frac{\mathbf{V}_{AN}}{\mathbf{Z}_1} = \frac{100\underline{/-30^\circ}}{10\sqrt{2}\underline{/45^\circ}} = 5\sqrt{2}\underline{/-75^\circ}\ \text{A}$$

因此，其它線電流是

$$\mathbf{I}_{bB} = 5\sqrt{2}\underline{/-195^\circ}\ \text{A}$$

$$\mathbf{I}_{cC} = 5\sqrt{2}\underline{/-315^\circ}\ \text{A} = 5\sqrt{2}\underline{/45^\circ}\ \text{A}$$

電表的讀值是

$$P_A = |\mathbf{V}_{ab}| \cdot |\mathbf{I}_{aA}| \cos(\text{ang } \mathbf{V}_{ab} - \text{ang } \mathbf{I}_{aA}) \quad (20.35)$$

及

$$P_C = |\mathbf{V}_{cb}| \cdot |\mathbf{I}_{cC}| \cos(\text{ang } \mathbf{V}_{cb} - \text{ang } \mathbf{I}_{cC}) \quad (20.36)$$

電壓$\mathbf{V}_{cb}$所給的是

$$\begin{aligned} \mathbf{V}_{cb} &= -\mathbf{V}_{bc} = -100\sqrt{3}\angle -120^\circ \\ &= 100\sqrt{3}\angle -120^\circ + 180^\circ \\ &= 100\sqrt{3}\angle 60^\circ \text{ V} \end{aligned}$$

因此，由（20.35）式及（20.36）式可得

$$\begin{aligned} P_A &= (100\sqrt{3})(5\sqrt{2}) \cos(0 + 75^\circ) \\ &= 317 \text{ W} \end{aligned}$$

及

$$\begin{aligned} P_C &= (100\sqrt{3})(5\sqrt{2}) \cos(60^\circ - 45^\circ) \\ &= 1183 \text{ W} \end{aligned}$$

因此，總功率是

$$P = P_A + P_C = 317 + 1183 = 1500 \text{ W}$$

做一驗證的工作，供給 a 相的功率是

$$\begin{aligned} P_P &= |\mathbf{V}_{AN}| \cdot |\mathbf{I}_{aA}| \cos(\text{ang } \mathbf{V}_{AN} - \text{ang } \mathbf{I}_{aA}) \\ &= (100)(5\sqrt{2}) \cos(-30^\circ + 75^\circ) \\ &= 500 \text{ W} \end{aligned}$$

系統是一平衡系統，所以總功率是

$$P = 3P_p = 1500 \text{ W}$$

20.6 不平衡之負載（*UNBALANCED LOADS*）

如果有三相負載是不平衡（不相等的相阻抗），則前述簡單求解程序不能適用。而此處有一求解捷徑的方法可使用於不平衡負載，此方法稱爲對稱性的元件法，而此種方法需在三相電路更高等的論述中再作討論。但我們將使用原來分析法，並分析不平衡電路和分析任何其它電路的同樣方法來作分析。畢竟三相電路仍然是電路，而應用電路中我們已使用的分析法仍是適用的。

例 20.8：求圖 20.22 中不平衡三相電路的線電流 $\mathbf{I}_{aA}$，$\mathbf{I}_{bB}$及 $\mathbf{I}_{cC}$。

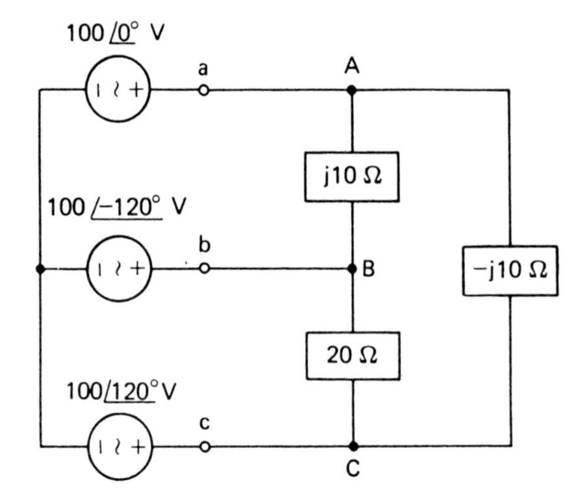

圖 20.22　不平衡三相網路

解：因負載是Δ接，可把線電壓除以相阻抗求得相電流，再用 KCL 求得線電流。

利用(20.8)式線電壓是

$$\begin{aligned} \mathbf{V}_{ab} &= 100\sqrt{3}\underline{/30^\circ}\ \text{V} \\ \mathbf{V}_{bc} &= 100\sqrt{3}\underline{/-90^\circ}\ \text{V} \\ \mathbf{V}_{ca} &= 100\sqrt{3}\underline{/150^\circ}\ \text{V} \end{aligned} \tag{20.37}$$

因此，使用歐姆定律可知相電流是

$$\mathbf{I}_{AB} = \frac{\mathbf{V}_{ab}}{j10} = \frac{100\sqrt{3}\underline{/30^\circ}}{10\underline{/90^\circ}} = 10\sqrt{3}\underline{/-60^\circ}\ \text{A}$$

$$\mathbf{I}_{BC} = \frac{\mathbf{V}_{bc}}{20} = \frac{100\sqrt{3}\underline{/-90^\circ}}{20} = 5\sqrt{3}\underline{/-90^\circ}\ \text{A}$$

$$\mathbf{I}_{CA} = \frac{\mathbf{V}_{ca}}{-j10} = \frac{100\sqrt{3}\underline{/150^\circ}}{10\underline{/-90^\circ}} = 10\sqrt{3}\underline{/240^\circ}\ \text{A}$$

這些相電流的直角座標爲

$$\mathbf{I}_{AB} = 10\sqrt{3}\,[\cos(-60^\circ) + j\sin(-60^\circ)] = 8.66 - j15\ \text{A}$$

$$\mathbf{I}_{BC} = 5\sqrt{3}\,[\cos(-90^\circ) + j\sin(-90^\circ)] = -j8.66\ \text{A}$$

$$\mathbf{I}_{CA} = 10\sqrt{3}\,(\cos 240^\circ + j\sin 240^\circ) = -8.66 - j15\ \text{A}$$

最後，利用 KCL 得線電流爲

$$\mathbf{I}_{aA}=\mathbf{I}_{AB}+\mathbf{I}_{AC}=\mathbf{I}_{AB}-\mathbf{I}_{CA}$$
$$=8.66-j15-(-8.66-j15)$$
$$=17.32\text{ A}$$
$$\mathbf{I}_{bB}=\mathbf{I}_{BA}+\mathbf{I}_{BC}=-\mathbf{I}_{AB}+\mathbf{I}_{BC}$$
$$=-(8.66-j15)-j8.66$$
$$=-8.66+j6.34\text{ A}$$
$$\mathbf{I}_{cC}=\mathbf{I}_{CB}+\mathbf{I}_{CA}=-\mathbf{I}_{BC}+\mathbf{I}_{CA}$$
$$=-(-j8.66)-8.66-j15$$
$$=-8.66-j6.34\text{ A}$$

做一個驗證，看線電流之和是

$$\mathbf{I}_{aA}+\mathbf{I}_{bB}+\mathbf{I}_{cC}=17.32-8.66+j6.34-8.66-j6.34$$
$$=0$$

由這結果可知所求電流爲正確的。

Y-Δ轉換的使用

如果負載是Y接，可應用Y-Δ轉換成等效Δ接負載。且如果在接線上有阻抗，則在轉換之前，將線阻抗和Y接負載阻抗先組合在一起。

20.7 摘　要（*SUMMARY*）

一平衡三相發電機是等效於三個單相發電機，每一單相發電機產生一正弦函數的電壓。三個電壓除相差 120° 相位外完全相同。最常用電源是Y接，此電源三個單相發電機接成Y形。此時電壓爲一平衡組合。

三個負載連接成Y形或Δ形而組成三相負載。若三負載完全相同，則電流亦將是平衡的組合，此時爲平衡Y-Y系統，或是平衡Y-Δ系統。除從電源連接到負載的三相外，Y-Y系統中尙有連接負載和電源中點的中性線。

一平衡系統中線電壓是電源電壓的$\sqrt{3}$倍。在Y負載中線電流和相電流一樣。而在Δ接負載中線電流是相電流的$\sqrt{3}$倍。Δ接中相電壓和線電壓相同，但在Y接中線電壓是相電壓的$\sqrt{3}$倍。

在不平衡負載中，電路可採用本來分析電路的方法來分析，而在含有完全導線下使用Y-Δ轉換得等效Δ負載，此時線和相電流可應用歐姆定律和克希荷夫定律求得。

三個瓦特表可測量三相負載功率。但如適確的接法，僅用兩瓦特表就足夠，電表代數和就是總三相功率。

練習題

20.1-1　已知電壓為 $\mathbf{V}_{an}=10+j6$ 伏特，$\mathbf{V}_{bn}=20-j8$ 伏特，應用雙下標法求(a) $\mathbf{V}_{ab}$ 及(b) $\mathbf{V}_{na}+\mathbf{V}_{nb}$。

答：(a) $-10+j14$ 伏特，(b) $-30+j2$ 伏特。

20.1-2　若跨於元件 a，b 端電壓是 $\mathbf{V}_{ab}=20\angle 0^\circ$ 伏特，求電流 $\mathbf{I}_{ab}$ 及 $\mathbf{I}_{ba}$，如果元件分別是(a) 10 Ω電阻器及(b) $j5$ Ω電感器。

答：(a) 2 A，-2 A，(b) $-j4$ A，$j4$ A。

20.1-3　在（20.3）式中如 $V_p=100$ 伏特，求(a) $\mathbf{V}_{A'A}+\mathbf{V}_{B'B}$ 及(b) $\mathbf{V}_{A'A}+\mathbf{V}_{BB'}$。

答：(a) $100\angle -60^\circ$ 伏特，(b) $100\sqrt{3}\angle 30^\circ$ 伏特。

20.2-1　在平衡，正相序 Y 接電源中若 $\mathbf{V}_{an}=200\angle 0^\circ$ 伏特，求相電壓 $\mathbf{V}_{bn}$ 及 $\mathbf{V}_{cn}$。

答：$200\angle -120^\circ$ 伏特，$200\angle 120^\circ$ 伏特。

20.2-2　求練習題 20.2-1 電源之線電壓 $\mathbf{V}_{ab}$，$\mathbf{V}_{bc}$ 及 $\mathbf{V}_{ca}$。

答：$200\sqrt{3}\angle 30^\circ$ 伏特，$200\sqrt{3}\angle -90^\circ$ 伏特，$200\sqrt{3}\angle 150^\circ$ 伏特。

20.2-3　如在正相序 Y 接電源中 $\mathbf{V}_{ab}=50\sqrt{3}\angle 70^\circ$ 伏特，求相電壓 $\mathbf{V}_{an}$，$\mathbf{V}_{bn}$ 及 $\mathbf{V}_{cn}$。

答：$50\angle 40^\circ$ 伏特，$50\angle -80^\circ$ 伏特，$50\angle 160^\circ$ 伏特。

20.3-1　有一平衡 Y-Y 系統的 $\mathbf{V}_{an}=100\angle 0^\circ$ 伏特，相阻抗 $\mathbf{Z}_p=7+j6\,\Omega$，及線阻抗 $\mathbf{Z}_L=1\angle 0^\circ\,\Omega$。求線電流 I_L 及電源所供給的總功率。

答：10 A，2.4 kW。

20.3-2　在練習題 20.3-1 中求三相負載所吸收的功率。

答：2.1 kW。

20.3-3　在圖 20.10 中，線電流形成以 $\mathbf{I}_{aA}=5\angle 0^\circ$ 安培的平衡組合。若 $\mathbf{Z}_p=2\angle 30^\circ\,\Omega$，求線電壓 $\mathbf{V}_{ab}$，$\mathbf{V}_{bc}$ 及 $\mathbf{V}_{ca}$，及供給三相負載的功率。（相序是 abc）

答：$10\sqrt{3}\angle 60^\circ$ 伏特，$10\sqrt{3}\angle -60^\circ$ 伏特，$10\sqrt{3}\angle 180^\circ$ 伏特，129.9 瓦特。

20.4-1　在圖 20.15 中，已知 $\mathbf{V}_{an}=200\angle 0^\circ$ 伏特及 $\mathbf{Z}_p=30+j40\,\Omega$。求相

電流 I_p，線電流 I_L，及供給三相負載的功率爲多少。

答：$4\sqrt{3}$ A，12 A，4.32 kW。

20.4-2　有一平衡Δ接負載具有 $\mathbf{Z}_p = 24 + j\,18\,\Omega$ 及 200 伏特的線電壓。如果線是完全導體，求供給三相負載的功率爲多少。

答：3.2 kW。

20.4-3　解練習題 20.4-2 的問題，如果線含有 4 Ω 電阻。（假設線電壓是位於發電機的尾端）

答：$\dfrac{16}{9}$ kW。

20.5-1　在圖20.19中，令 $\mathbf{Z}_1 = \mathbf{Z}_2 = \mathbf{Z}_3 = 10\underline{/30^\circ}\ \Omega$，以及令線電壓爲

$\mathbf{V}_{ab} = 200\underline{/0^\circ}$ V

$\mathbf{V}_{bc} = 200\underline{/-120^\circ}$ V

$\mathbf{V}_{ca} = 200\underline{/120^\circ}$ V

求每一瓦特表的讀值。

答：$\dfrac{2}{\sqrt{3}} = 1.155$ kW。

20.5-2　如果練習題20.5-1中功率是以圖 20.21 中兩個瓦特表 A 和 C 來測量，求 P_A 和 P_C 的讀值以及總功率 P。

答：$\dfrac{2}{\sqrt{3}} = 1.155$ kW，$\dfrac{4}{\sqrt{3}} = 2.31$ kW，$\dfrac{6}{\sqrt{3}} = 3.465$ kW。

20.6-1　求下圖線電流 $\mathbf{I}_{aA}$，$\mathbf{I}_{bB}$ 及 $\mathbf{I}_{cC}$。

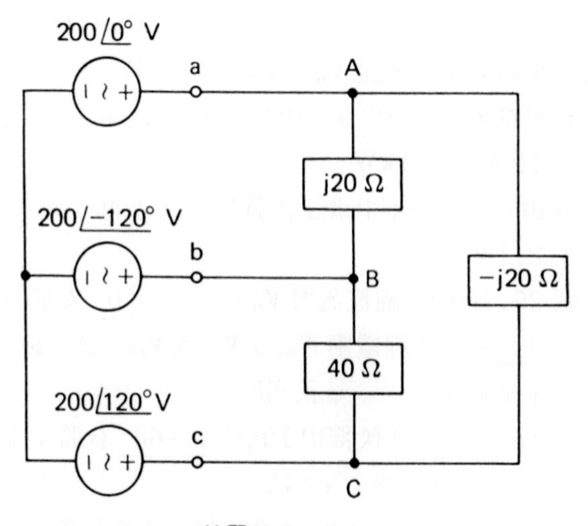

練習題 20.6-1

答：$17.32\angle 0^\circ$ A，$10.73\angle 143.8^\circ$ A，$10.73\angle -143.8^\circ$ A。

習　題

20.1　在圖 20.10 中，發電機的電壓是
$\mathbf{V}_{an}=200\angle 0^\circ$ 伏特
$\mathbf{V}_{bn}=200\angle -120^\circ$ 伏特
$\mathbf{V}_{cn}=200\angle 120^\circ$ 伏特
及相阻抗是 $\mathbf{Z}_p=10\angle 60^\circ\ \Omega$。求線電流 I_L 及供給三相負載的功率。

20.2　在圖 20.10 中線電流以 $\mathbf{I}_{an}=10\angle 0^\circ$ 安培而形成平衡正相序的組合。如果 $\mathbf{Z}_p=\sqrt{3}\angle 30^\circ\ \Omega$，求線電壓及供給三相負載的功率。

20.3　一平衡 Y 接負載具有 240 伏特線電壓及 $4\angle 60^\circ\ \Omega$ 的相阻抗。求供給負載的總功率。

20.4　重覆習題 20.3 的問題，如果負載是 Δ 接及相阻抗是 $12\angle 60^\circ\ \Omega$。

20.5　在圖 20.10 中電源以 $\mathbf{V}_{an}=100\angle 0^\circ$ 伏特爲準的正相序電源，及 $\mathbf{Z}_p=10\angle 30^\circ\ \Omega$，求線電壓 V_L，線電流 I_L，及供給負載的功率。

20.6　重覆習題 20.5 的問題，如果負載阻抗是 $\mathbf{Z}_p=6+j8\ \Omega$。

20.7　有平衡 Y-Y 三線，正相序系統具有 $\mathbf{V}_{an}=200\angle 0^\circ$ 伏特電壓及 $\mathbf{Z}_p=3-j4\ \Omega$。每一導線有 1 Ω 電阻。求線電流 I_L 及供給負載的功率。

20.8　有平衡三相 Y 接負載，在 0.8 落後功率因數下取用 6 kW 功率。若線電壓是平衡的 200 伏特組合，求線電流 I_L。

20.9　在圖 20.10 中，電源爲平衡且是正相序及 $\mathbf{V}_{an}=100\angle 0^\circ$ 伏特。如果在 $F_p=0.8$ 落後下電源供給 2.4 kW 的功率，求 $\mathbf{Z}_p$。

20.10　重覆習題 20.9 的問題，若負載是平衡的 Δ 接負載。

20.11　重覆習題 20.10 的問題，若每一導線包含 1 Ω 電阻。

20.12　在圖 20.15 中 Y-Δ 系統，電源是以 $\mathbf{V}_{an}=200\angle 0^\circ$ 伏特爲準正相序電源，相阻抗 $\mathbf{Z}_p=4+j3\ \Omega$，求線電壓 V_L，線電流 I_L，及供給負載的功率。

20.13　在圖 20.15 中 Y-Δ 系統具有 $\mathbf{V}_{an}=120\angle 0^\circ$ 伏特的電壓，且是正相序，$\mathbf{Z}_p=6-j9\ \Omega$，及線中有 1 Ω 的電阻。求供給負載的功率。

20.14　在圖 20.15 中系統電源是正相序，$\mathbf{V}_{ab}=200\angle 0^\circ$ 伏特，及 $F_p=0.8$ 落後下供給負載功率是 4800 瓦特。求相電流。

20.15　有一平衡 Δ 接負載含有 $\mathbf{Z}_p=12+j9\ \Omega$ 及線電壓 $V_L=225$ 伏特。求供給負載的功率。

20.16 解習題 20.15 的問題，若電壓 V_L 是在發電機的尾端，且線上具有 2 Ω的電阻。

20.17 在圖 20.21 中線電壓以 $\mathbf{V}_{ab}=100\angle 0^\circ$ 伏特爲準而形成平衡正相序組合，及 $\mathbf{Z}_1=\mathbf{Z}_2=\mathbf{Z}_3=6+j8\,\Omega$，求瓦特表讀值 P_A 和 P_C，及供給負載的功率。

20.18 重覆習題 20.17 的問題，若阻抗是 $\mathbf{Z}_1=\mathbf{Z}_2=\mathbf{Z}_3=10\angle 30^\circ\,\Omega$。

20.19 重覆習題 20.17 的問題，若阻抗是 $\mathbf{Z}_1=\mathbf{Z}_2=\mathbf{Z}_3=10\angle 60^\circ\,\Omega$。注意此時，瓦特表 C 的讀值是總功率。

20.20 若線電壓以 $\mathbf{V}_{ab}=100\angle 0^\circ$ 伏特爲準而形成平衡正相序之組合，及 $\mathbf{Z}_p=6+j8\,\Omega$，求瓦特表 P_A 和 P_B 之讀值，及供給負載的總功率。（注意：此時把圖20.20中的 x 點置於 C 線上）

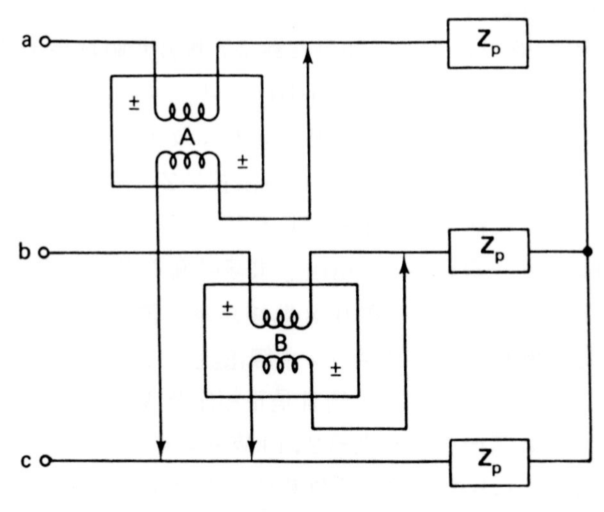

習題 20.20

20.21 有平衡三相以 $\mathbf{V}_{ab}=200\angle 0^\circ$ 伏特爲準的正相序電源，供給 $\mathbf{Z}_{AB}=50\,\Omega$，$\mathbf{Z}_{BC}=20+j20\,\Omega$，及 $\mathbf{Z}_{CA}=30-j40\,\Omega$ 的 Δ 接負載。求線電流。

第21章

變壓器

在第十四章討論電感時，在線圈中變化的電流產生變化的磁場，而此變化磁場在線圈中產生一電壓。如果兩個以上線圈靠得足夠近而有共同的磁場，這是互相耦合(matually coupled)。在這情況下，在一線圈有變化的電流，將會產生變化的磁通而使所有線圈產生電壓。

如第十四章中所了解，電感 L 是測量線圈中由變化電流所感應產生電壓的能力。同樣的，一線圈由另一線圈電流所感應產生電壓的能力，稱爲互感(mutual inductance)，互感存在線圈中。爲了區別，稱 L 爲本身的自感，自感是取決於線圈的匝數，磁芯的導磁係數，以及外形(線圈的長度和截面積)。而互感則決定線圈互相耦合這些性質，及這些線圈彼此靠近的程度和彼此間的方向。

兩個或兩個以上互相耦合線圈繞在單結構或芯上，稱爲變壓器(transformer)。最通用變壓器的型式爲具有兩個線圈，它是用來使另一線圈產生較高或較低的電壓。且爲不同的應用設計各種不同的大小和外形。可小到如阿斯匹靈藥片一樣大小，用於收音機、電視機，及音響中。而設計用於 60 Hz 電力系統的變壓器可比汽車的體積還大，此大變壓器如圖 1.2 中。而較小的變壓器如圖 21.1 及圖 21.2 中。

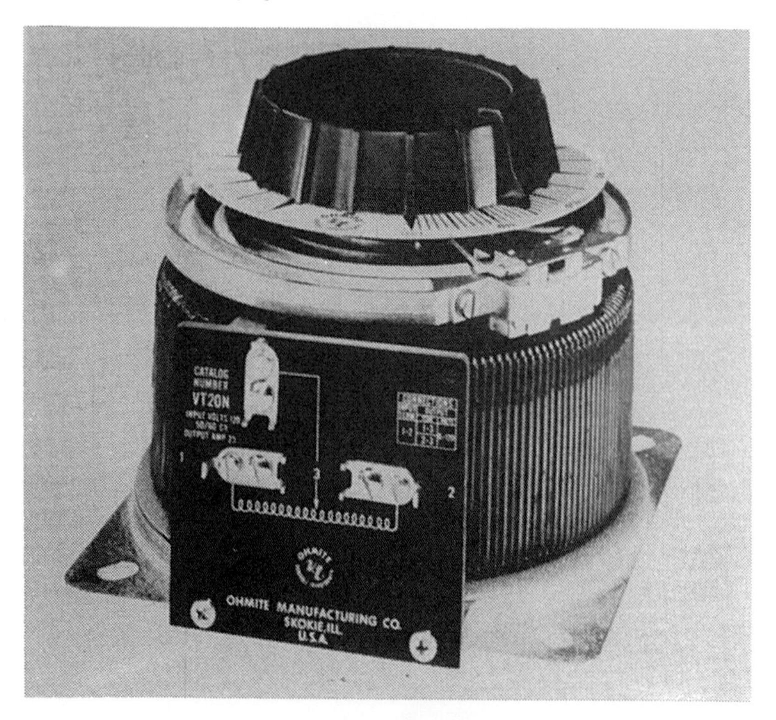

圖 21.1　可變變壓器

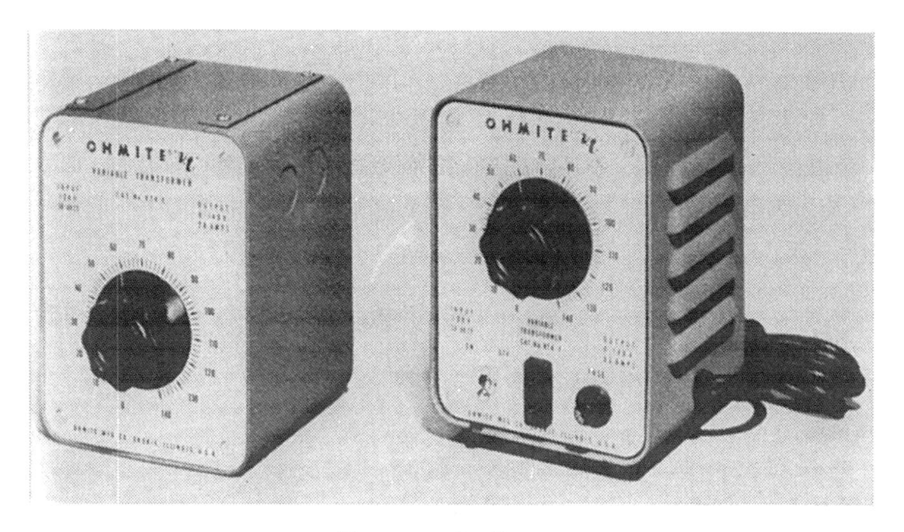

圖 21.2　手提變壓器

本章中將定義互感及了解互相耦合的線圈或變壓器如何昇壓或降壓。最後將討論它的等效電路，用來代表電路中的變壓器，而使更容易分析電路。

21.1　互　感（*MUTUAL INDUCTANCE*）

在十四章中已了解，有N匝線圈的磁通交鏈$N\phi$，與產生磁通ϕ的電流i關係式為

$$N\phi = Li \tag{21.1}$$

式中線圈電感L的單位為亨利。現在討論當有N_1匝帶有電流i_1的線圈置於另一有N_2匝的線圈附近會發生什麼現象。如圖 21.3 所示。

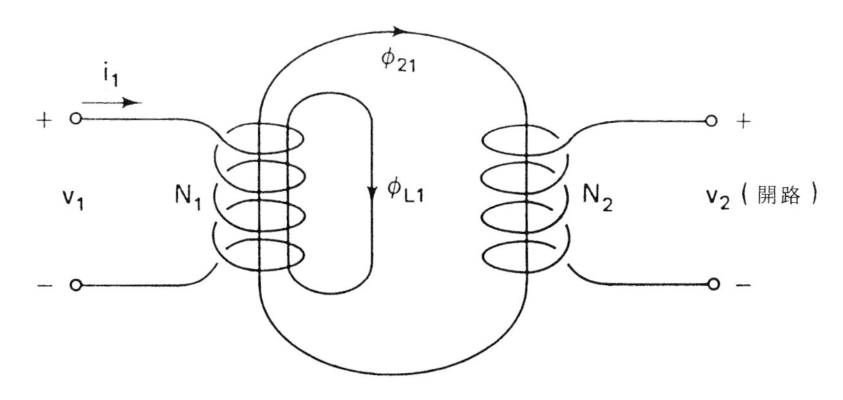

圖 21.3　相互耦合的線圈

互磁通與漏磁通

由電流 i_1 所產生的磁通以 ϕ_{11} 表示。而圖中 ϕ_{21} 交鏈至另一線圈，稱爲互磁通。而剩下的磁通如圖所示的 ϕ_{L1}，稱爲漏磁通(leakage flux)，因它不位於兩線圈間的路徑或磁芯之中。因此 ϕ_{21} 是交鏈到第二個線圈的磁通，而是由第一個線圈電流產生的。另 ϕ_{L1} 是第一個線圈電流所產生的漏磁通。它們的和是

$$\phi_{11} = \phi_{21} + \phi_{L1} \tag{21.2}$$

這是第一個線圈電流產生的總磁通。

感應電壓

若圖 21.3 中第二個線圈是開路，將沒有電流流通，但變化的交鏈磁通 ϕ_{21} 將會感應一電壓 v_2，且 v_2 由第一個線圈電流 i_1 產生的。而 i_1 亦感應一電壓 v_1 在第一個線圈上。令 L_1 是第一個線圈的電感，利用(21.1)式磁通鏈是

$$N_1\phi_{11} = L_1 i_1 \tag{21.3}$$

而第二個線圈的磁通鏈 $N_2\phi_{21}$，正比於 i_1。因此

$$N_2\phi_{21} = M i_1 \tag{21.4}$$

式中 M 是比例常數。

由法拉第定律知感應電壓是 $N\phi$ 的變化率，由圖 21.3 及(21.3)式和(21.4)式可知線圈的感應電壓是

$$v_1 = L_1 \frac{di_1}{dt} \tag{21.5}$$

及

$$v_2 = M \frac{di_1}{dt} \tag{21.6}$$

如果線圈電流是定值，如直流，則變化率爲零。因此本身線圈及鄰近線圈上沒有感應電壓。

自感和互感

由(21.5)及(21.6)式知 L_1 和 M 是同單位，都是電感的型式。爲了區分，L_1 稱爲第一個線圈的自感，而 M 稱爲線圈間的互感。

變壓器的動作

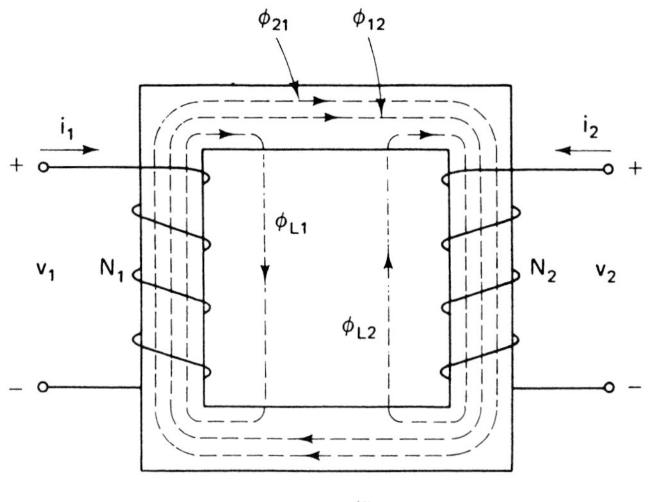

圖 21.4　變壓器

現在考慮兩線圈都有變化電流的情況。此範例如圖 21.4 的變壓器，由兩互相耦合的線圈繞在共同磁芯上而組成的。左邊線圈稱為初級繞組(primary winding)，或線圈 1，右邊則為次級繞組(secondary winding)或線圈 2。因此初圈含有 N_1 匝線圈，電壓 v_1 及電流 i_1。次圈具有 N_2 匝，電壓 v_2 及電流 i_2。

電流 i_1 產生磁通 ϕ_{11}，此磁通是

$$\phi_{11} = \phi_{21} + \phi_{L1} \tag{21.7}$$

及由 i_2 產生的磁通 ϕ_{22} 是

$$\phi_{22} = \phi_{12} + \phi_{L2} \tag{21.8}$$

式中 ϕ_{21} 和 ϕ_{12} 交鏈兩個線圈，及 ϕ_{L1} 和 ϕ_{L2} 是漏磁通。由圖 21.4 中可知線圈 1 的總磁通 ϕ_1 是

$$\phi_1 = \phi_{21} + \phi_{L1} + \phi_{12}$$

由(21.7)式，上式是

$$\phi_1 = \phi_{11} + \phi_{12}$$

因此，鏈磁通是

$$N_1\phi_1 = N_1\phi_{11} + N_1\phi_{12} \tag{21.9}$$

式中第一項$N_1\phi_{11}$是電流 i_1所產生，其關係為

$$N_1\phi_{11} = L_1 i_1 \tag{21.10}$$

其 L_1是線圈 1 的自感。第二項$N_1\phi_{12}$是由 i_2所產生，其關係是

$$N_1\phi_{12} = Mi_2 \tag{21.11}$$

式中M是兩線圈間的互感。因此（21.9）式可寫為

$$N_1\phi_1 = L_1 i_1 + Mi_2 \tag{21.12}$$

由圖 21.4 可知線圈 2 的總磁通 ϕ_2，是

$$\phi_2 = \phi_{21} + \phi_{12} + \phi_{L2}$$

使用（21.8）式可寫出它的鏈磁通是

$$\begin{aligned} N_2\phi_2 &= N_2(\phi_{21} + \phi_{12} + \phi_{L2}) \\ &= N_2(\phi_{21} + \phi_{22}) \\ &= N_2\phi_{21} + N_2\phi_{22} \end{aligned} \tag{21.13}$$

式中第二項$N_2\phi_{22}$是 i_2所產生，其關係是

$$N_2\phi_{22} = L_2 i_2 \tag{21.14}$$

L_2是線圈 2 的自感。另一項$N_2\phi_{21}$是 i_1所產生，其關係是

$$N_2\phi_{21} = Mi_1 \tag{21.15}$$

式中M是互感。因此（21.13）式可改寫成

$$N_2\phi_2 = Mi_1 + L_2 i_2 \tag{21.16}$$

變壓器的電壓

由法拉第定律知圖 21.4 中跨於線圈 1 電壓 v_1是（21.12）式磁通鏈$N_1\phi_1$的變化率。同樣 v_2是（21.16）式磁通鏈$N_2\phi_2$的變化率。由此結果得初級及次級電壓為

$$v_1 = L_1 \frac{di_1}{dt} + M \frac{di_2}{dt}$$

$$v_2 = M \frac{di_1}{dt} + L_2 \frac{di_2}{dt} \tag{21.17}$$

數值 di_1/dt 及 di_2/dt 和十四章的一樣，是電流的變化率。

耦合係數

若兩線圈沒有耦合（如有屏蔽或分離很遠），則互感M是零。另一方面，如果線圈靠得很近幾乎沒有漏磁通，則M是很大的值。爲了測量能指示M的高低，則考慮一比值

$$\frac{M^2}{L_1 L_2} = \frac{M}{L_1} \cdot \frac{M}{L_2} \tag{21.18}$$

由（21.11）式及（21.15）式有

$$M = \frac{N_1 \phi_{12}}{i_2}$$

及

$$M = \frac{N_2 \phi_{21}}{i_1}$$

以及從（21.10）式和（21.14）式中得

$$L_1 = \frac{N_1 \phi_{11}}{i_1}$$

及

$$L_2 = \frac{N_2 \phi_{22}}{i_2}$$

的關係式。將這些結果代入（21.18）式等號右邊，結果是

$$\frac{M^2}{L_1 L_2} = \frac{N_1 \phi_{12}/i_2}{N_1 \phi_{11}/i_1} \cdot \frac{N_2 \phi_{21}/i_1}{N_2 \phi_{22}/i_2}$$

上式可簡化爲

$$\frac{M^2}{L_1L_2}=\frac{\phi_{12}\phi_{21}}{\phi_{11}\phi_{22}} \tag{21.19}$$

耦合係數（coefficient of coupling）k定義爲

$$k=\frac{M}{\sqrt{L_1L_2}} \tag{21.20}$$

上式利用（21.19）式而變成

$$k=\sqrt{\frac{\phi_{12}\phi_{21}}{\phi_{11}\phi_{22}}}$$

利用（21.7）式及（21.8）式這最後的結果是

$$k=\sqrt{\frac{\phi_{21}}{(\phi_{21}+\phi_{L1})}\cdot\frac{\phi_{12}}{(\phi_{12}+\phi_{L2})}} \tag{21.21}$$

如果沒有漏磁通（$\phi_{L1}=\phi_{L2}=0$），所有磁通交鏈了兩個線圈，此時稱爲完全耦合。此時，從（21.21）式可得 $k=1$。若它們間沒有互磁通（$\phi_{12}=\phi_{21}=0$），則所有磁通是漏磁通此情況 $k=0$。因這兩狀況是極端，所以必定存在

$$0\leq k\leq 1 \tag{21.22}$$

的式子。利用（21.20）式有

$$M=k\sqrt{L_1L_2} \tag{21.23}$$

的關係式。所以M可能從 0（$k=0$）變到$\sqrt{L_1L_2}$（$k=1$）。耦合係數 k 是用來度量線圈耦合的緊密程度。若 k 趨向零，則線圈很少耦合，以及若 $k=0$，則線圈間沒有耦合。

例 21.1：在圖 21.4 中，若 $L_1=2\,\text{H}$，$L_2=8\,\text{H}$，$k=0.75$ 及電流的變化率是 $\frac{di_1}{dt}=20\,\text{A/s}$，及 $\frac{di_2}{dt}=-6\,\text{A/s}$，求 v_1 和 v_2。

解：由（21.23）式可得

$$M = k\sqrt{L_1L_2} = 0.75\sqrt{2(8)} = 3\ \text{H}$$

因此，利用（21.17）式電壓是

$$v_1 = L_1\frac{di_1}{dt} + M\frac{di_2}{dt}$$

$$= 2(20) + 3(-6) = 22\ \text{V}$$

及

$$v_2 = M\frac{di_1}{dt} + L_2\frac{di_2}{dt}$$

$$= 3(20) + 8(-6) = 12\ \text{V}$$

21.2　變壓器的特性（*TRANSFORMER PROPERTIES*）

在圖 21.4 的變壓器，兩線圈繞成如圖方式，使產生磁通方向相同。所以 ϕ_{21} 和 ϕ_{12} 相加而產生電壓 v_1 和 v_2，因此在（21.17）式互感項 $M(di_1/dt)$ 及 $M(di_2/dt)$ 的符號為正。如果其中一線圈以相反方式來繞，則磁通 ϕ_{12} 和 ϕ_{21} 將會互相抵抗，而使電流產生的電壓項並不相加，是其中一項減去另一項。因在電路所畫的耦合線圈無法看出所繞的方向，所以變壓器之電路符號上有一標點在端點上，如圖 21.5 所示。這標點可用來寫出電路方程式。

標點的規則

圖 21.5(a)和(b)顯示了圖 21.4 變壓器的兩個電路符號，圖中端點的標點是用來代替繞線方向以更寫出電路方程式。用來寫出方程式的標點規則如下所

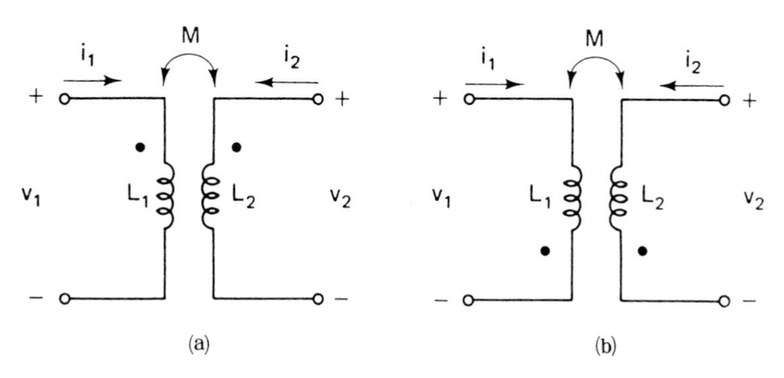

圖 21.5　圖 21.4 變壓器的電路符號

述。

有一電流 i 流入繞組具有標點（或無標點）的端點，則會在另一繞組有標點（或無標點）的端點感應正極電壓爲$M(di/dt)$。

爲了說明標點規則如何應用，寫出圖 21.5 (a)中 v_1 和 v_2 的表示式。v_1 有兩部份，其中 $L_1(di_1/dt)$ 是由 L_1 受 i_1 影響所產生的，及 $M(di_2/dt)$ 是由互感 M 受 i_2 影響所產生的。唯一問題是如何獲得兩項的正確符號。自感項是如十四章所敘述而獲得，因電流由正端點進入，所以 $L_1(di_1/dt)$ 符號爲正。而互感項則應用標點規則，流入有標點端的電流 i_2 產生互感項。因此電壓 $M(di_2/dt)$ 的正極性是在初級繞組有標點之上，所以互感項有正號，爲

$$v_1 = L_1\frac{di_1}{dt} + M\frac{di_2}{dt} \tag{21.24}$$

的關係式。

用類似的方式，i_1 流入有標點的端點，所以它的感應電壓 $M(di_1/dt)$ 在次級繞組有標點端上是正極性，v_2 的另一部份是 $L_2(di_2/dt)$，它在上端點亦具有正極性，因此有

$$v_2 = M\frac{di_1}{dt} + L_2\frac{di_2}{dt} \tag{21.25}$$

的關係式。這兩個結果符合（21.17）式中所敘述的。

圖 21.5 (b)的電路等效於圖 21.5 (a)中電路。自感項 $L_1(di_1/dt)$ 及 $L_2(di_2/dt)$ 和（21.4）式及（21.5）式中 v_1 和 v_2 有相同極性。電流 i_2 流入無標點的端點，因此另一無標點電壓 $M(di_1/dt)$ 是正極性，和 v_2 極性相同，所以（21.25）式是正確的。

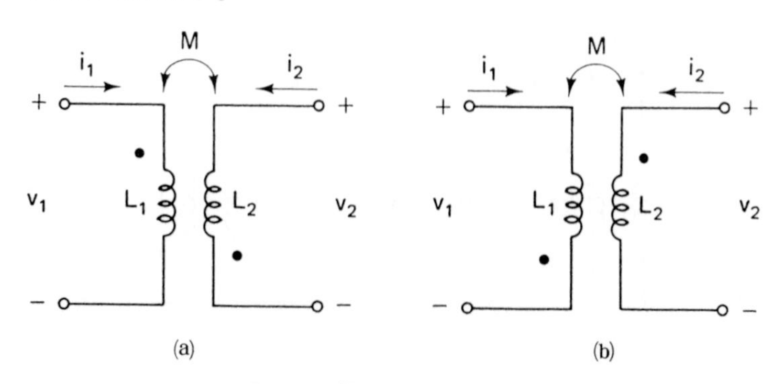

圖 21.6　圖 21.5 變壓器一繞組反繞後的電路符號

在圖21.6(a)和(b)中，標點已從圖21.5(a)和(b)的位置移到另一個端點。則線圈的繞法已變成相反。在(21.4)及(21.5)式中自感項 $L_1(di_1/dt)$ 和 $L_2(di_2/dt)$ 符號沒有改變，因圖21.5和圖21.6中電流和電壓的極性相同，但互感項符號已改變。注意在圖21.6(a)中 i_2 從無標點端流入，因此它的感應電壓 $M(di_2/dt)$ 在 v_1 的無標點端是正極性，符號和 v_1 相反。同樣的，i_1 流入有標點端，所以 $M(di_2/dt)$ 與 v_2 極性相反。因此，在圖21.6中有

$$
\begin{aligned}
v_1 &= L_1\frac{di_1}{dt} - M\frac{di_2}{dt} \\
v_2 &= -M\frac{di_1}{dt} + L_2\frac{di_2}{dt}
\end{aligned}
\tag{21.26}
$$

的關係式。

應用標點規則在圖21.6(b)，可以看出亦適用(21.26)式。因此圖21.6(a)和(b)是相同變壓器的等效表示。換言之，第一個標點可置於任一端點上，但它的位置却決定了第二個標點所在的位置。

相量電路

如果電流和電壓是頻率 ω 的正弦函數，知時域電壓 $L(di/dt)$ 的相量域為 $j\omega L\mathbf{I}$，$\mathbf{I}$ 是 i 的相量。因 $M(di/dt)$ 和 $L(di/dt)$ 有相同的型式，它的相量表示為 $j\omega M\mathbf{I}$。因此，可用圖21.7(a)相量電路來代替圖21.5(a)，及以圖21.7(b)代表圖21.6(a)。由(21.24)式至(21.26)式知在圖21.7(a)的相量方程式是

$$
\begin{aligned}
\mathbf{V}_1 &= j\omega L_1\mathbf{I}_1 + j\omega M\mathbf{I}_2 \\
\mathbf{V}_2 &= j\omega M\mathbf{I}_1 + j\omega L_2\mathbf{I}_2
\end{aligned}
\tag{21.27}
$$

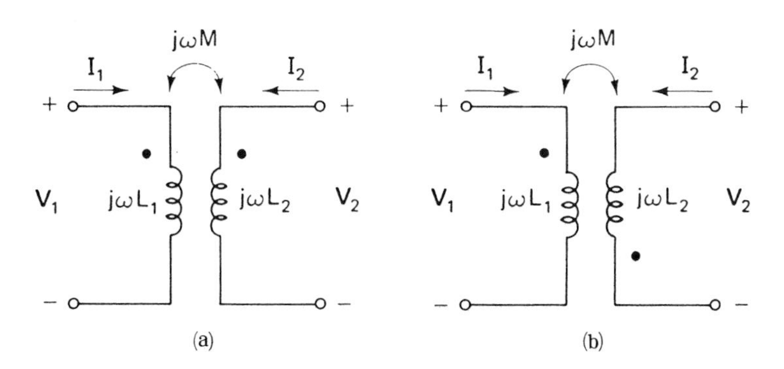

圖21.7　變壓器相量電路

而在圖 21.7(b)中相量方程式是

$$\mathbf{V}_1 = j\omega L_1\mathbf{I}_1 - j\omega M\mathbf{I}_2$$
$$\mathbf{V}_2 = -j\omega M\mathbf{I}_1 + j\omega L_2\mathbf{I}_2 \tag{21.28}$$

相量 $\mathbf{V}_1$，$\mathbf{V}_2$，$\mathbf{I}_1$，$\mathbf{I}_2$ 分別是 v_1，v_2，i_1，i_2 的相量。方程式（21.27）式和（21.28）式亦可使用標點規則而直接由相量電路中獲得。項目 $\pm j\omega M\mathbf{I}_1$ 及 $\pm j\omega M\mathbf{I}_2$ 是互感項，是由另一線圈電流而感應於線圈中的。

例 22.2：在圖 21.8 電路中，求穩態電壓 v 之值。

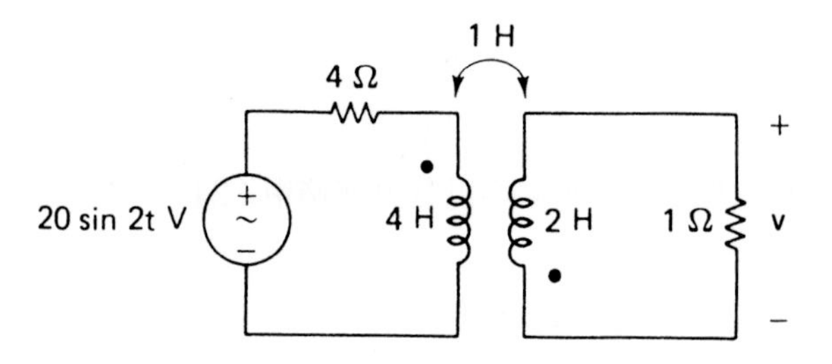

圖 21.8　包括變壓器的電路

解：$\omega = 2$ 弳/秒，相量電路示於圖 21.9 中，具有環路電流 $\mathbf{I}_1$ 及 $\mathbf{I}_2$，都從標點處流入，所以變壓器 $\mathbf{V}_{ab}$ 及 $\mathbf{V}_{dc}$ 值為

$$\mathbf{V}_{ab} = j8\mathbf{I}_1 + j2\mathbf{I}_2$$

及

$$\mathbf{V}_{dc} = -\mathbf{V} = j2\mathbf{I}_1 + j4\mathbf{I}_2$$

因此環路方程式是

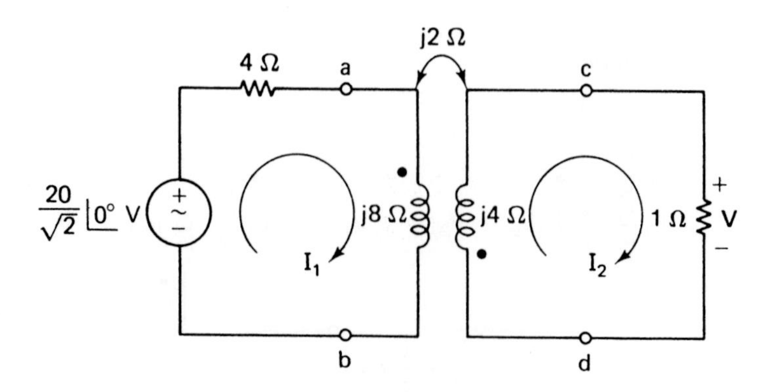

圖 21.9　圖 21.8 的相量電路

$$4\mathbf{I}_1+\mathbf{V}_{ab}=4\mathbf{I}_1+j8\mathbf{I}_1+j2\mathbf{I}_2=\frac{20}{\sqrt{2}}\underline{|0°}$$

$$1\mathbf{I}_2+\mathbf{V}_{dc}=\mathbf{I}_2+j2\mathbf{I}_1+j4\mathbf{I}_2=0$$

或

$$(4+j8)\mathbf{I}_1+j2\mathbf{I}_2=\frac{20}{\sqrt{2}}$$

$$j2\mathbf{I}_1+(1+j4)\mathbf{I}_2=0$$

整理第二式有

$$\mathbf{I}_1=-\frac{1+j4}{j2}\mathbf{I}_2=\left(-2+j\frac{1}{2}\right)\mathbf{I}_2 \tag{21.29}$$

的關係式，代入第一個方程式得

$$(4+j8)\left(-2+j\frac{1}{2}\right)\mathbf{I}_2+j2\mathbf{I}_2=\frac{20}{\sqrt{2}}$$

執行乘法運算，並集項，有

$$(-12-j12)\,\mathbf{I}_2=\frac{20}{\sqrt{2}}$$

或

$$\mathbf{I}_2=\frac{20/\sqrt{2}}{-12-j12}=\frac{20/\sqrt{2}}{12\sqrt{2}\underline{|-135°}}=\frac{5}{6}\underline{|135°}\ \text{A} \tag{21.30}$$

的結果。因此有

$$\mathbf{V}=1\mathbf{I}_2=\frac{5}{6}\underline{|135°}\ \text{V}$$

及時域中的電壓是

$$v=\frac{5\sqrt{2}}{6}\sin(2t+135°)\ \text{V}$$

儲存的能量

儲存在兩耦合線圈中的能量決定於電流，自感和互感，及標點的位置。在圖21.5中電流都是流入，或都是離開有標點的端點，在任何時間 t 儲存的能量W是

$$w=\frac{1}{2}L_1i_1^2+\frac{1}{2}L_2i_2^2+Mi_1i_2 \tag{21.31}$$

式中 i_1 和 i_2 是在時間 t 時的電流。在圖 21.6 的情況，有一電流流入及另一離開有標點的端點，能量是

$$w=\frac{1}{2}L_1i_1^2+\frac{1}{2}L_2i_2^2-Mi_1i_2 \tag{21.32}$$

例 21.3：求圖 21.8 中變壓器在 $t=0$ 時所儲存的能量爲多少。

解：從（21.30）式中的相量 $\mathbf{I}_2$，可求得 i_2 得

$$i_2=\frac{5\sqrt{2}}{6}\sin(2t+135°)\text{ A}$$

因此在 $t=0$ 時，有

$$i_2=\frac{5\sqrt{2}}{6}\sin 135°=\frac{5}{6}\text{ A}$$

的電流，從（21.29）式和（21.30）式可求得 $\mathbf{I}_1$ 是

$$\mathbf{I}_1=\left(-2+j\frac{1}{2}\right)\left(\frac{5}{6}\angle 135°\right)$$

$$=(2.062\angle 165.96°)\left(\frac{5}{6}\angle 135°\right)$$

$$=1.72\angle 300.96°\text{ A}$$

因此，時域電流是

$$i_1=1.72\sqrt{2}\sin(2t+300.96°)$$

i_1 在 $t=0$ 時是

$$i_1=1.72\sqrt{2}\sin 300.96°=-2.09\text{ A}$$

因電流都是從有標點的端點流入，儲存的能量可藉（21.31）式求得。在 $t=0$ 時，結果是

$$w=\frac{1}{2}L_1i_i^2+\frac{1}{2}L_2i_2^2+Mi_1i_2$$

$$=\frac{1}{2}(4)(-2.09)^2+\frac{1}{2}(2)\left(\frac{5}{6}\right)^2+1(-2.09)\left(\frac{5}{6}\right)$$

$$=7.69\text{ J}$$

定電流

早已提過，直流的定電流在線圈中不會感應電壓。因此直流電壓無法使用

變壓器來昇高或降低。這是遠距離功率傳輸採用交流電壓和電流的主要理由。可將電壓提高，滿足經濟的傳輸，而達到目的地時能容易的降壓。

21.3 理想變壓器（*IDEAL TRANSFORMERS*）

圖 21.7 (a)的變壓器相量圖，已藉著（21.27）式描述過了。如果把 $\mathbf{I}_2$的方向相反，如圖 21.10 所示，則相量電壓和電流的方程式是把（21.27）式中的 $\mathbf{I}_2$ 以 $-\mathbf{I}_2$ 取代。因此圖 21.10 中變壓器方程式是

$$\begin{aligned}\mathbf{V}_1 &= j\omega L_1\mathbf{I}_1 - j\omega M\mathbf{I}_2\\ \mathbf{V}_2 &= j\omega M\mathbf{I}_1 - j\omega L_2\mathbf{I}_2\end{aligned} \tag{21.33}$$

完全耦合

在完全耦合時，耦合係數 $k=1$，由（21.23）式有

$$M=\sqrt{L_1L_2} \tag{21.34}$$

的關係式。把M值代入（21.33）式中，並求得$\mathbf{V}_2/\mathbf{V}_1$的比值爲

$$\frac{\mathbf{V}_2}{\mathbf{V}_1}=\frac{j\omega\sqrt{L_1L_2}\mathbf{I}_1 - j\omega L_2\mathbf{I}_2}{j\omega L_1\mathbf{I}_1 - j\omega\sqrt{L_1L_2}\,\mathbf{I}_2}$$

把分母和分子的 $j\omega$ 消去，並於分子中提出因數$\sqrt{L_2}$及從分母中提出$\sqrt{L_1}$而得

$$\frac{\mathbf{V}_2}{\mathbf{V}_1}=\frac{\sqrt{L_2}\,(\sqrt{L_1}\,\mathbf{I}_1-\sqrt{L_2}\mathbf{I}_2)}{\sqrt{L_1}\,(\sqrt{L_1}\,\mathbf{I}_1-\sqrt{L_2}\,\mathbf{I}_2)}$$

或

$$\frac{\mathbf{V}_2}{\mathbf{V}_1}=\frac{\sqrt{L_2}}{\sqrt{L_1}} \tag{21.35}$$

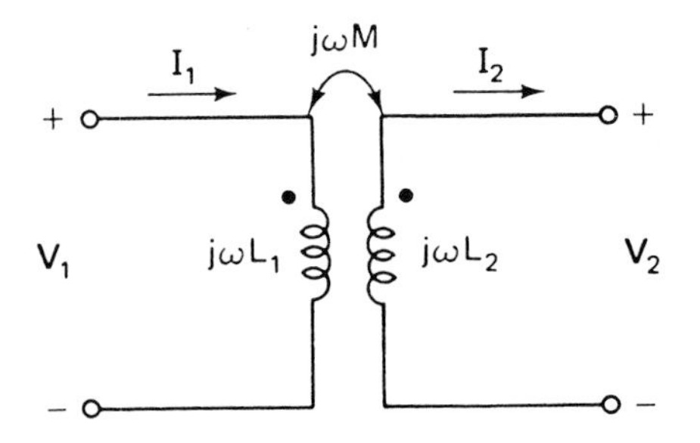

圖 21.10　把圖 21.7 (a)中 $\mathbf{I}_2$反向之變壓器電路

的結果。

在第十四章中已了解一線圈的電感方程式是

$$L=\frac{N^2\mu A}{l}$$

N是匝數，μ 是磁芯的導磁係數，而A和 l 分別是磁路的面積和長度。在變壓器中，若是完全耦合則兩線圈的磁路都是相同，因此初級和次級繞組的電感是

$$L_1=\frac{N_1^2\mu A}{l}$$

及

$$L_2=\frac{N_2^2\mu A}{l}$$

（兩線圈的磁路導磁係數，面積和長度都相同，以μ ，l ，和A來表示。）

把這些電感值代入（21.35）式中，有

$$\frac{\mathbf{V}_2}{\mathbf{V}_1}=\frac{\sqrt{N_2^2\mu A/l}}{\sqrt{N_1^2\mu A/l}}$$

上式經化簡後變為

$$\frac{\mathbf{V}_2}{\mathbf{V}_1}=\frac{N_2}{N_1}$$

匝數比

比值N_2/N_1稱為匝數比，以a來標示。即有

$$\frac{\mathbf{V}_2}{\mathbf{V}_1}=\frac{N_2}{N_1}=a \tag{21.36}$$

的結果，這是在完全耦合變壓器下求出的，在時域中，（21.36）式仍然正確，所以

$$\frac{v_2}{v_1}=\frac{N_2}{N_1}=a \tag{21.37}$$

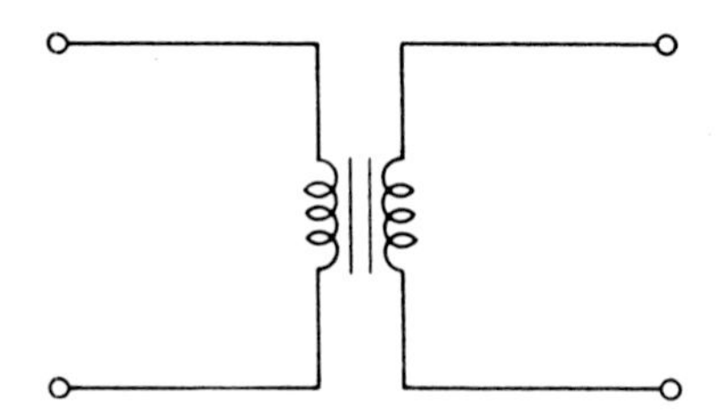

圖 21.11　鐵芯變壓器

鐵芯變壓器

完全耦合是一種理想，它是無法達成的，但磁芯如果像鐵芯有極高的導磁係數材料，幾乎沒有漏磁，因磁通之磁阻非常小，且鐵材料較易建立磁通之故，如比空氣容易。鐵芯變壓器可能具有超過 0.98 的耦合係數，與完全耦合已非常接近，在大部份應用中可視爲完全耦合。鐵芯變壓器的符號示於圖21.11中，圖中標點仍需加上。

理想變壓的情況

在圖 21.10 中完全耦合變壓器，從（21.33）式中第一個方程式整理後得

$$\frac{\mathbf{V}_1}{j\omega L_1}=\mathbf{I}_1-\frac{j\omega M\mathbf{I}_2}{j\omega L_1}$$

$$=\mathbf{I}_1-\frac{j\omega\sqrt{L_1L_2}\,\mathbf{I}_2}{j\omega L_1}$$

$$=\mathbf{I}_1-\sqrt{\frac{L_2}{L_1}}\,\mathbf{I}_2 \tag{21.38}$$

的結果。而從（21.35）式及（21.36）式可得

$$\frac{\sqrt{L_2}}{\sqrt{L_1}}=\frac{N_2}{N_1}=a \tag{21.39}$$

因此（ 21.38 ）式變成

$$\frac{\mathbf{V}_1}{j\omega L_1}=\mathbf{I}_1-a\mathbf{I}_2 \tag{21.40}$$

如果 L_1和 L_2的數值很大（ 理想上是無限大 ），在（ 21.39 ）式的比值是 $L_2/L_1=a^2$ ，則（21.40）式左邊部份等於零，或十分接近零。此時有

$$\mathbf{I}_1 - a\mathbf{I}_2 = 0$$

及

$$\mathbf{I}_1 = a\mathbf{I}_2 \tag{21.41}$$

把 $a = N_2/N_1$ 代入此結果，得

$$\mathbf{I}_1 = \frac{N_2}{N_1}\mathbf{I}_2$$

或

$$N_1\mathbf{I}_1 = N_2\mathbf{I}_2 \tag{21.42}$$

的方程式。因此在初級及次級繞組上有相同的安匝。

理想變壓器是完全耦合的，且初級和次級繞組的電感 L_1 和 L_2 的值非常大，而有比值為 $L_2/L_1 = a^2$ 的變壓器。因此圖 21.10中變壓器是很好的範例，倘若（21.36）式及（21.41）式或（21.42）式是正確的，則

$$\frac{\mathbf{V}_2}{\mathbf{V}_1} = \frac{N_2}{N_1} = a \qquad \frac{\mathbf{I}_1}{\mathbf{I}_2} = \frac{N_2}{N_1} = a \tag{21.43}$$

如此的理想變壓器之符號示於圖21.12(a)中。垂直線是鐵芯的標示符號，而 1：a 標示了匝數比。

方程式（21.43）式亦可用於時域中。因此可得

$$\frac{v_2}{v_1} = \frac{N_2}{N_1} = a \qquad \frac{i_1}{i_2} = \frac{N_2}{N_1} = a$$

的結果。換句話說，對於理想變壓器，電壓比值和匝數比相同，而初級安匝 $N_1\mathbf{I}_1$（或$N_1 i_1$）和次級的安匝$N_2\mathbf{I}_2$（或$N_2 i_2$）相同。

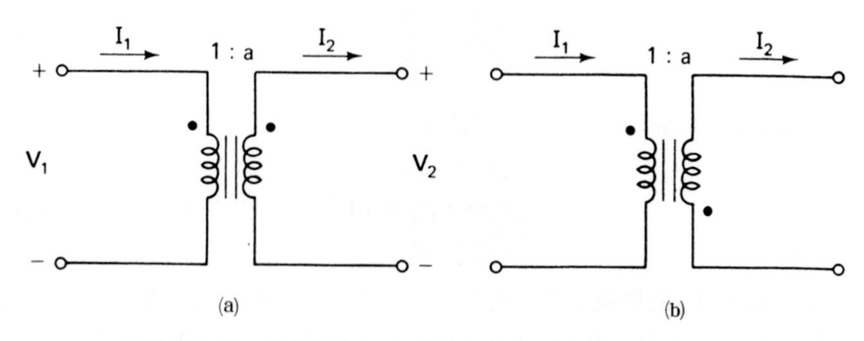

圖 21.12　具有匝數比 $a = N_2/N_1$ 理想變壓器的電路符號

如果極性標點有一個移動，如圖21.12(b)中的理想變壓器，方程式改為

$$\frac{\mathbf{V}_2}{\mathbf{V}_1}=-a \qquad \frac{\mathbf{I}_1}{\mathbf{I}_2}=-a \tag{21.44}$$

這可用先前導出（21.43）式相同步驟來證明此式的存在。極性標點亦可省略，此時我們所考慮的是圖21.12(a)的變壓器，及所適用的方程式是（21.43）式。

例 21.4：有一理想變壓器初圈有100匝，次圈有600匝。若初級電壓$\mathbf{V}_1=100\angle 0°$伏特，電流是$\mathbf{I}_1=2\angle 10°$安培，求匝數比，次級電壓及次級電流。〔因標點位置沒有提示，我們假設它的位置是如圖21.12(a)所示的。〕

解：匝數比是

$$a=\frac{N_2}{N_1}=\frac{600}{100}=6$$

因此由（21.43）式知次級電壓和電流是

$$\mathbf{V}_2=a\mathbf{V}_1=6(100\angle 0°)=600\angle 0° \text{ V}$$

及

$$\mathbf{I}_2=\frac{1}{a}\mathbf{I}_1=\frac{1}{6}(2\angle 10°)=\frac{1}{3}\angle 10° \text{ A}$$

因此這變壓器“昇高”了電壓及“降低”了電流。

電壓的昇高及降低

在一般情況，圖21.12(a)中次級電壓和電流是

$$\mathbf{V}_2=a\mathbf{V}_1 \qquad \mathbf{I}_2=\frac{\mathbf{I}_1}{a} \tag{21.45}$$

因此，如果和例題21.4一樣，匝數比a大於1（$N_2>N_1$），此時初級電壓$\mathbf{V}_1$昇高至較高的次級電壓$\mathbf{V}_2$。另一方面，如果a介於0和1之間（$N_1>N_2$），則電壓$\mathbf{V}_1$降低至較低的次級電壓$\mathbf{V}_2$。由(21.45)式可了解，若電壓昇高，電流則下降（$\mathbf{I}_2<\mathbf{I}_1$），及如果電壓降低，則電流昇高（$\mathbf{I}_2>\mathbf{I}_1$）。

功　率

由（21.45）式我們可得

$$\mathbf{V}_2\mathbf{I}_2=(a\mathbf{V}_1)\left(\frac{\mathbf{I}_1}{a}\right)=\mathbf{V}_1\mathbf{I}_1 \tag{21.46}$$

供給初級繞組的功率 P_1 是

$$P_1=|\mathbf{V}_1|\cdot|\mathbf{I}_1|\cos\theta \tag{21.47}$$

式中 θ 位於 $\mathbf{V}_1$ 和 $\mathbf{I}_1$ 間的相角。由（21.45）式知在 $\mathbf{V}_2$ 和 $\mathbf{I}_2$ 間的相角和在 $\mathbf{V}_1$ 及 $\mathbf{I}_1$ 間的相角相同，也是 θ，所以供給次級功率 P_2 是

$$P_2=|\mathbf{V}_2|\cdot|\mathbf{I}_2|\cos\theta$$

由（21.46）式可知這結果和（21.47）式相同，所以

$$P_1=P_2$$

也就是說，在理想狀況下，供給初級繞組之功率完全的轉移至次級繞組。

例 21.5：求在例題 21.4 的變壓器，供給初級和次級繞組的功率為多少？

解：供給初級的功率是

$$\begin{aligned}P_1&=|\mathbf{V}_1|\cdot|\mathbf{I}_1|\cos\theta\\&=(100)(2)\cos 10^\circ\\&=197\ \mathrm{W}\end{aligned}$$

次級功率等於初級功率，因此是

$$P_2=197\ \mathrm{W}$$

現在作一驗證的工作，有

$$\mathbf{V}_2=600\underline{|0^\circ}\ \mathrm{V}\qquad \mathbf{I}_2=\frac{1}{3}\underline{|10^\circ}\ \mathrm{A}$$

因此次級功率是

$$\begin{aligned}P_2&=|\mathbf{V}_2|\cdot|\mathbf{I}_2|\cos\theta\\&=(600)\left(\frac{1}{3}\right)\cos 10^\circ\\&=197\ \mathrm{W}\end{aligned}$$

21.4　等效電路（EQUIVALENT CIRCUITS）

在很多情況，以變壓器的等效電路來取代變壓器電路是可能的。爲了解是可行的，首先考慮圖21.13中的電路，在此電路中包括一個理想變壓器。

反射阻抗

我們定義在變壓器初級端 x-y 所看到的阻抗是 $\mathbf{Z}_1$，及由圖21.13中可知它的值是

$$\mathbf{Z}_1=\frac{\mathbf{V}_1}{\mathbf{I}_1} \tag{21.48}$$

而且負載阻抗 $\mathbf{Z}_1$ 是

$$\mathbf{Z}_L=\frac{\mathbf{V}_2}{\mathbf{I}_2} \tag{21.49}$$

使用（21.43）式，可把（21.48）式寫成下面形式

$$\mathbf{Z}_1=\frac{\mathbf{V}_1}{\mathbf{I}_1}=\frac{\mathbf{V}_2/a}{a\mathbf{I}_2}=\frac{1}{a^2}\cdot\frac{\mathbf{V}_2}{\mathbf{I}_2}$$

此式由（21.49）式知等效於

$$\mathbf{Z}_1=\frac{\mathbf{Z}_L}{a^2} \tag{21.50}$$

可獲得圖21.13的等效電路，是把初級端右方所有元件被 $\mathbf{Z}_1$ 所取代形成的電路，如圖21.14的電路。阻抗 $\mathbf{Z}_1=\mathbf{Z}_L/a^2$ 稱爲反射阻抗（reflected im-

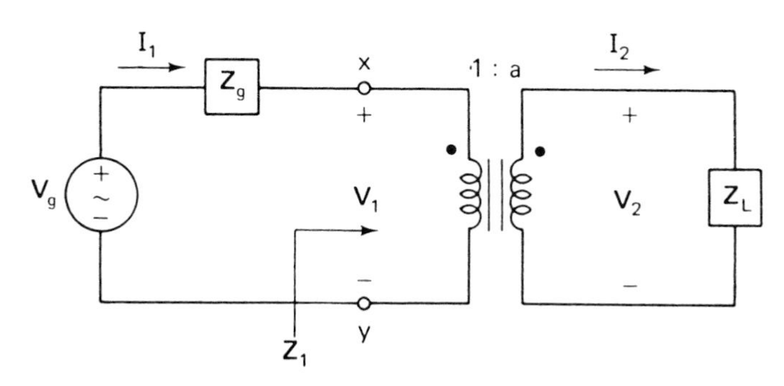

圖 21.13　包含理想變壓器的電路

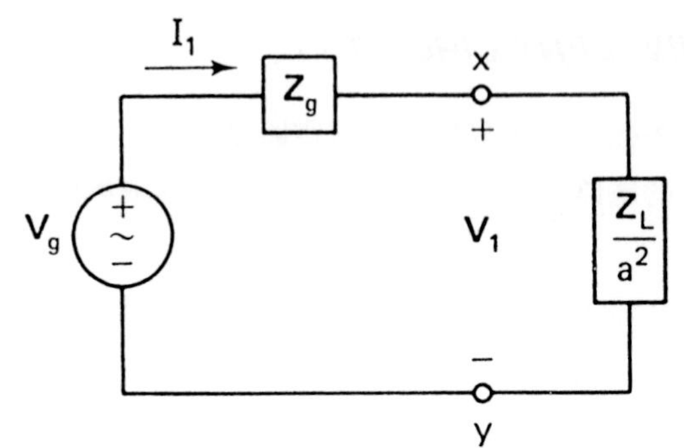

圖 21.14　圖 21.13 中電路的等效電路

pedance），因爲它可想是將次級阻抗插入，或反射入初級繞組之中。

如果圖 21.13 中的$\mathbf{V}_g$，$\mathbf{Z}_g$，$\mathbf{Z}_L$，和 a 是已知，由圖 21.14 的等效電路可以容易求得初級和次級電壓，利用 KVL 可得

$$-\mathbf{V}_g + \mathbf{Z}_g\mathbf{I}_1 + \frac{\mathbf{Z}_L}{a^2}\mathbf{I}_1 = 0$$

或利用（21.45）式可得

$$\mathbf{I}_1 = a\mathbf{I}_2 = \frac{\mathbf{V}_g}{\mathbf{Z}_g + \mathbf{Z}_L/a^2} \tag{21.51}$$

且由等效電路和（21.45）式，有

$$\mathbf{V}_1 = \frac{\mathbf{V}_2}{a} = \frac{\mathbf{Z}_L}{a^2}\mathbf{I}_1 = \frac{\mathbf{Z}_L/a^2}{\mathbf{Z}_g + \mathbf{Z}_L/a^2}\mathbf{V}_g \tag{21.52}$$

的結果。

例 21.6： 在圖 21.13 中有$\mathbf{V}_g = 120\angle 0°$ 伏特，$\mathbf{Z}_g = 10\angle 0°\ \Omega$，$\mathbf{Z}_L = 500\angle 0°\ \Omega$ 及 $a = 10$，求$\mathbf{V}_1$，$\mathbf{V}_2$，$\mathbf{I}_1$和$\mathbf{I}_2$。

解： 利用（21.52）式有

$$\mathbf{V}_1 = \frac{500\angle 0°/100}{10\angle 0° + 500\angle 0°/100}(120\angle 0°) = 40\angle 0°\ \text{V}$$

及

$$\mathbf{V}_2 = a\mathbf{V}_1 = 10(40\angle 0°) = 400\angle 0°\ \text{V}$$

而電流由（21.51）式是

$$\mathbf{I}_1=\frac{120\angle 0^\circ}{10\angle 0^\circ+500\angle 0^\circ/100}=8\angle 0^\circ \text{ A}$$

及

$$\mathbf{I}_2=\frac{\mathbf{I}_1}{a}=\frac{8\angle 0^\circ}{10}=0.8\angle 0^\circ \text{ A}$$

不同標點的指定

如果在圖21.13中有一線圈是以相反的方法纏繞，其中一端點被指定至相反端點上。如所了解的，在此情況的效應是以 $-a$ 來取代 a 。因此（21.50）式的反射阻抗沒有改變，但（21.51）式及（21.52）式中所有電流和電壓將會改變。為了說明此情況，我們提供圖21.15電路的例子來說明。

例 21.7：求圖 21.15 中求 $\mathbf{V}_1$，$\mathbf{V}_2$，$\mathbf{I}_1$和$\mathbf{I}_2$。

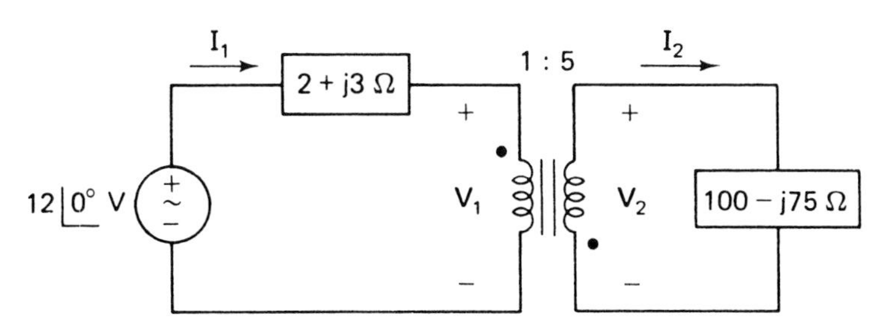

圖 21.15　具有不同標點的變壓器電路

解：負載阻抗是

$$\mathbf{Z}_L=100-j75\ \Omega$$

所以反射阻抗是

$$\mathbf{Z}_1=\frac{\mathbf{Z}_L}{a^2}=\frac{100-j75}{(5)^2}=4-j3\ \Omega$$

應用這個結果，可畫出圖21.16中的等效電路。

由圖21.16中可得

$$\mathbf{I}_1=\frac{12\angle 0^\circ}{(2+j3)+(4-j3)}=\frac{12\angle 0^\circ}{6}=2\angle 0^\circ \text{ A}$$

以及使用分壓定理得

$$\mathbf{V}_1=\frac{4-j3}{(2+j3)+(4-j3)}\cdot 12\angle 0^\circ=\frac{(5\angle -36.9^\circ)(12)}{6}$$

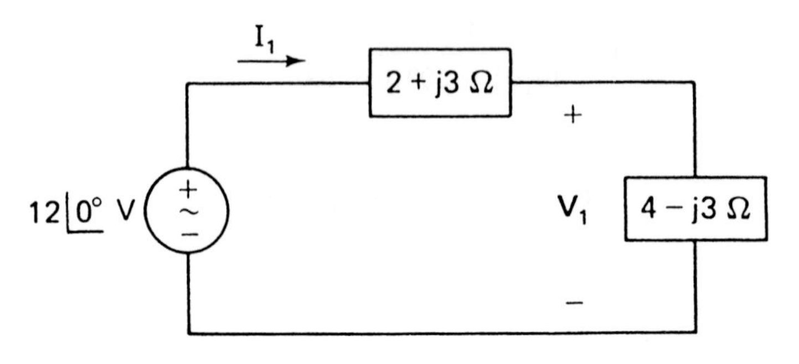

圖 21.16　圖 21.15 電路的等效電路

或

$$\mathbf{V}_1 = 10\angle -36.9^\circ \text{ V}$$

因爲圖21.15中標點所在的位置，次級電流和電壓分別等於

$$\mathbf{I}_2 = -\frac{\mathbf{I}_1}{a} = -\frac{2\angle 0^\circ}{5} = 0.4\angle 180^\circ \text{ A}$$

及

$$\mathbf{V}_2 = -a\mathbf{V}_1 = -5(10\angle -36.9^\circ) = 50\angle 143.1^\circ \text{ V}$$

阻抗匹配

在例題 21.7 我們了解反射阻抗 $\mathbf{Z}_1 = 4 - j3\ \Omega$ 是歸於負載阻抗及匝數比，而此阻抗是在變壓器初級端所看入的阻抗。因此 $\mathbf{Z}_1$ 可看做由圖 21.15 中 12 伏特電源和電源阻抗 $2 + j3$ 所組成的發電機負載。此時匝數比 $a = 5$，而負載 $\mathbf{Z}_1$ 可以選擇任何實數因數而作調整，且可把次級的負載阻抗調整而與初級匹配，而從電源取用不同量的功率。甚至使用這種阻抗匹配的型式而使得從電源中取用最大功率成可能。

如同第十八章所了解的。在圖 21.13 中的 $\mathbf{V}_g$ 串接 $\mathbf{Z}_g$ 之情形，如欲從電源取得最大功率，則負載 $\mathbf{Z}_1$ 是在下列條件下產生的。

$$\mathbf{Z}_1 = \mathbf{Z}_g^*$$

此處 $\mathbf{Z}_g^*$ 是 $\mathbf{Z}_g$ 的共軛複數。如果 $\mathbf{Z}_g$ 是電阻，譬如 $\mathbf{Z}_g = R_g$，則當

$$\mathbf{Z}_1 = \mathbf{Z}_g = R_g$$

時，取用了最大功率。此情況，由（21.50）式知，僅需使負載 $\mathbf{Z}_L$ 是電阻，如 R_L，並調整匝數比 a，而使

$$\mathbf{Z}_1 = R_g = \frac{\mathbf{Z}_L}{a^2} = \frac{R_L}{a^2}$$

即解 a 我們有

$$a = \sqrt{\frac{R_L}{R_g}} \tag{21.53}$$

的結果。

例 21.8：求圖21.17中的匝數比 a 使得從電源取用最大功率。並求出最大功率。

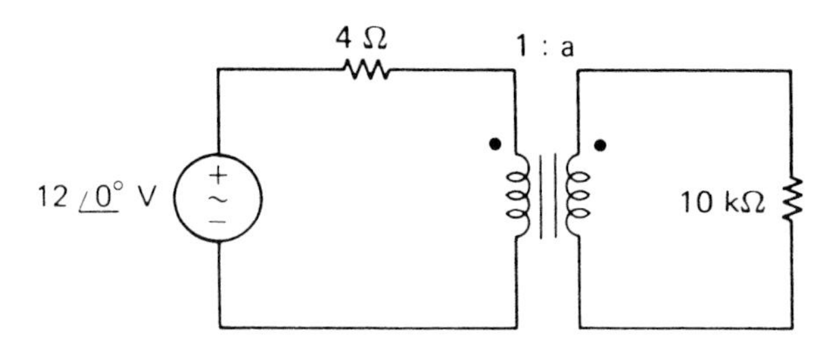

圖 21.17　阻抗匹配電路

解：發電機含有 $\mathbf{V}_g = 12\angle 0°$ 伏特，$\mathbf{Z}_g = R_g = 4\angle 0°\ \Omega$，及負載 $R_L = 10\ \text{k}\Omega$。因此由（21.5）式知匝數比是

$$a = \sqrt{\frac{R_L}{R_g}} = \sqrt{\frac{10{,}000}{4}} = 50$$

因此反射阻抗是

$$\mathbf{Z}_1 = \frac{R_L}{a^2} = \frac{10{,}000}{(50)^2} = 4\ \Omega$$

所以它的等效電路是圖21.18的電路。

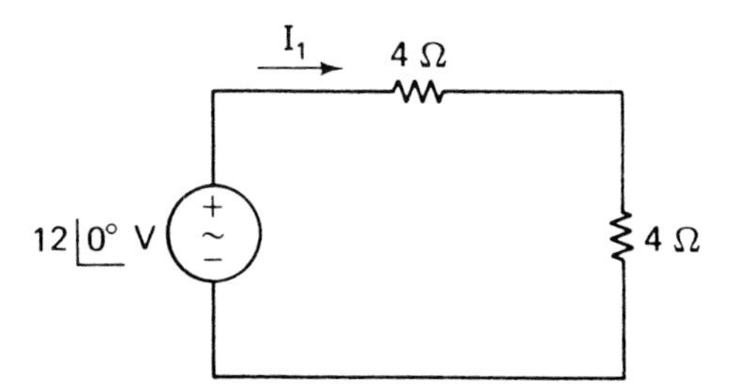

圖 21.18　圖 21.17 電路的等效電路

現在負載阻抗和發電機 4 Ω 阻抗匹配，所以從電源取用最大功率，由圖 21.18 知電流是

$$\mathbf{I}_1 = \frac{12\underline{|0^\circ}}{4+4} = 1.5\underline{|0^\circ}\ \mathrm{A}$$

因此最大功率是

$$P = 12|\mathbf{I}_1| \cos 0^\circ = 12(1.5) = 18\ \mathrm{W}$$

21.5 變壓器之型式（*TYPES OF TRANSFORMERS*）

如前述，變壓器在使用上有各種不同的大小和外觀，並可設計許多不同的用途。一些常用的是電力變壓器、音頻變壓器、中頻（IF）變壓器及射頻變壓器。電力變壓器是用來輸送功率之用，所以體積比較大。另一方面中頻和射頻變壓器是在無線電和電視接收機及發射機中使用，其體積較小。

隔　離

變壓器一個大優點是它的功能如同隔離裝置。即初級和次級電路間互相隔離，沒有物理上的連接，僅以互磁通連接。因此一降壓變壓器可以是傳輸線中的一部份，可以把線電壓降至建全的數值，而能測量它。很明顯的，可把電壓表跨在100伏特次級繞組上是安全的，並以初級相隔離，而初級電壓可能高達 50 kV。

自耦變壓器

有一種電力變壓器沒有隔離結構，使用共同線圈來代替初級和次級線圈兩者，此變壓器稱為自耦變壓器（autotransformer）。圖21.19(a)是降壓自耦變壓器，圖中次級端點 2 是初級繞組節點 2 處接出。如所示次級含有 N_2 匝，而初級匝數是N_1，其值為

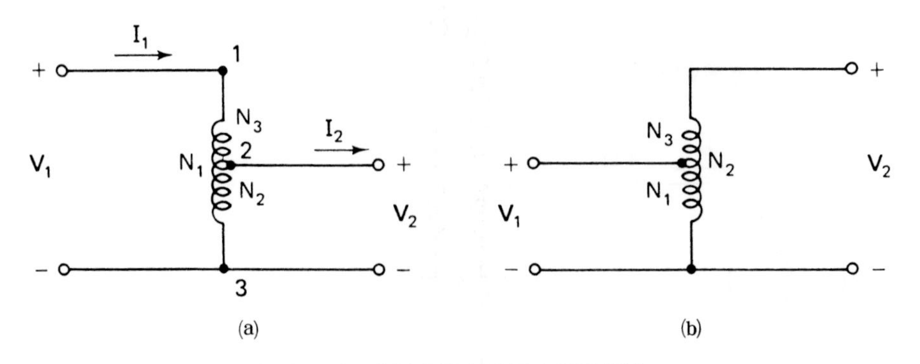

圖 21.19　(a)降壓和(b)昇壓自耦變壓器

$$N_1 = N_2 + N_3$$

因此有

$$\frac{\mathbf{V}_2}{V_1} = \frac{N_2}{N_1} = \frac{N_2}{N_2 + N_3} \tag{21.54}$$

及

$$N_1\mathbf{I}_1 = (N_2 + N_3)\mathbf{I}_1 = N_2\mathbf{I}_2 \tag{21.55}$$

的關係式。

圖21.19(b)是昇壓自耦變壓器，因初級匝數比次級匝數少（N_1和$N_2=N_1+N_3$是相對）。

自耦變壓器具有簡單和高效率的優點，因僅用一繞組代替兩個所以更經濟。但它的最大缺點是初級和次級間沒有隔離，而必須由另一個變壓器來提供隔離的功能。

多負載變壓器

超過一個以上的負載可連接至二次級，這可利用次級繞組的中間抽頭，或採用圖21.20次級繞組的分離繞組來執行這種功能。圖21.20是多負載變壓器的例子，電壓比是

$$\frac{\mathbf{V}_1}{\mathbf{V}_2} = \frac{N_1}{N_2} \qquad \frac{\mathbf{V}_1}{\mathbf{V}_3} = \frac{N_1}{N_3} \tag{21.56}$$

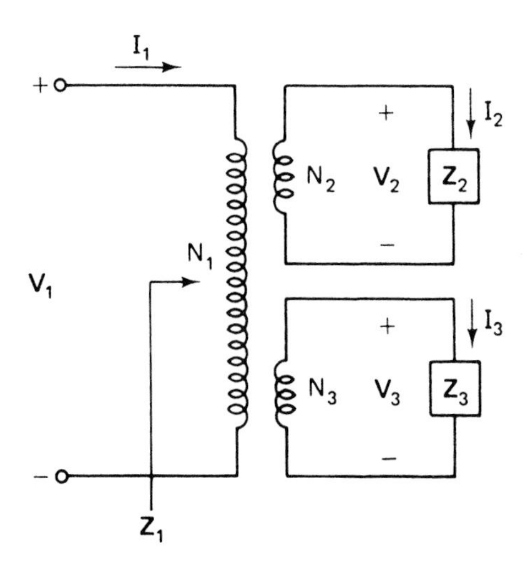

圖 21.20　具有多負載的變壓器

此處N_1，N_2和N_3分別是線圈的匝數。由（21.56）式亦可求得V_2/V_3爲

$$\frac{\mathbf{V}_2}{\mathbf{V}_3}=\frac{(N_2/N_1)\mathbf{V}_1}{(N_3/N_1)\mathbf{V}_1}$$

上式可簡化爲

$$\frac{\mathbf{V}_2}{\mathbf{V}_3}=\frac{N_2}{N_3} \tag{21.57}$$

所以每一情況，電壓比是等於匝數比。

因初級繞組的安匝數和次級繞組相同，所以在圖21.20中有

$$N_1\mathbf{I}_1 = N_2\mathbf{I}_2 + N_3\mathbf{I}_3 \tag{21.58}$$

的結果。

由這些結果及電壓比，可以求得輸入阻抗爲

$$\mathbf{Z}_1=\frac{\mathbf{V}_1}{\mathbf{I}_1}$$

把（21.56）式的$\mathbf{V}_1$及（21.58）式的$\mathbf{I}_1$代入上式有

$$\mathbf{Z}_1=\frac{(N_1/N_2)\mathbf{V}_2}{(N_2/N_1)\mathbf{I}_2+(N_3/N_1)\mathbf{I}_3}=\frac{N_1/N_2}{(N_2/N_1)(\mathbf{I}_2/\mathbf{V}_2)+(N_3/N_1)(\mathbf{I}_3/\mathbf{V}_2)} \tag{21.59}$$

的結果。由圖21.20中可知

$$\mathbf{I}_2=\frac{\mathbf{V}_2}{\mathbf{Z}_2} \qquad \mathbf{I}_3=\frac{\mathbf{V}_3}{\mathbf{Z}_3}$$

上式代入（21.59）式中，結果是

$$\mathbf{Z}_1=\frac{N_1/N_2}{N_2/N_1\mathbf{Z}_2+(N_3/N_1\mathbf{Z}_3)(\mathbf{V}_3/\mathbf{V}_2)}$$

最後把（21.57）式中的V_3/V_2代入上式可得

$$\mathbf{Z}_1=\frac{N_1/N_2}{N_2/N_1\mathbf{Z}_2+N_3^2/N_1N_2\mathbf{Z}_3}=\frac{N_1^2}{N_2^2/\mathbf{Z}_2+N_3^2/\mathbf{Z}_3} \tag{21.60}$$

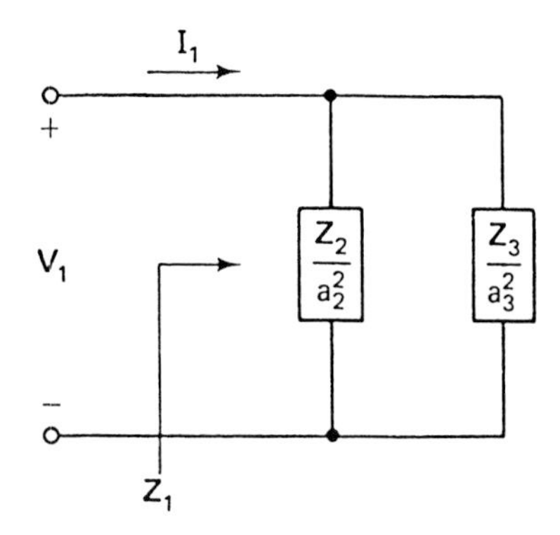

圖 21.21 電路的等效電路

若定義匝數比 a_2 和 a_3 爲：

$$a_2 = \frac{N_2}{N_1} \qquad a_3 = \frac{N_3}{N_1} \tag{21.61}$$

則（21.60）式可改寫成

$$\mathbf{Z}_1 = \frac{1}{(N_2/N_1)^2/\mathbf{Z}_2 + (N_3/N_1)^2/\mathbf{Z}_3} = \frac{1}{a_2^2/\mathbf{Z}_2 + a_3^2/\mathbf{Z}_3} \tag{21.62}$$

或

$$\frac{1}{\mathbf{Z}_1} = \frac{a_2^2}{\mathbf{Z}_2} + \frac{a_3^2}{\mathbf{Z}_3} = \frac{1}{\mathbf{Z}_2/a_2^2} + \frac{1}{\mathbf{Z}_3/a_3^2} \tag{21.63}$$

方程式（21.63）式是 $\mathbf{Z}_2/a_2^2$ 和 $\mathbf{Z}_3/a_3^2$ 並聯阻抗和等效阻抗 $\mathbf{Z}_1$ 的關係式。因此圖 21.21 是圖 21.20 的等效電路，由圖中可知圖 21.20 的反射阻抗 $\mathbf{Z}_2/a_2^2$ 和 $\mathbf{Z}_3/a_3^2$ 是並聯阻抗。

例 21.9：在圖 21.20 中求輸入阻抗 $\mathbf{Z}_1$ 及電流 $\mathbf{I}_1$，$\mathbf{I}_2$ 和 $\mathbf{I}_3$ 之值。如果 $\mathbf{V}_1 = 144\angle 0°$ 伏特，$\mathbf{Z}_2 = 6\angle 0°\ \Omega$，$\mathbf{Z}_3 = j2\ \Omega$，$N_1 = 1200$，$N_2 = 600$，及 $N_3 = 400$。

解：由（21.60）式知輸入阻抗是

$$\mathbf{Z}_1 = \frac{(1200)^2}{(600)^2/6 + (400)^2/j2} = \frac{144}{36/6 + 16/j2} = \frac{144}{6 - j8}$$

或

$$\mathbf{Z}_1 = \frac{144}{10\angle -53.1°} = \frac{72}{5}\angle 53.1°\ \Omega$$

電流 $\mathbf{I}_1$ 是

$$\mathbf{I}_1=\frac{\mathbf{V}_1}{\mathbf{Z}_1}=\frac{144\angle 0^\circ}{72/5\angle 53.1^\circ}=10\angle -53.1^\circ\ \text{A}$$

利用（21.56）式求得次級電壓

$$\mathbf{V}_2=\frac{N_2\mathbf{V}_1}{N_1}=\frac{600(144)}{1200}=72\angle 0^\circ\ \text{V}$$

$$\mathbf{V}_3=\frac{N_3\mathbf{V}_1}{N_1}=\frac{400(144)}{1200}=48\angle 0^\circ\ \text{V}$$

因此，次級電流是

$$\mathbf{I}_2=\frac{\mathbf{V}_2}{\mathbf{Z}_2}=\frac{72\angle 0^\circ}{6}=12\angle 0^\circ\ \text{A}$$

和

$$\mathbf{I}_3=\frac{\mathbf{V}_3}{\mathbf{Z}_3}=\frac{48\angle 0^\circ}{j2}=-j24=24\angle -90^\circ\ \text{A}$$

現作一驗證的工作，次級安匝是

$$\begin{aligned}N_2\mathbf{I}_2+N_3\mathbf{I}_3&=(600)(12)-j(400)(24)\\&=7200-j9600\\&=12{,}000\angle -53.1^\circ\end{aligned}$$

和初級安匝是

$$N_1\mathbf{I}_1=1200(10\angle -53.1^\circ)=12{,}000\angle -53.1^\circ$$

這兩個結果相同，如同它們的性質一樣。

21.6 摘　要（*SUMMARY*）

在線圈中變化的電流產生變化的磁通，依照法拉第定律此變化磁通會在線圈端產生電壓。若有一個或更多的線圈在它的鄰近，藉磁通的交鏈，它們的端點也會感應出電壓。在此情況，線圈稱爲互相耦合，它們之間有一互感 M 存在。互感和電感 L 是同樣的角色，並有同樣的單位，而 L 稱爲線圈的自感。而在一線圈被另一線圈電流 i_2 影響而產生一電壓 v_1 爲

$$v_1=M\frac{di_2}{dt}$$

一線圈之磁通如果大部份（理想上是全部）交鏈至另一個線圈，則線圈是緊密耦合，或理想上是完全耦合。耦合的程度是藉耦合係數 k 來度量，k 值可從 0（無耦合）至 1（完全耦合）的變化。

若線圈纏繞的方向可決定，則感應電壓極性可確定。但電路符號中線圈所繞的方向無法決定。因此，有標點規則用來決定電壓的極性。對線圈密封在容器中，亦需使用標點。

兩個或兩個以上互相耦合的線圈纏繞在單一磁芯上而構成了變壓器，它可昇高或降低從一線圈感應至另一線圈的電壓。如果近似完全耦合及自感非常高，則接近所謂的理想變壓器。此時電壓比與匝數比相同。則是

$$\frac{v_2}{v_1}=\frac{N_2}{N_1}=a$$

數目 a 是匝數比。且兩線圈有相同的安匝數。即，若 i_1 和 i_2 是電流，則

$$N_1 i_1 = N_2 i_2$$

或

$$i_1=\frac{N_2}{N_1}i_2=a i_2$$

而且，在最後兩個結果線圈可以纏繞而使極性相反，此時 a 是由 $-a$ 所取代。

練習題

21.1-1　求圖 21.4 中的 v_1 和 v_2，若圖中 $L_1=2$ H，$L_2=5$ H，$M=3$ H，電流 i_1 及 i_2 的變化率為 $di_1/dt=10$ 安培/秒，$di_2/dt=-2$ 安培/秒。

答：14 伏特，20 伏特。

21.1-2　若 $L_1=0.02$ H，$L_2=0.125$ H，$M=0.04$ H，求耦合係數 k 值。

答：0.8。

21.1-3　若 $L_1=0.4$ H，$L_2=0.9$ H，及(a) $k=1$，(b) $k=0.5$ 及(c) $k=0.01$，求 M 值。

答：(a) 0.6 H，(b) 0.3 H，(c) 6 mH。

21.2-1　求圖中相量電流 $\mathbf{I}_1$ 及 $\mathbf{I}_2$。

答：$4-j4$ 安培，$j2$ 安培。

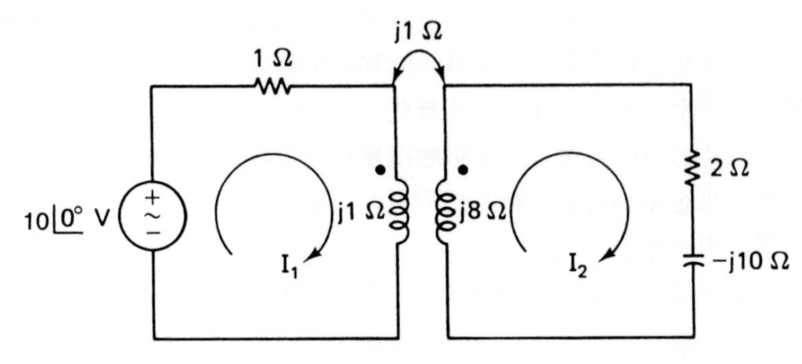

練習題 21.2-1

21.2-2　若 $\omega=2$ 弳/秒，求練習題 21.2-1 的變壓器在 $t=0$ 時所儲存的能量。（提示：$j\omega L_1=j1$，所以 $L_1=1\,\omega=\frac{1}{2}$ H）

答：32 焦耳。

21.2-3　求圖 21.5(a)變壓器在 $i_1=2$ 安培及 $i_2=4$ 安培時所儲存的能量，如果圖中 $L_1=2$ H，$L_2=10$ H，$M=4$ H。

答：116 焦耳。

21.2-4　重覆練習題 21.2-3 中的問題，如果其中有一標點移到另一端點。

答：52 焦耳。

21.2-5　兩線圈如圖所示。(a)把點 b 和 c 連接求從 a，d 端看入的等效電感 L_{ad}，(b)把 b 和 d 連接，求從 a 和 c 所看入的等效電壓 L_{ac}，(c)從 L_{ad} 和 L_{ac} 來求 M。

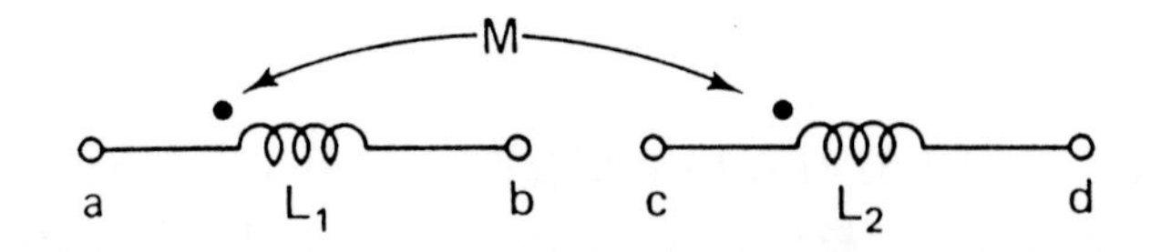

答：(a) L_1+L_2+2M，(b) L_1+L_2-2M，(c) $\dfrac{L_{ad}-L_{ac}}{4}$。

21.3-1　有一理想變壓器 $N_1=100$ 匝，$N_2=1000$ 匝，$\mathbf{V}_1=50\angle 0°$ 伏特，$\mathbf{I}_2=0.5\angle 30°$ 安培。若標點的位置如圖 21.12(a)中所示的相同，求 a，$\mathbf{V}_2$，及 $\mathbf{I}_1$。

答：10，$500\angle 0°$ 伏特，$5\angle 30°$ 安培。

21.3-2　解練習題 21.3-1 的問題，若標點是位於如圖 21.12(b)之中。

答：10，$-500\angle 0°$ 伏特，$-5\angle 30°$ 安培。

21.3-3　求練習題 21.3-1 及 21.3-2 中初級和次級的功率。

答：216.5 瓦特。

21.4-1　在圖 21.13 中，若 $\mathbf{V}_g=100\angle 0^\circ$ 伏特，$\mathbf{Z}_g=6+j3\,\Omega$，$\mathbf{Z}_L=400-j300\,\Omega$，及 $a=10$，求 $\mathbf{I}_1$，$\mathbf{V}_1$，$\mathbf{I}_2$ 和 $\mathbf{V}_2$。

答：$10\angle 0^\circ$ 安培，$50\angle -36.9^\circ$ 伏特，$1\angle 0^\circ$ 安培，$500\angle -36.9^\circ$ 伏特。

21.4-2　如果在練習題 21.4-1 中負載改爲 $\mathbf{Z}_L=j300\,\Omega$，求 $\mathbf{I}_1$，$\mathbf{V}_1$，$\mathbf{I}_2$，$\mathbf{V}_2$。

答：$50/3\sqrt{2}\angle -45^\circ$ 安培，$50/\sqrt{2}\angle 45^\circ$ 伏特，$5/3\sqrt{2}\angle -45^\circ$ 安培，$500/\sqrt{2}\angle 45^\circ$ 伏特。

21.4-3　求練習題 21.4-1 和 21.4-2 中供給負載 $\mathbf{Z}_L$ 的功率。

答：400 瓦特，0。

21.4-4　求圖中匝數比爲多少而能使從電源中取用最大功率，並求最大功率爲多少。

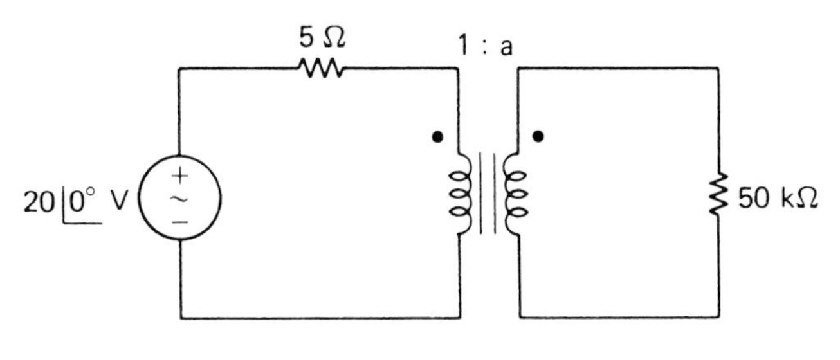

練習題 21.4-4

答：100，20 瓦特。

21.5-1　在圖 21.19(a)的自耦變壓器具有 $N_1=1000$，$N_2=400$，及 $N_3=600$ 匝。若 $\mathbf{V}_1=100\angle 0^\circ$ 伏特及 $\mathbf{I}_1=4\angle 30^\circ$ 安培，求 $\mathbf{I}_2$ 和 $\mathbf{V}_2$。

答：$10\angle 30^\circ$ 安培，$40\angle 0^\circ$ 伏特。

21.5-2　在圖 21.20 中有 $\mathbf{V}_1=100\angle 0^\circ$ 伏特，$\mathbf{Z}_2=8+j6\,\Omega$，$\mathbf{Z}_3=5\,\Omega$，$N_1=800$，$N_2=400$，及 $N_3=160$。求 $\mathbf{I}_1$，$\mathbf{I}_2$，和 $\mathbf{I}_3$。

答：$2.8-j1.5$ 安培，$4-j3$ 安培，4 安培。

習　題

21.1　在圖 21.5(a)中求 v_1 和 v_2。若 $L_1=3\,\text{H}$，$L_2=2\,\text{H}$，$M=1.5\,\text{H}$，電流變化率是 $di_1/dt=40$ 安培/秒，及 $di_2/dt=-10$ 安培/秒。

21.2　在圖 21.5(a)中求 v_1 和 v_2，若 $L_1=40\,\text{mH}$，$L_2=90\,\text{mH}$，耦合係

數 $k=0.5$，而電流變化率如同習題21.1。

21.3 重覆習題21.1的問題，若電路是圖21.6(a)中的電路。

21.4 重覆習題21.2的問題，若電路是圖21.6(a)中的電路。

21.5 有一變壓器中 $L_1=20$ mH及 $L_2=80$ mH，若(a) $M=5$ mH，(b) $M=30$ mH，(c) $M=40$ mH，求變壓器的耦合係數。

21.6 求具有 $L_1=10$ mH及 $L_2=40$ mH變壓器的互感，若耦合係數分別是(a) $k=0.1$，(b) $k=0.8$，(c) $k=1$。

21.7 求圖21.7(a)中的 $\mathbf{V}_1$ 和 $\mathbf{V}_2$。若 $L_1=3$ H，$L_2=2$ H，$M=2$ H，$\mathbf{I}_1=2\angle 0°$ 安培，$\mathbf{I}_2=4+j3$ 安培，及 $\omega=4$ 弳/秒。

21.8 重覆習題21.7的問題，若電路是圖21.7(b)的電路。

21.9 求圖中穩態電流 i_1 和 i_2，若 $M=1$ H及 $R=2\,\Omega$。

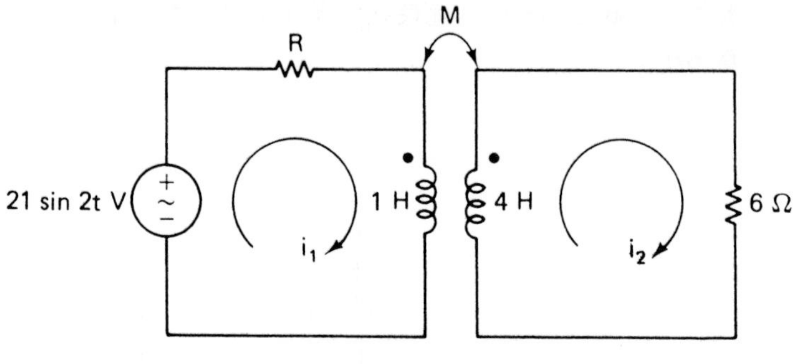

習題 21.9

21.10 重覆習題21.9的問題，若 $M=2$ H及 $R=15/8\,\Omega$。

21.11 如圖在任何時間 $i_1=2$ A，$i_2=3$ A，求儲存變壓器中的能量。

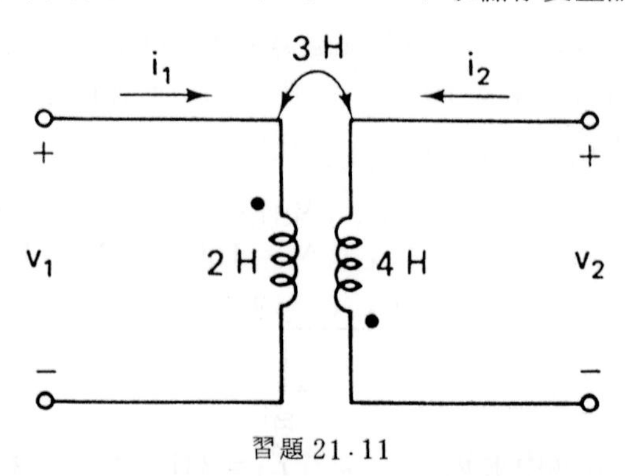

習題 21.11

21.12 重覆習題21.11的問題，如果次級邊的標點移到上面的端點。

21.13 如圖求相量電流 $\mathbf{I}_1$ 和 $\mathbf{I}_2$，若 $R=1\,\Omega$，$X=6\,\Omega$。

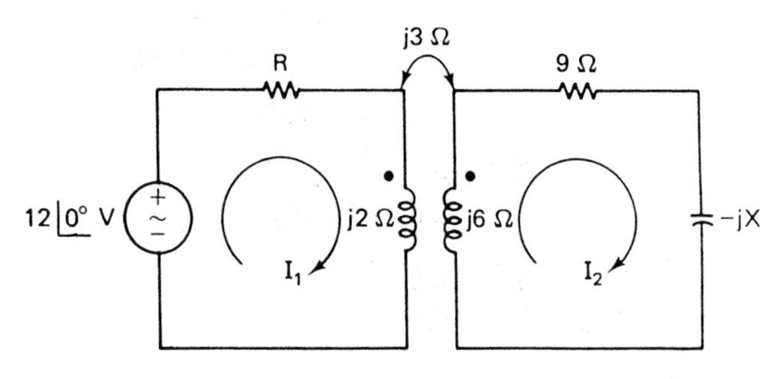

習題 21.13

21.14　解習題 21.13，若 $R=1.5\,\Omega$ 和 $X=18\,\Omega$。

21.15　有理想變壓器初級圈有 600 匝，而次級圈有 1200 匝。若初級電壓和電流分別是 $\mathbf{V}_1=50\angle 0^\circ$ 伏特及 $\mathbf{I}_1=4\angle 60^\circ$ 安培，求匝數比、次級電壓，及次級電流。〔假設標點和圖 21.12(a)一樣。〕

21.16　解習題 21.15 的問題，若標點是和圖 21.12(b)中一樣。

21.17　求習題 21.15 中供給變壓器初級端及供給負載之功率爲多少。

21.18　如圖所示，應用反射阻抗，求供給 $300-j500$ 負載的功率。

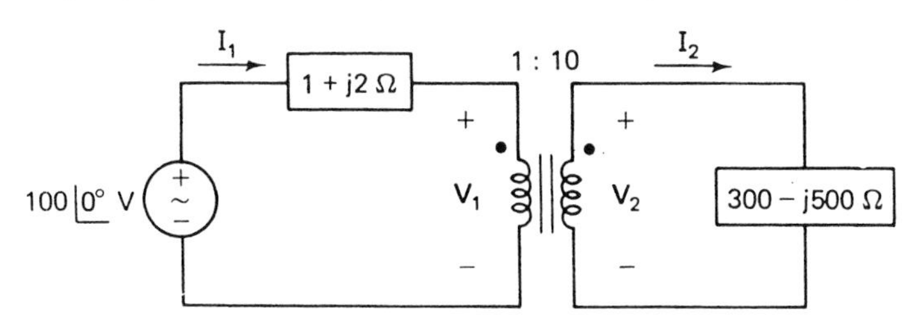

習題 21.18

21.19　在習題 21.18 中使用兩個環路方程式求 $\mathbf{I}_1$ 和 $\mathbf{I}_2$。（提示：$\mathbf{V}_2=10\,\mathbf{V}_1$，等等）

21.20　求在習題 21.18 中的 $\mathbf{V}_1$ 和 $\mathbf{V}_2$。

21.21　若(a) $R_g=2\,\Omega$ 及(b) $R_g=8\,\Omega$，求匝數比 a 爲多少時能供給 20 kΩ 負載

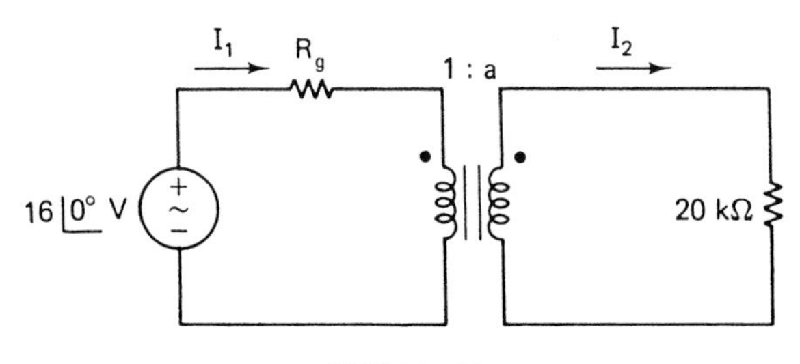

習題 21.21

功率爲最大值。並求在每一情況中的最大功率。

21.22 在習題21.21中，若 $a=20$ 及 $R_g=14\,\Omega$，求電流 $\mathbf{I}_1$ 和 $\mathbf{I}_2$。

21.23 在圖21.19(a)中自耦變壓器的 $N_1=800$，$N_2=200$，和 $N_3=600$ 匝。若 $\mathbf{V}_1=60\angle 0°$ 伏特及 $\mathbf{I}_1=3\angle 10°$ 安培，求 $\mathbf{V}_2$ 和 $\mathbf{I}_2$。

21.24 在圖21.19(b)自耦變壓器中，如果 $N_1=400$ 匝，$N_3=600$ 匝，$\mathbf{V}_1=20\angle 15°$ 伏特，及 $\mathbf{I}_1=5\angle 6°$ 安培，求 $\mathbf{V}_2$ 及 $\mathbf{I}_2$。

21.25 在圖21.20中，如 $N_1=1000$ 匝，$N_2=200$ 匝，$N_3=400$ 匝，$\mathbf{Z}_2=2\,\Omega$，及 $\mathbf{Z}_3=j8\,\Omega$，求 $\mathbf{Z}_1$。

21.26 在習題21.25中，若 $\mathbf{V}_1=50\angle 0°$ 伏特，求 $\mathbf{I}_1$，$\mathbf{I}_2$ 及 $\mathbf{I}_3$。

第22章

濾波器

在最後一章中將討論非常重要的電路，即著名的電路濾波器（electric filters）。這是能通過某些特定頻率信號，且把其它頻率訊號排除或衰減的電路。例如旋轉收音機的選擇旋鈕或電視機頻道選擇器時，即調整一濾波器而使通過某特定無線電台或電視頻道的頻率。把希望要的信號讓它通過，而把其它信號濾掉。

無論濾波器是通過或屏除如ω_1弳／秒（或$f_1=\omega_1/2\pi$ Hz）的頻率，在頻率ω_1時濾波器的輸出信號可被決定。如果輸出信號是正弦函數電壓$v(t)$，則它的相量$\mathbf{V}$以$\mathbf{V}(j\omega)$來標示，它的值將取決於濾波器電路及頻率ω，如果在ω_1的電壓大小$|\mathbf{V}(j\omega_1)|$，它的值相對的是很大，則ω_1通過，而如果$|\mathbf{V}(j\omega)|$的大小是ω的函數。在第一節中先討論這種關係，以後各節再討論各種不同型式的濾波器。

與濾波器理論緊密結合的是諧振（resonance）的概念，此概念本章亦將討論。在濾波器中最感興趣的頻率是通過濾波器的頻率，或在一些型式中是摒除的頻率。這頻率是諧振頻率，且當電路是被這頻率所驅動時，此電路是在諧振的狀況中。

22.1 振幅和相位的響應 (*AMPLITUDE AND PHASE RESPONSES*)

若頻率ω弳／秒或$f=\omega/2\pi$ Hz是變動的，在所給交流電路中改變，則電流和電壓相量的振幅和相位隨頻率改變而改變。如圖22.1(a)時域電路中輸入是

$$v_g=\sqrt{2}\sin\omega t \text{ V}$$

而輸出是電流i，頻率ω是任意數值。

在所對應的圖22.1(b)相量電路中，輸入是

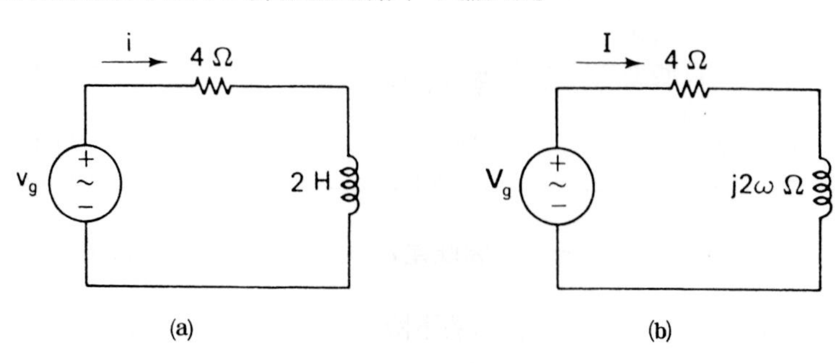

圖22.1 (a)時域電路及(b)它所對應的相量電路

$$\mathbf{V}_g = 1\underline{|0^\circ}\ \text{V}$$

因此輸出相量是

$$\mathbf{I} = \frac{\mathbf{V}_g}{4 + j2\omega} = \frac{1}{4 + j2\omega}$$

將此結果變成極座標型式有

$$\mathbf{I} = \frac{1}{\sqrt{4^2 + (2\omega)^2}\underline{|\tan^{-1} 2\omega/4}}$$

或

$$\mathbf{I} = \frac{1}{2\sqrt{4 + \omega^2}}\underline{|-\tan^{-1} \omega/2} = |\mathbf{I}|\underline{|\phi}\ \text{A} \tag{22.1}$$

故時域電流是

$$i = \sqrt{2}\,|\mathbf{I}|\sin(\omega t + \phi)\ \text{A}$$

上式由（22.1）式知振幅是

$$|\mathbf{I}| = \frac{1}{2\sqrt{4 + \omega^2}} \tag{22.2}$$

及相位是

$$\phi = -\tan^{-1}\frac{\omega}{2} \tag{22.3}$$

因此兩者稱爲振幅響應及相位響應，都是 ω 的函數。

頻率響應曲線

爲了更清楚說明振幅和相位響應如何隨頻率而改變，可以畫出它們對 ω 的響應曲線，如圖22.2所示。在圖22.2(a)是振幅響應的例子，從（22.2）式知道當方程式的分母是最小值時，$|\mathbf{I}|$ 是最大值，且發生在 $\omega=0$ 時。而在其它頻率，ω^2 是正值且分母較大，因此在 $\omega=0$ 時振幅響應從它的 $\frac{1}{2\sqrt{4}}=\frac{1}{4}$ 的峯值開始，當 ω 增加時它的值持續的下降。

在相位響應中，由（22.3）式知 $\omega=0$ 時，相位 $\phi=-\tan^{-1}0=0$。當 ω

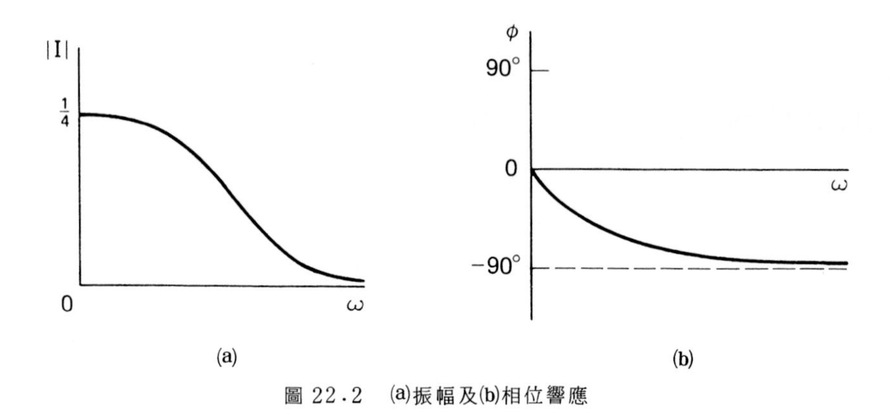

圖 22.2 (a)振幅及(b)相位響應

增大，相位亦大，當ω是很大值時，相位趨向於$-90°$。因為

$$-\tan\phi=\frac{\omega}{2}$$

及 $\tan 90°=\alpha$ 之故。相位響應如圖 22.2(b)所示。

例 22.1：求得並畫出圖 22.3(a)電路的振幅響應，如輸入是

$$v_1=\sqrt{2}\sin\omega t\ \mathrm{V} \tag{22.4}$$

而輸出是 v_2。

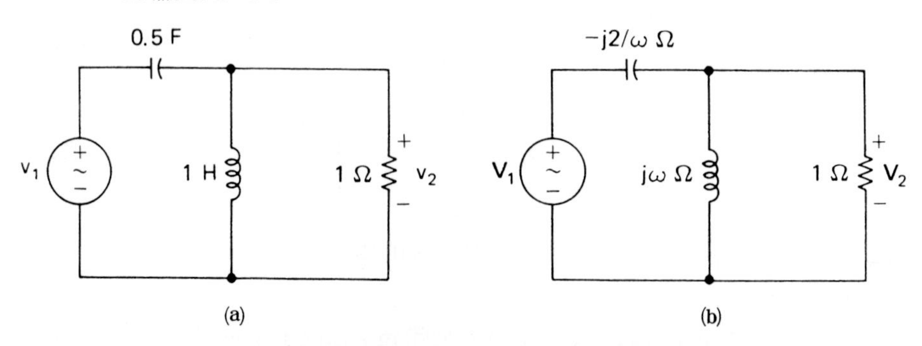

圖 22.3 (a)兩個電抗元件的時域電路及(b)所對應的相量電路

解：該電路的相量電路如圖 22.3(b)所示，可知電感器和電阻器的並聯組合阻抗 $\mathbf{Z}_1$ 是

$$Z_1=\frac{1(j\omega)}{1+j\omega}=\frac{j\omega}{1+j\omega}$$

因此，由分壓定理有

$$\frac{\mathbf{V}_2}{\mathbf{V}_1}=\frac{\dfrac{j\omega}{1+j\omega}}{-j\dfrac{2}{\omega}+\dfrac{j\omega}{1+j\omega}}=\frac{j\omega}{-j\dfrac{2}{\omega}+2+j\omega}$$

的結果，因$\mathbf{V}_1=1\angle 0°=1$，上式可簡化為

$$\mathbf{V}_2=\frac{j\omega^2}{2\omega+j(\omega^2-2)}$$

從這結果振幅可求得為

$$|\mathbf{V}_2|=\frac{\omega^2}{\sqrt{(2\omega)^2+(\omega^2-2)^2}}$$

$$=\frac{\omega^2}{\sqrt{4\omega^2+\omega^4-4\omega^2+4}}$$

或

$$|\mathbf{V}_2|=\frac{\omega^2}{\sqrt{4+\omega^4}}$$

為了更容易畫出振幅響應，可把分子和分母各除以ω^2，結果是

$$|\mathbf{V}_2|=\frac{1}{\sqrt{4+\omega^4}\,/\omega^2}=\frac{1}{\sqrt{(4+\omega^4)/\omega^4}}$$

或

$$|\mathbf{V}_2|=\frac{1}{\sqrt{(4/\omega^4)+1}} \tag{22.6}$$

現在由（22.5）式可知在$\omega=0$時響應是從0開始，及從（22.6）式可知當ω增大，響應的分母往1方向減少，因此響應由0開始上昇，而在大的ω值時趨近於$1/1=1$。響應是畫於圖22.4中。

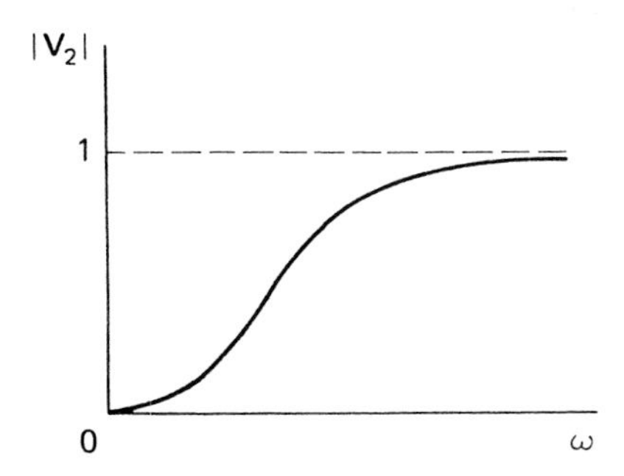

圖 22.4　對於圖 22.3 電路中的振幅響應

22.2 諧 振（*RESONANCE*）

實際的系統，譬如電路，具有無源的正弦函數或自然的響應，當輸入接近自然頻率時系統的反應非常有力。此種有力的反應型式就是諧振，而具有此輸入的電路稱爲諧振電路。

本節將討論電路的諧振，但尚有許多諧振的例子。例如，一歌唱家如果唱出正確頻率，可震破玻璃杯。如一座橋接受和本身一樣的自然頻率時將會損壞，此外力可由强烈的脈動風來產生，在1940年跨於普吉灣上他科馬的奈洛斯海峽大橋，就是被這一類的風摧毀掉。在部隊行走於橋上時亦可能產生諧振的力量把橋毀掉。爲此理由，沒有指揮官會命令部隊以齊步通過橋樑。

電路中的諧振

交流電路中定義當輸出函數是顯著的最大值時，則處於諧振的情況，如圖22.5(a)中所示頻率 f_r 時 $|\mathbf{V}|$ 的情況。在產生峯值的頻率 f_r 赫芝（或 $\omega_r = 2\pi f_r$ 弳／秒）稱爲諧振頻率。

諧振亦可取決於輸出函數是顯注最小值時，如圖22.5(b)所示。當然它的諧振頻率亦是 f_r。

串聯諧振

爲了了解如何改變頻率而達到諧振，考慮圖22.6中的 RLC 串聯電路，輸入是相量 $\mathbf{V}_g$，所給的值是

$$\mathbf{V}_g = 1\underline{|0°}\ \text{V}$$

及輸出是相量 $\mathbf{I}$，而頻率是 ω 弳／秒或 $f=\omega/2\pi$ Hz。

由電源所看入的阻抗是

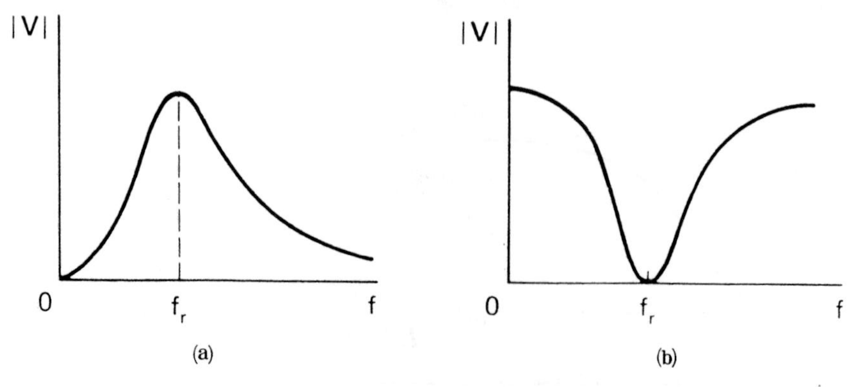

圖22.5　諧振狀況下振幅響應的例子

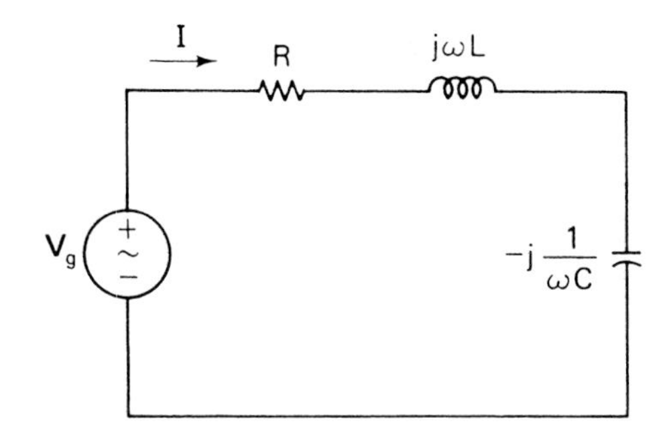

圖 22.6　RLC串聯電路

$$\mathbf{Z} = R + j\omega L - j\frac{1}{\omega C}$$

所以電流是

$$\mathbf{I} = \frac{\mathbf{V}}{\mathbf{Z}} = \frac{1}{R + j(\omega L - 1/\omega C)}$$

因此振幅是

$$|\mathbf{I}| = \frac{1}{\sqrt{R^2 + (\omega L - 1/\omega C)^2}} \tag{22.7}$$

爲求諧振頻率 $\omega_r = 2\pi f_r$，注意在（22.7）式等號右邊分母部份最小時會產生最大振幅。因 ω 是僅有的變數，此情況發生在下面的條件下。

$$\omega L - \frac{1}{\omega C} = 0$$

或

$$\omega L = \frac{1}{\omega C} \tag{22.8}$$

即在諧振時電感抗 $X_L = \omega L$ 正好消掉電容抗 $X_C = 1/\omega C$。

可把（22.8）式寫成下列的形式

$$\omega^2 = \frac{1}{LC}$$

所以諧振頻率是

$$\omega=\omega_r=\frac{1}{\sqrt{LC}}\text{ rad/s} \tag{22.9}$$

以赫芝為單位的諧振頻率是

$$f_r=\frac{\omega_r}{2\pi}=\frac{1}{2\pi\sqrt{LC}}\text{ Hz} \tag{22.10}$$

把（22.8）式代入（22.7）式，有最大的振幅 $|\mathbf{I}|_{\max}$ 是

$$|\mathbf{I}|_{\max}=\frac{1}{\sqrt{R^2}}=\frac{1}{R}$$

因此在圖 22.6 電路中當頻率在 f_r 時是處於諧振情況中，而有 $1/R$ 的最大振幅。如果電壓 $\mathbf{V}_g$ 具有振幅 V 而不是 1，則峯值將是 V/R。在任一種情況，因是 RLC 串聯電路，所以稱為串聯諧振。

振幅響應的繪製

在（22.7）式振幅響應可藉著諧振的峯值，及參考圖 22.6 的電路而容易畫出。若頻率 $f=0$，電容器是開路，所以 $\mathbf{I}=0$。且在非常高的頻率下，電感器亦為開路，再次的 $\mathbf{I}=0$。因此響應如圖 22.7 所示。它在 $f=0$ 時從零開始上昇而在 $f=f_r$ 時達到峯值 $1/R$。然後開始減小，當 f 一直增大而振幅再度趨近於 0。

並聯諧振

現在考慮圖 22.8 的 RLC 並聯電路，電路的輸入是 $\mathbf{I}_g$，輸出是 $\mathbf{V}$，及頻率是 ω。諧振時稱為並聯諧振，且在振幅 $|\mathbf{V}|$ 達到它的峯值時發生。

電壓 $\mathbf{V}$ 所給的是

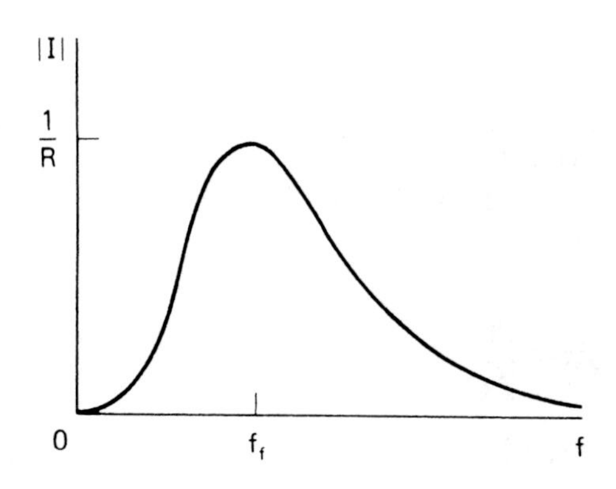

圖 22.7　圖 22.6 電路的振幅響應

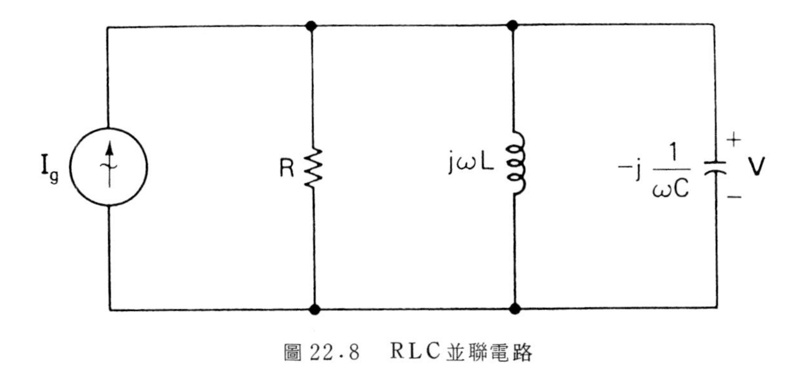

圖 22.8 RLC並聯電路

$$\mathbf{V} = \mathbf{Z}\mathbf{I}_g$$

式中**Z**是從電源端看入的阻抗。因R，L和C是並聯，則爲

$$\frac{1}{\mathbf{Z}} = \frac{1}{R} + \frac{1}{j\omega L} + \frac{1}{-j(1/\omega C)}$$

$$= \frac{1}{R} + \frac{1}{j\omega L} + j\omega C$$

因此，我們有

$$\mathbf{Z} = \frac{1}{(1/R) + j(\omega C - 1/\omega L)} \tag{22.11}$$

的結果。若取電源相量爲

$$\mathbf{I}_g = 1\underline{/0^\circ}\ \text{A}$$

則電壓**V**所給的是

$$\mathbf{V} = \mathbf{Z} = \frac{1}{(1/R) + j(\omega C - 1/\omega L)}$$

因此振幅是

$$|\mathbf{V}| = \frac{1}{\sqrt{(1/R^2) + (\omega C - 1/\omega L)^2}} \tag{22.12}$$

這是非常類似RLC串聯電路中（22.7）式的振幅型式。因此與串聯電路同樣

的理由，可知振幅的峯值 $|\mathbf{V}|_{max}$ 等於

$$|\mathbf{V}|_{max}=\frac{1}{\sqrt{1/R^2}}=R$$

它是在諧振頻率 ω_r 時發生且滿足

$$\omega C-\frac{1}{\omega L}=0$$

的方程式，或如前一樣的 ω_r 是等於

$$\omega_r=\frac{1}{\sqrt{LC}}\text{ rad/s}$$

以赫芝單位有

$$f_r=\frac{1}{2\pi\sqrt{LC}}\text{ Hz} \tag{22.13}$$

的結果。

因此，和 RLC 串聯電路一樣，當從電源看入的阻抗是實數時則發生諧振。即電抗完全消去，及輸入電壓和電流同相。在兩種情況，其諧振頻率都相同，分別是（22.10）式及（22.13）式所表示的。在並聯中 $|\mathbf{V}|$ 的圖形形狀和串聯中的 $|\mathbf{I}|$ 完全相同，$|\mathbf{I}|$ 響應示於圖22.7之中，唯一不同是峯值點的數值。

例 22.2：圖 22.8 RLC 並聯電路中，$R=50\text{ k}\Omega$，$L=4\text{ mH}$，$C=100$ 奈法拉，及 $\mathbf{I}_g=2\underline{|0^\circ}\text{ mA}$，求諧振頻率及諧振時輸出電壓振幅 $|\mathbf{V}|$ 的數值。

解：諧振頻率是

$$f_r=\frac{1}{2\pi\sqrt{LC}}=\frac{1}{2\pi\sqrt{(4\times10^{-3})(100\times10^{-9})}}$$
$$=7958\text{ Hz}$$

由（22.11）式知在諧振時阻抗是

$$\mathbf{Z}=R=50\text{ k}\Omega$$

因此，電壓是

$$\mathbf{V}=\mathbf{Z}\mathbf{I}_g=(50\text{ k}\Omega)(2\underline{|0^\circ}\text{ mA})=100\underline{|0^\circ}\text{ V}$$

以及諧振時的振幅是

$$|\mathbf{V}| = 100 \text{ V}$$

由 f_r 中求得 L 或 C 值：

RLC 串聯或並聯電路，若已知諧振頻率 f_r 及電容量 C，則可求出所需的 L 值。同樣的，已知 f_r 及 L，可求得 C。如果在（22.13）式的兩邊都取平方有

$$f_r^2 = \frac{1}{(2\pi)^2 LC} = \frac{1}{4\pi^2 LC}$$

的式子，解 L 有

$$L = \frac{1}{4\pi^2 f_r^2 C} \tag{22.14}$$

的結果，解 C 則有

$$C = \frac{1}{4\pi^2 f_r^2 L} \tag{22.15}$$

的結果。

例 22.3：在 RLC 串聯電路中，若 $C = 20\ \mu\mu\text{F}$ 及在 40 kHz 時發生諧振，求所需電感器的電感量。

解：利用（22.14）式我們有

$$L = \frac{1}{\omega^2 C}$$

$$= \frac{1}{4\pi^2(40 \times 10^3)^2(20 \times 10^{-12})} \text{ H}$$

$$= 792 \text{ mH}$$

22.3 帶通濾波器（*BANDPASS FILTERS*）

圖 22.7 RLC 電路振幅響應的例子，可看到在 f_r 週圍的頻率有對應很大的振幅，另一方面靠近零點及很大的 f_r 部份振幅就很小。因此以 **I** 爲輸出的

RLC串聯電路就是帶通濾波器的例子，此濾波器通過了以f_r爲中心的頻率帶，而把高或低於這個帶的頻率排除不讓它通過。

網路函數

圖22.7的響應曲線是在輸入$\mathbf{V}_g=1\underline{/0°}$伏特時所畫出。如果輸入是一般的值$\mathbf{V}_g=V\underline{/0°}$伏特，則響應曲線仍然維持原狀，而垂直軸的數值僅乘以V即可。爲此理由，寧願畫$|\mathbf{I}/\mathbf{V}_g|$的響應圖，而不畫$|\mathbf{I}|$的響應曲線，而且也不會遺落振幅響應的任何訊息。除以$|\mathbf{V}_g|$也有一優點，僅需考慮電路的反應，而不需考慮電路及它的輸入是什麼。

將輸出相量和輸入相量的比值以$\mathbf{H}(j\omega)$來表示，定義它爲網路函數（network function）（或轉移函數）。$\mathbf{H}$的單位可以是歐姆（輸出是電壓及輸入是電流）或姆歐（輸出是電流而輸入是電壓，如圖22.7所示），或$\mathbf{H}$是無單位（兩者都是電壓或電流的比值）。

一般狀況

圖22.9是一般帶通振幅$|\mathbf{H}(j\omega)|$的響應曲線，把諧振頻率ω_r或f_r歸屬爲中心頻率ω_0弳／秒或f_0赫芝。所通過的頻率或帶通定義爲

$$\omega_{c_1} \leq \omega \leq \omega_{c_2}$$

此處ω_{c_1}和ω_{c_2}是截止點（cutoff point）或截止頻率，是定義在振幅等於最大振幅的$1/\sqrt{2}=0.707$倍處的頻率。通帶的寬度定義爲

$$B=\omega_{c_2}-\omega_{c_1}\ \text{rad/s} \tag{22.16}$$

稱爲頻帶寬度（bandwidth），如以赫芝爲單位有

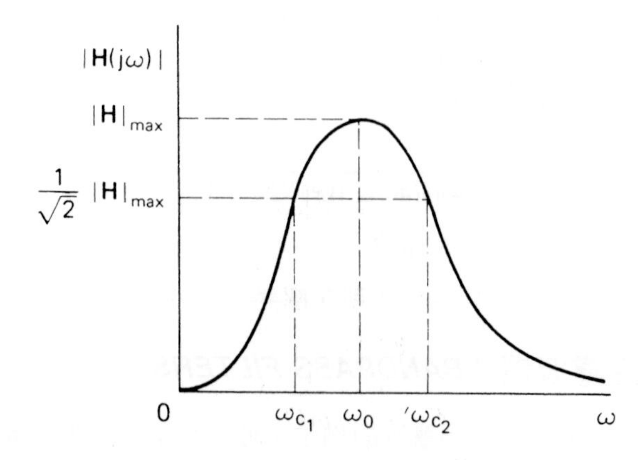

圖22.9　一般性帶通振幅響應

$$B = f_{c_2} - f_{c_1}\ \text{Hz} \tag{22.17}$$

的結果，式中 $f_{c1} = \omega_{c1}/2\pi$ 及 $f_{c2} = \omega_{c2}/2\pi$ 。

因爲功率通常與振幅函數的平方相結合，及 $(1/\sqrt{2})^2 = 1/2$ ，所以截止頻率亦稱爲半功率點或半功率頻率。

RLC 並聯電路的例子

圖 22.6 RLC 串聯電路的情況，如輸出是電流 $\mathbf{I}$ 及輸入是電源電壓 $\mathbf{V}_g$ ，網路函數是

$$\mathbf{H}(j\omega) = \frac{\mathbf{I}}{\mathbf{V}_g} = \frac{1}{\mathbf{Z}} = \frac{1}{R + j(\omega L - 1/\omega C)} \tag{22.18}$$

由（22.7）式知上式的振幅響應是

$$|\mathbf{H}(j\omega)| = \frac{1}{\sqrt{R^2 + (\omega L - 1/\omega C)^2}} \tag{22.19}$$

當然振幅響應曲線是圖 22.7 或圖 22.9 的曲線。

已知中心頻率或諧振頻率是

$$\omega_0 = \frac{1}{\sqrt{LC}} \tag{22.20}$$

爲求截止頻率，我們注意

$$|\mathbf{H}|_{\max} = \frac{1}{R}$$

在 ω_{c1} 和 ω_{c2} 處所有的振幅爲

$$|\mathbf{H}| = \frac{1}{\sqrt{2}}|\mathbf{H}|_{\max} = \frac{1}{\sqrt{2}\,R}$$

這所發生的如同在（22.19）式中所了解的，當

$$\omega L - \frac{1}{\omega C} = \pm R$$

時，這是截止點所滿足的方程式。把項目 $\pm R$ 移至左邊，並把各項乘以 ω/L ，

有

$$\omega^2 \mp \frac{R}{L}\omega - \frac{1}{LC} = 0 \tag{22.21}$$

的結果。在R使用負號，利用二項式公式有

$$\omega = \frac{(R/L) \pm \sqrt{(R/L)^2 + 4/LC}}{2}$$

的結果。對正值的ω，我們去掉負號，而得結果是

$$\omega_{c_2} = \frac{(R/L) + \sqrt{(R/L)^2 + 4/LC}}{2} \tag{22.22}$$

在（22.21）式取正號的R並由類似的計算，有

$$\omega_{c_1} = \frac{-(R/L) + \sqrt{(R/L)^2 + 4/LC}}{2} \tag{22.23}$$

把解答標示為ω_{c2}及ω_{c1}，這是因它們都是截止點，及在（22.22）式的值大於（22.23）式中的數值。

頻帶寬度

由（22.16）式，（22.22）式，（22.23）式中可求得頻帶寬度B。結果是

$$\begin{aligned} B &= \omega_{c_2} - \omega_{c_1} \\ &= \left(\frac{R}{2L} + \frac{\sqrt{(R/L)^2 + 4/LC}}{2}\right) - \left(-\frac{R}{2L} + \frac{\sqrt{(R/L)^2 + 4/LC}}{2}\right) \end{aligned}$$

或

$$B = \frac{R}{L}\ \text{rad/s} \tag{22.24}$$

因此要使通帶變得更寬或更窄，可調整R值來獲得。（也可以調整L，但這會改變中心頻率$\omega_0 = 1/\sqrt{LC}$，除非C也調整。）

品質因數

在諧振電路中量度選擇性（selectivity）或峯值的尖銳是否良好就是所謂的品質因數（quality factor）Q，定義爲諧振頻率和頻帶寬度的比值，也就是

$$Q=\frac{\omega_0}{B} \tag{22.25}$$

（字母Q也是電抗功率的符號，但這兩數所用地方不同，所以不會混淆。）

由（22.25）式知低值Q有大的頻帶寬度B，及高的Q有低的頻帶寬度。因此具有高的Q值（有時取 10 或更高）電路，表示有高的選擇性電路（非常窄的通帶）。

在RLC串聯電路的例子中，把（22.24）式代入（22.25）式得

$$Q=\frac{\omega_0}{R/L}$$

或

$$Q=\frac{\omega_0 L}{R} \tag{22.26}$$

的結果。在諧振時$L=1/\omega_0^2 C$，所以（22.26）式變爲

$$Q=\frac{\omega_0(1/\omega_0^2 C)}{R}$$

或

$$Q=\frac{1}{\omega_0 RC} \tag{22.27}$$

因在諧振時有

$$\omega_0 L=X_L$$

及

$$\frac{1}{\omega_0 C}=X_C$$

所以在RLC串聯電路，可把（22.26）式和（22.27）式寫成下面形式

$$Q=\frac{X_L}{R} \tag{22.28}$$

及

$$Q=\frac{X_C}{R} \tag{22.29}$$

對於高Q的近似截止點

使用（22.20）式及（22.24）式可得以中心頻率和頻帶寬度為項的（22.22）式及（22.23）式之截止點。這結果是

$$\omega_{c_1}=\frac{-B+\sqrt{B^2+4\omega_0^2}}{2} \tag{22.30}$$

及

$$\omega_{c_2}=\frac{B+\sqrt{B^2+4\omega_0^2}}{2} \tag{22.31}$$

若Q為高值，則B為低值，因此在（22.30）式和（22.31）式中的$B^2+4\omega_0^2$之B^2項可忽略不計。則截止點的近似值為

$$\omega_{c_1}=\frac{-B+\sqrt{4\omega_0^2}}{2}=\omega_0-\frac{B}{2} \tag{22.32}$$

及

$$\omega_{c_2}=\frac{B+\sqrt{4\omega_0^2}}{2}=\omega_0+\frac{B}{2} \tag{22.33}$$

因此對高Q值的電路，中心頻率是位於截止點的中間，而近似位於通帶的中心。

例 22.4：在RLC串聯電路中，具有$R=100\,\Omega$，$L=0.1\,\text{H}$及$C=0.1\,\mu\text{F}$的元件。求中心頻率、頻帶寬度、Q值，及截止點的近似值。

解：中心頻率是

$$\omega_0=\frac{1}{\sqrt{LC}}=\frac{1}{\sqrt{(0.1)(10^{-7})}}=10^4\ \text{rad/s}$$

及頻帶寬度是

$$B=\frac{R}{L}=\frac{100}{0.1}=1000\ \text{rad/s}$$

因此，品質因數是等於

$$Q=\frac{\omega_0}{B}=\frac{10^4}{1000}=10$$

因這可考慮爲高Q值，由(22.32)式及(22.33)式知近似截止點是

$$\omega_{c_1}=\omega_0-\frac{B}{2}=10^4-\frac{1000}{2}=9500\ \text{rad/s}$$

$$\omega_{c_2}=\omega_0+\frac{B}{2}=10^4+\frac{1000}{2}=10{,}500\ \text{rad/s}$$

以赫芝爲單位有

$$f_0=\frac{10^4}{2\pi}=1592\ \text{Hz}$$

$$f_{c_1}=\frac{9500}{2\pi}=1512\ \text{Hz}$$

及

$$f_{c_2}=\frac{10{,}500}{2\pi}=1671\ \text{Hz}$$

的結果，而頻帶寬度是

$$B=\frac{1000}{2\pi}=159\ \text{Hz}$$

可由下式來驗證

$$B=f_{c_2}-f_{c_1}$$

RLC 並聯電路的例子

在圖22.8的RLC並聯電路例子中，由(22.11)式知網路函數是等於

$$\mathbf{H}(j\omega)=\frac{1}{(1/\mathrm{R})+j(\omega C-1/\omega L)}$$

可以使用和串聯電路相同的方式證明下式是成立的

$$\omega_0=\frac{1}{\sqrt{LC}}$$

$$B=\frac{1}{RC}$$

$$Q=\frac{\omega_0}{B}=\omega_0 RC=\frac{R}{\omega_0 L}$$

方程式（22.30）式及（22.31）式在高Q值時並聯電路亦可以以它的近似式（22.32）式及（22.33）式來表示。

22.4 低通濾波器（*LOW-PASS FILTERS*）

低通濾波器是能通過低頻而把高頻阻隔的濾波器。典型的低通振幅響應$|\mathbf{H}(j\omega)|$是圖22.10的曲線，圖中ω_c是截止頻率及$0\leq\omega\leq\omega_c$是通帶。在低通中的頻帶寬度$B=\omega_c$弳/秒或$B=f_c=\omega_c/2\pi$赫芝。

如同帶通濾波器，通過頻率所對應振幅是大於或等於最大振幅的$1/\sqrt{2}=0.707$倍。但與帶通濾波器不同的是，在低通中僅有一個截止點，而且所阻絕的是一頻率帶。

一低通濾波器的例子，是如同圖22.2(a)爲圖22.1(a)的振幅響應，此電路的網路函數是

$$|\mathbf{H}(j\omega)|=\frac{\mathbf{I}}{\mathbf{V}_g}$$

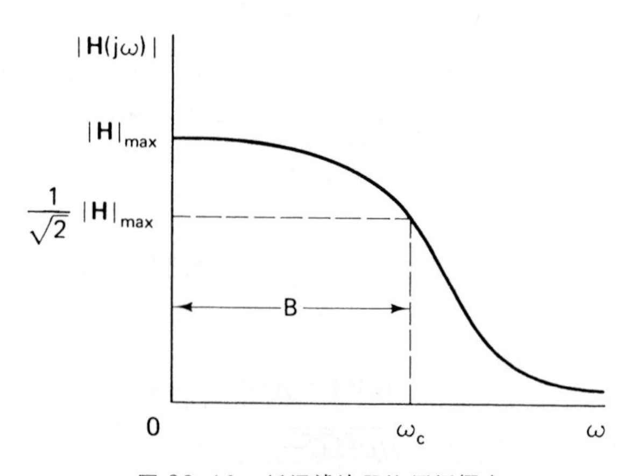

圖22.10 低通濾波器的振幅響應

例22.5：在圖22.11電路中求它的網路函數$\mathbf{H}(j\omega)=\dfrac{\mathbf{V}_2}{\mathbf{V}_1}$，電路中$R=1\text{ k}\Omega$，$L=0.1\text{ H}$，和$C=0.05\,\mu\text{F}$，並證明它是低通濾波器電路。也求

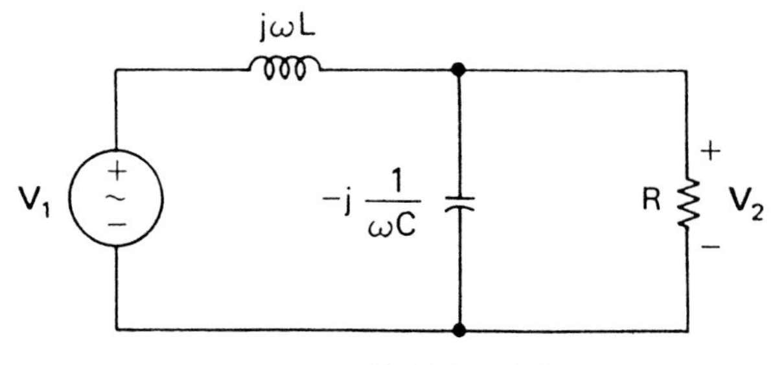

圖 22.11　低通濾波器電路

出截止頻率 f_c 的數值。

解：RC 並聯組合的阻抗 $\mathbf{Z}_1$ 等於

$$\mathbf{Z}_1=\frac{R\,[-j\,(1/\omega C)]}{R-j\,(1/\omega C)}=\frac{-jR}{R\omega C-j1}$$

利用分壓定理有

$$\mathbf{H}(j\omega)=\frac{\mathbf{V}_2}{\mathbf{V}_1}=\frac{\mathbf{Z}_1}{j\omega L+\mathbf{Z}_1}$$

$$=\frac{\dfrac{-jR}{R\omega C-j1}}{j\omega L-\dfrac{jR}{R\omega C-j1}}$$

的結果，此式可簡化為

$$\mathbf{H}(j\omega)=\frac{-jR}{\omega L+j(\omega^2RLC-R)}$$

或

$$\mathbf{H}(j\omega)=\frac{R}{-(\omega^2LC-1)R+j\omega L}$$

因此振幅是

$$|\mathbf{H}(j\omega)|=\frac{R}{\sqrt{(\omega^2LC-1)^2R^2+\omega^2L^2}}$$

或

$$|\mathbf{H}(j\omega)|=\frac{R}{\sqrt{R^2L^2C^2\omega^4+(L-2R^2C)L\omega^2+R^2}} \qquad (22.34)$$

在例中，振幅是

$$|\mathbf{H}(j\omega)|=\frac{10^3}{\sqrt{10^6(10^{-2})(25)(10^{-16})\omega^4+[0.1-2(10^6)(5)(10^{-8})](0.1)\omega^2+10^6}}$$

$$=\frac{10^3}{\sqrt{25(10^{-12})\omega^4+10^6}}$$

或

$$|\mathbf{H}(j\omega)|=\frac{10^3}{\sqrt{10^6[1+25(10^{-18})\omega^4]}}$$

$$=\frac{1}{\sqrt{1+\omega^4/4(10^{16})}}$$

把最後的結果寫成下列的型式

$$|\mathbf{H}(j\omega)|=\frac{1}{\sqrt{1+[\omega/\sqrt{2}\,(10^4)]^4}}$$

可看出最大振幅是 $|\mathbf{H}|_{max}=1$ ，是在 $\omega=0$ 時發生的，因 ω 增加時振幅則隨著連續降低。且有

$$\omega=\sqrt{2}\times 10^4 \text{ rad/s} \tag{22.35}$$

的頻率時，我們了解振幅是等於

$$|\mathbf{H}|=\frac{1}{\sqrt{1+1}}=\frac{1}{\sqrt{2}}=\frac{1}{\sqrt{2}}(1)$$

$$=\frac{1}{\sqrt{2}}|\mathbf{H}|_{max}$$

因此，截止頻率是（22.35）式中的數值，式中如以赫芝為單位是等於

$$f_c=\frac{\sqrt{2}\times 10^4}{2\pi}=2251 \text{ Hz}$$

22.5 其他型式的濾波器（*OTHER TYPES OF FILTERS*）

低通和帶通濾波器可能是最重要的濾波器，但尚有許多其它型式的濾波器。本節將考慮其它兩種濾波器，即著名的高通（high-pass）及拒帶（band-reject）濾波器。

高通濾波器

通過高頻而廢除低頻的濾波器稱為高通濾波器。如圖 22.3(a)電路的例子，可從圖 22.4 的振幅響應曲線中可了解。在圖中低頻所對應的振幅是相對的小，而被阻絕掉。在高頻所對應的是大的振幅，所以可以通過。

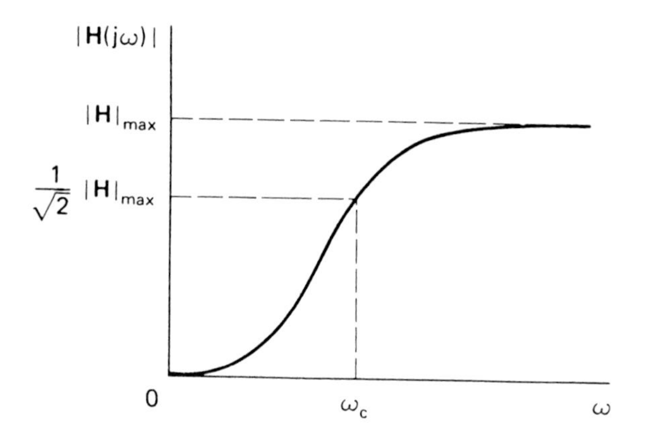

圖 22.12 高通振幅響應

在一般情況，高通濾波器的振幅響應曲線如同圖22.12中的曲線。曲線的截止頻率是 ω_c 徑/秒，或 $f_c=\omega_c/2\pi$ 赫芝，此點把拒帶 $0<\omega<\omega_c$ 和通帶 $\omega\geq\omega_c$ 分隔。而通過頻率所對應的振幅是大於或等於最大振幅 $|\mathbf{H}|_{max}$ 的 $1/\sqrt{2}=0.707$ 倍。

例 22.6：在圖22.13中的電路，求網路函數 $\mathbf{H}(j\omega)=\dfrac{\mathbf{V}_2}{\mathbf{V}_1}$，電路中 $R=1\ \mathrm{k}\Omega$，$L=0.1\ \mathrm{H}$，及 $C=0.05\ \mu\mathrm{F}$，及證明它是高通濾波器電路。並求截止頻率 f_c。

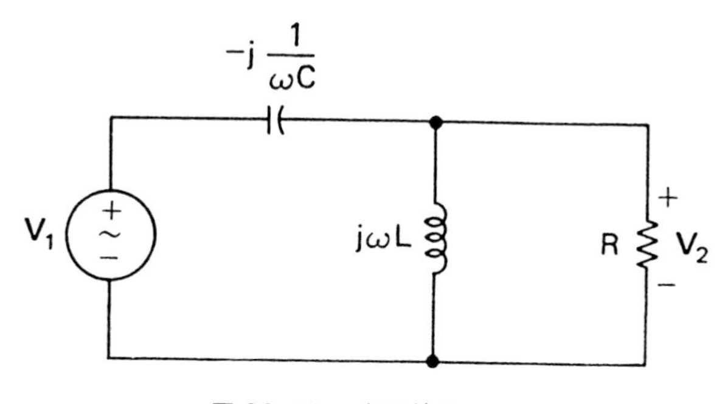

圖 22.13 高通濾波器

解：並聯 RL 組合阻抗 $\mathbf{Z}_1$ 是

$$\mathbf{Z}_1=\frac{R(j\omega L)}{R+j\omega L}$$

利用分壓定理有

$$\mathbf{H}(j\omega)=\frac{\mathbf{V}_2}{\mathbf{V}_1}=\frac{\mathbf{Z}_1}{-j(1/\omega C)+\mathbf{Z}_1}$$

$$=\frac{\dfrac{j\omega RL}{R+j\omega L}}{-j\dfrac{1}{\omega C}+\dfrac{j\omega RL}{R+j\omega L}}$$

上式可簡化成下面的結果

$$\mathbf{H}(j\omega)=\frac{j\omega RL}{(L/C)+j(\omega RL-R/\omega C)}$$

或

$$\mathbf{H}(j\omega)=\frac{jRL}{(L/\omega C)+jR(L-1/\omega^2 C)}$$

因此振幅是

$$|\mathbf{H}(j\omega)|=\frac{RL}{\sqrt{(L/\omega C)^2+R^2(L-1/\omega^2 C)^2}}$$

或

$$\mathbf{H}(j\omega)=\frac{RL}{\sqrt{\dfrac{R^2}{C^2\omega^4}+\left(\dfrac{L}{C}-2R^2\right)\dfrac{L}{C\omega^2}+R^2L^2}} \tag{22.36}$$

把已知電路元件數值代入，可變成

$$|\mathbf{H}(j\omega)|=\frac{10^3(0.1)}{\sqrt{\dfrac{10^6}{(25)(10^{-16})\omega^4}+\dfrac{0.1}{5(10^{-8})}\left[\dfrac{0.1}{5(10^{-8})}-2(10^6)\right]\dfrac{1}{\omega^2}+(10^6)(10^{-2})}}$$

或

$$|\mathbf{H}(j\omega)|=\frac{100}{\sqrt{10^4\left[\dfrac{4(10^{16})}{\omega^4}+1\right]}}$$

$$=\frac{1}{\sqrt{1+\dfrac{4(10^{16})}{\omega^4}}}=\frac{\omega^2}{\sqrt{\omega^4+4(10^{16})}} \tag{22.37}$$

由最後這結果可知$\omega=0$時振幅為零，及ω繼續增大時，$4(10^{16})/\omega^4$則持續減小，所以$|\mathbf{H}(j\omega)|$持續的往1增大。因此它的振幅響應和以$|\mathbf{H}|_{max}=1$的圖22.12相似。為求ω_c，注意從(22.37)式中當

$$\frac{4(10^{16})}{\omega^4}=1 \tag{22.38}$$

時，我們有

$$|\mathbf{H}|=\frac{1}{\sqrt{2}}=\frac{1}{\sqrt{2}}\cdot 1=\frac{1}{\sqrt{2}}|\mathbf{H}|_{\max}$$

的結果。因此ω_c滿足了（22.38）式及它的值是

$$\omega_c=\sqrt[4]{4(10^{16})}=\sqrt{2}\times 10^4 \text{ rad/s}$$

以赫芝爲單位的截止點是

$$f_c=\frac{\sqrt{2}\times 10^4}{2\pi}=2251 \text{ Hz}$$

拒帶濾波器

除了已知頻率 ω_0 週圍的頻帶外，能通過所有其它頻率的濾波器稱爲拒帶，或頻帶消除，或凹口濾波器。頻率 ω_0 是中心頻率，如果去掉的頻帶是等於

$$\omega_{c_1}<\omega<\omega_{c_2}$$

則 ω_{c1} 和 ω_{c2} 是截止頻率。與其它濾波器一樣，通過頻率所對應的振幅必須大於或等於最大振幅的$1/\sqrt{2}=0.707$倍。典型的拒帶振幅示於圖22.14中的圖形，圖中拒帶具有一頻帶寬度，其值爲

$$B=\omega_{c_2}-\omega_{c_1} \text{ rad/s} \tag{22.39}$$

和帶通濾波器一樣，拒帶濾波器也定義一品質因數Q，它的數值由下式來求得

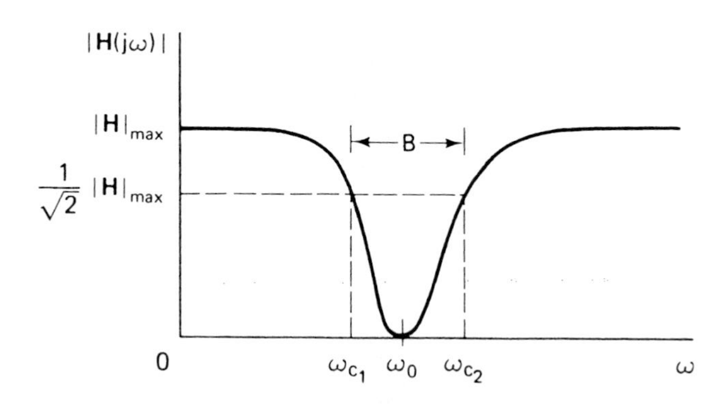

圖 22.14　拒帶振幅響應

$$Q=\frac{\omega_0}{B}$$

此式和帶通的表示式完全相同。

一拒帶濾波器的例子是練習題 22.1-2 的電路，此電路網路函數是

$$\mathbf{H}(j\omega)=\mathbf{V}_2/\mathbf{V}_g$$

它的振幅是

$$|\mathbf{H}(j\omega)|=\frac{|1-\omega^2|}{\sqrt{\omega^4-1.96\omega^2+1}}$$

其最大值為

$$|\mathbf{H}|_{\max}=1$$

是分別發生在 $\omega=0$ 及無限大頻率時，且 $\omega=1$ 時有 $|\mathbf{H}|=0$ 的結果，所以它的響應是類似於 $\omega_0=1$ 弳／秒的圖 22.14 中的響應曲線。

例 22.7：在圖22.15電路中求它的網路函數 $\mathbf{H}(j\omega)=\dfrac{\mathbf{V}_2}{\mathbf{V}_1}$，並證明它是拒帶濾波器。

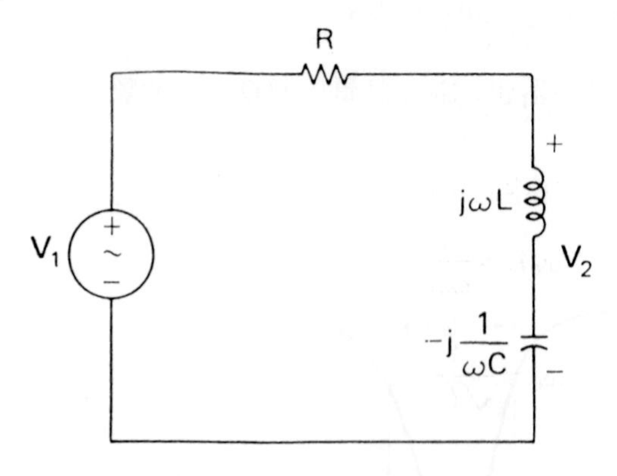

圖 22.15　拒帶濾波器

解：LC 串聯阻抗 $\mathbf{Z}_1$ 是

$$\mathbf{Z}_1=j\omega L-j\frac{1}{\omega C}$$

因此它的網路函數是

$$\mathbf{H}(j\omega)=\frac{\mathbf{V}_2}{\mathbf{V}_1}=\frac{\mathbf{Z}_1}{R+\mathbf{Z}_1}=\frac{j(\omega L-1/\omega C)}{R+j(\omega L-1/\omega C)} \tag{22.40}$$

可改寫成下列的形式

$$\mathbf{H}(j\omega)=\frac{1}{1-j\left(\dfrac{R}{\omega L-1/\omega C}\right)}$$

由上式可得振幅響應是

$$|\mathbf{H}(j\omega)|=\frac{1}{\sqrt{1+\left(\dfrac{R}{\omega L-1/\omega C}\right)^2}}$$

或

$$|\mathbf{H}(j\omega)|=\frac{1}{\sqrt{1+\left(\dfrac{\omega RC}{\omega^2 LC-1}\right)^2}} \tag{22.41}$$

從（22.40）式可寫出

$$|\mathbf{H}(j\omega)|=\frac{|\omega L-1/\omega C|}{\sqrt{R^2+(\omega L-1/\omega C)^2}} \tag{22.42}$$

的式子。由（22.41）式知最大振幅是 $|\mathbf{H}|_{max}=1$ 發生在當

$$\frac{\omega RC}{\omega^2 LC-1}=0$$

之時，或 $\omega=0$ 及 $\omega=\infty$ 之處。在（22.42）式中知道當

$$\omega L=\frac{1}{\omega C}$$

時 $|\mathbf{H}(j\omega)|=0$ ，而它必是在中心頻率 ω_0 處發生的。因此我們有

$$\omega_0 L=\frac{1}{\omega_0 C}$$

或

$$\omega_0=\frac{1}{\sqrt{LC}} \tag{22.43}$$

的結果。

由（22.42）式可知，當從 ω_0 處頻率增大或減小時分子和分母兩者都會增大。因 ω 移向 0 或∞時 $|\mathbf{H}(j\omega)|$ 移向 1 ，一定有和圖22.14相似的振幅響應曲線。因此圖22.15電路是拒帶濾波器。

截止點

在（22.41）式中知道

$$|\mathbf{H}(j\omega)| = \frac{1}{\sqrt{2}} = \frac{1}{\sqrt{2}}|\mathbf{H}|_{\max}$$

是在當我們有

$$\frac{\omega RC}{\omega^2 LC - 1} = \pm 1$$

或

$$\pm\omega RC = \omega^2 LC - 1 \tag{22.44}$$

的關係式發生。因此這是使截止點所滿足的關係式，可把（22.44）式改成下列型式

$$\omega^2 LC \mp \omega RC - 1 = 0$$

上式可用二項式公式求解。在ωRC上選用負號有

$$\omega = \frac{RC \pm \sqrt{(RC)^2 + 4LC}}{2LC}$$

的結果，及選用正號有

$$\omega = \frac{-RC \pm \sqrt{(RC)^2 + 4LC}}{2LC}$$

的結果。如果$\omega > 0$，在根號前的負號須省略，因此有下列的截止點

$$\omega_{c_1} = \frac{-RC + \sqrt{(RC)^2 + 4LC}}{2LC} \tag{22.45}$$

及

$$\omega_{c_2} = \frac{RC + \sqrt{(RC)^2 + 4LC}}{2LC} \tag{22.46}$$

（用此方式指定ω_{c1}和ω_{c2}，是因已知$\omega_{c1} < \omega_{c2}$。）

拒帶濾波器的頻帶寬度B是

$$B = \omega_{c_2} - \omega_{c_1}$$

$$= \frac{RC + \sqrt{(RC)^2 + 4LC}}{2LC} - \frac{-RC + \sqrt{(RC)^2 + 4LC}}{2LC}$$

$$= \frac{2RC}{2LC}$$

或

$$B = \frac{R}{L} \tag{22.47}$$

例 22.8：如果在圖 22.15 電路中 $R = 100\,\Omega$，$L = 0.1\,\text{H}$，及 $C = 0.4\,\mu\text{F}$，求中心頻率、截止點、拒帶的寬度，及 Q 值。

解：中心頻率是

$$\omega_0 = \frac{1}{\sqrt{LC}} = \frac{1}{\sqrt{(0.1)(0.4)(10^{-6})}} = 5000\ \text{rad/s}$$

或

$$f_0 = \frac{5000}{2\pi} = 796\ \text{Hz}$$

藉著（22.45）式及（22.46）式求得截止點是

$$\omega_{c_1} = \frac{-(100)(4)(10^{-7}) + \sqrt{[(100)(4)(10^{-7})]^2 + 4(0.1)(4)(10^{-7})}}{2(0.1)(4)(10^{-7})}$$

$$= \frac{-0.4(10^{-4}) + 4.02(10^{-4})}{8(10^{-8})}$$

$$= 4525\ \text{rad/s}$$

及

$$\omega_{c_2} = \frac{0.4(10^{-4}) + 4.02(10^{-4})}{8(10^{-8})}$$

$$= 5525\ \text{rad/s}$$

被拒絕的頻帶寬度是

$$B = \omega_{c_2} - \omega_{c_1}$$

$$= 5525 - 4525$$

$$= 1000\ \text{rad/s}$$

這可由（22.47）式來驗證，根據此式運算結果是

$$B=\frac{R}{L}=\frac{100}{0.1}=1000\ \text{rad/s}$$

最後，Q等於

$$Q=\frac{\omega_0}{B}=\frac{5000}{1000}=5$$

如以赫芝爲單位結果是

$$f_{c_1}=\frac{\omega_{c_1}}{2\pi}=\frac{4525}{2\pi}=720.2\ \text{Hz}$$

$$f_{c_2}=\frac{\omega_{c_2}}{2\pi}=\frac{5525}{2\pi}=879.3\ \text{Hz}$$

及

$$B=879.3-720.2=159.1\ \text{Hz}$$

22.6 摘　要（*SUMMARY*）

濾波器是能通過特定頻率而把其它頻率阻隔掉的電路。低通濾波器通過低頻信號，高通濾波器通過高頻信號，而帶通濾波器通過一頻率帶。拒帶濾波器是除了某特定頻率外，其餘的全部通過。

頻率帶的中心頻率，不論是通帶所通過的或是拒帶所拒絕的都是電路的諧振頻率。電路在此頻率時稱爲在諧振狀況。

高通及低通都只有一個截止頻率，此頻率把通帶從被拒絕的頻帶中分離出來。在通帶和拒帶濾波器中，有兩個截止點，此兩截止點定義了通帶中通過的頻帶及拒帶濾波器中被拒絕的頻帶。

尙有很多種濾波器電路的例子。其中最常用的是 RLC 串聯和並聯電路，當從電源看入的阻抗是純實數時，它們是在諧振的情況中。即虛數部份爲零。

練習題

22.1-1　如圖求振幅響應 $|\mathbf{V}_1|$，此處 $\mathbf{V}_1$ 是 v_1 的相量。

答：$\dfrac{0.2\,|\omega|}{\sqrt{\omega^4-1.96\,\omega^2+1}}$。

22.1-2　求振幅響應 $|\mathbf{V}_2|$，此處 $\mathbf{V}_2$ 是練習題 22.1-1 中 v_2 的相量。

答：$\dfrac{|1-\omega^2|}{\sqrt{\omega^4-1.96\,\omega^2+1}}$。

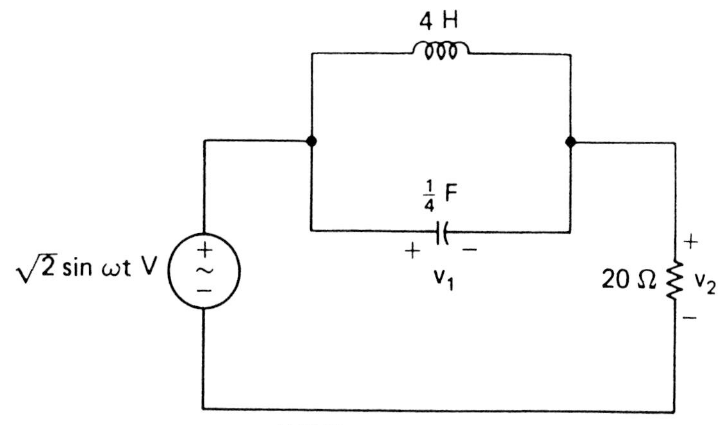

練習題 22.1-1

22.2-1　圖 22.6 RLC 串聯電路，求諧振頻率及電流振幅的峯值，若 $R=10\,\Omega$，$L=8$ mH，$C=0.2\,\mu$F 及 $\mathbf{V}_g=20\underline{/0°}$ 伏特。

答：4 kHz，2 A。

22.2-2　圖 22.8 RLC 並聯電路，電路中 $L=10$ mH及 $|\mathbf{I}_g|=20$ mA。在 1500 Hz 的諧振頻率時，若電壓振幅的峯值是 $|\mathbf{V}|=100$ 伏特，求 R 和 C 之值。

答：5 kΩ，1.1 μF。

22.2-3　在 RLC 並聯電路中，若 $C=0.01\,\mu$F 及諧振發生在 2 kHz 時，求電路所需的電感。

答：0.63 H。

22.3-1　藉著把（22.30）式及（21.31）式相乘來證明

$\omega_0^2=\omega_{c1}\omega_{c2}$

或 $f_0^2=f_{c1}f_{c2}$

成立。如果截止點分別爲 4 kHz 及 16 kHz，使用這結果求中心頻率。

答：8 kHz。

22.3-2　在 RLC 串聯電路中 $R=40\,\Omega$，$L=8$ mH，及 $C=0.2\,\mu$F。求 ω_0，B，Q，ω_{c1}，及 ω_{c2} 的值爲多少。

答：25,000 弳/秒；5000 弳/秒；5；22,500 弳/秒；27,500 弳/秒。

22.3-3　在 RLC 並聯電路中 $R=5$ kΩ，$L=5$ mH，及 $C=0.02\,\mu$F。求 ω_0，B，Q，及截止點的近似值。

答：100,000弳／秒；10,000弳／秒；10 ；95,000弳／秒；105,000弳／秒。

22.3-4　證明下面電路具有 $\mathbf{H}=\mathbf{V}_2/\mathbf{V}_1$ 的帶通濾波器，及求 ω_0 ，B及Q之值。

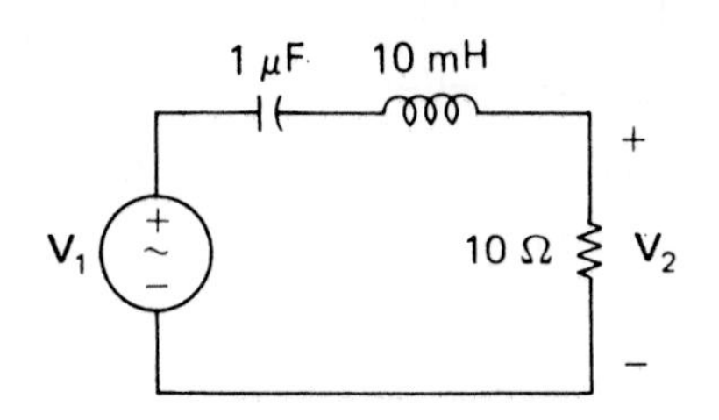

練習題 22.3-4

答：10,000弳／秒，1000弳／秒，10 。

22.4-1　求電路的網路函數$\mathbf{H}(j\omega)=\mathbf{V}_2/\mathbf{V}_1$以及藉著求振幅及截止頻率來證明電路是低通濾波器。

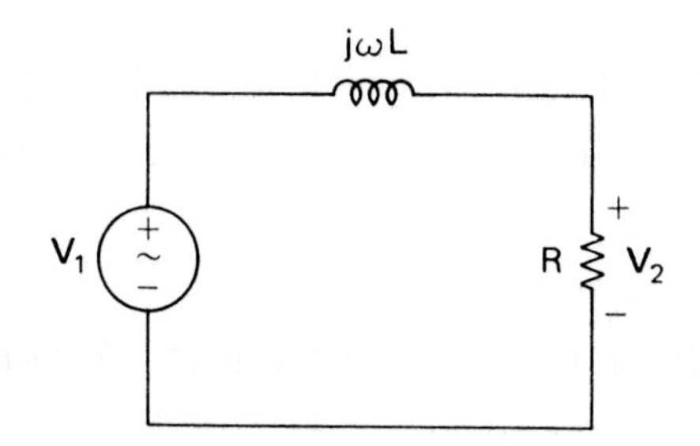

練習題 22.4-1

答：$\dfrac{R}{R+j\omega L}$ ，$\dfrac{R}{\sqrt{R^2+\omega^2L^2}}$ ，$\dfrac{R}{L}$弳／秒。

22.4-2　在練習題 22.4-1 的電路，若截止頻率是 2000 Hz 以及 $L=0.1$ H，求R值為多少。

答：1257 Ω 。

22.4-3　在圖 22.11 中低通濾波器，$R=1$ kΩ ，$L=20$ mH ，及$C=0.01$ μF ，求 f_c 值 。

答：11.25 kHz 。

22.5-1　圖 22.13 高通濾波器中$R=2$ kΩ ，$L=8$ mH ，及$C=1$ 奈法拉。求電路的截止點。

答：56.27 kHz 。

22.5-2　在圖 22.13 高通濾波器中，若$R^2=L/2C$，則證明（22.36）式的振幅函數變成

$$|\mathbf{H}(j\omega)| = \frac{1}{\sqrt{1+1/L^2C^2\omega^4}}$$

以及截止點是 $\omega_c = 1/\sqrt{LC}$，若 $C=0.01\,\mu$F 及 $\omega_c = 10{,}000$ 弳／秒，使用這個結果去求 L。

答：1H，7.07 kΩ。

22.5-3　在圖 22.15 拒帶濾波器中，$R=20\,\Omega$，$L=0.02$ H，及 $C=0.5\,\mu$F，求 ω_0，B，及 Q 之值。

答：10,000 弳／秒，1000 弳／秒，10。

習　題

22.1　求振幅響應，如果電路的電壓是

$$\mathbf{V} = \frac{1}{(j\omega)^2 + \sqrt{2}(j\omega) + 1}$$

22.2　求 $|\mathbf{V}|$ 值，在於

$$\mathbf{V} = \frac{(j\omega)^2}{(j\omega)^2 + \sqrt{2}(j\omega) + 1}$$

22.3　求 $|\mathbf{I}|$ 值，在於

$$\mathbf{I} = \frac{j\omega}{(j\omega)^2 + 2j\omega + 16}$$

22.4　求 $|\mathbf{I}|$ 值，在於

$$\mathbf{I} = \frac{(j\omega)^2 + 16}{(j\omega)^2 + 2j\omega + 16}$$

22.5　求 $\mathbf{H}(j\omega)$ 及 $|\mathbf{H}(j\omega)|$ 之值，此處 $\mathbf{H}(j\omega) = \dfrac{\mathbf{V}_2}{\mathbf{V}_1}$。

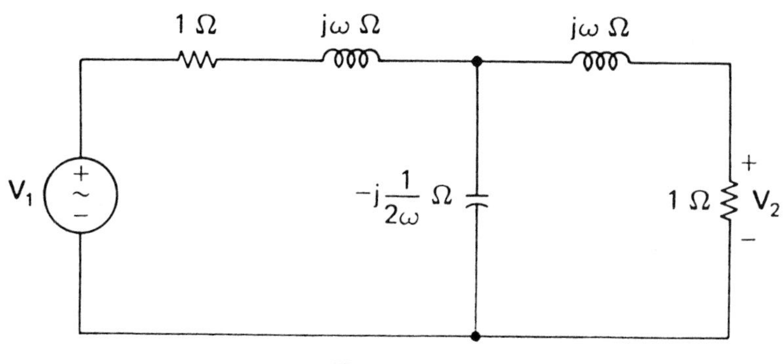

習題 22.5

22.6 在習題 22.1 的電壓**V**是低通濾波器的電壓，求ω_c之值。

22.7 下圖電路在$f_0=5000$ Hz 時處於諧振。若$X_L=X_C=15\,\Omega$，$R=3\,\Omega$及$\mathbf{V}_1=30\underline{|0^\circ}$伏特，求$B$，$Q$，及**I**之值。(網路函數$\mathbf{H}=\mathbf{I}/\mathbf{V}_1$)

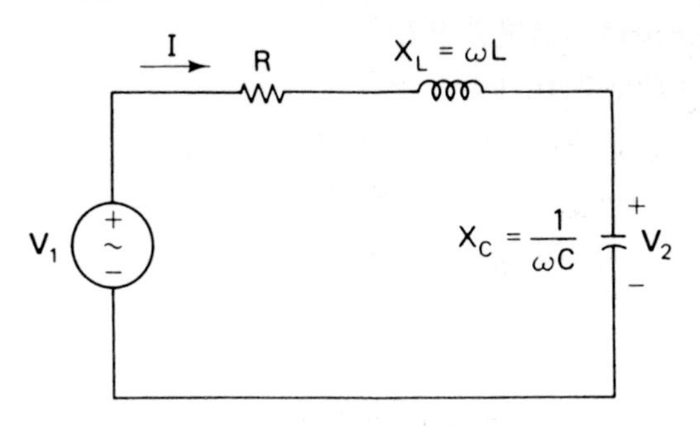

習題 22.7

22.8 在習題 22.7 電路中，$B=500$ Hz，$Q=10$，及$R=10\,\Omega$。求L和C之值。

22.9 在習題 22.7 中，$R=5\,\Omega$，$X_L=200\,\Omega$及$f_0=10000$ Hz。求B，f_{c1}，及f_{c2}之值。

22.10 在習題 22.7 中，$L=0.1$ H，$C=1$ 奈法拉，及$R=1$ kΩ。求f_0及B值。

22.11 若$R=2$ kΩ，$L=1$ mH，及$\omega_0=200{,}000$ 弳/秒，求B和C。(網路函數$\mathbf{H}=\mathbf{V}_2/\mathbf{I}_1$)

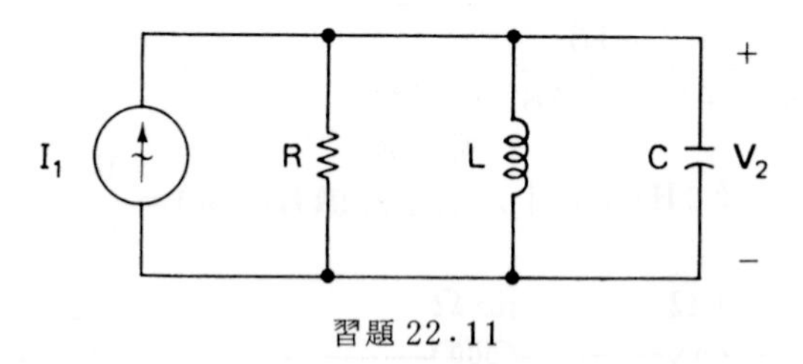

習題 22.11

22.12 在習題 22.11 中，若$L=20$ mH，$C=0.5\,\mu$F，及$Q=5$，求f_0及R值。

22.13 在圖 22.11 低通濾波器中，若$R^2=L/2C$，則證明振幅函數(22.34)式變成

$$|\mathbf{H}(j\omega)|=\frac{1}{\sqrt{1+L^2C^2\omega^4}}$$

及截止點是等於

$$\omega_c=\frac{1}{\sqrt{LC}}$$

若$C=0.02\,\mu$F及$\omega_c=50000$弳/秒，使用這結果求L和R值。

22.14　在習題22.7中，求網路函數$\mathbf{H}=\mathbf{V}_2/\mathbf{V}_1$，並注意此電路是低通濾波器。若$R=2\,\text{k}\Omega$，$L=0.2\,\text{H}$，及$C=0.1\,\mu$F，求$\omega_c$之值。

22.15　習題22.5的網路是低通濾波器，並求ω_c之值。

22.16　在習題22.2中函數是高通濾波器的函數。求ω_c之值。

22.17　網路函數

$$\mathbf{H}(j\omega)=\frac{(j\omega)^2}{(j\omega)^2+20j\omega+200}$$

是高通濾波器的函數。藉著求得振幅響應和ω_c來證明這點。

22.18　求如圖電路中的網路函數

$$\mathbf{H}(j\omega)=\frac{\mathbf{V}_2}{\mathbf{V}_1}$$

並利用求得振幅響應和ω_c之值證明電路是高通濾波器。

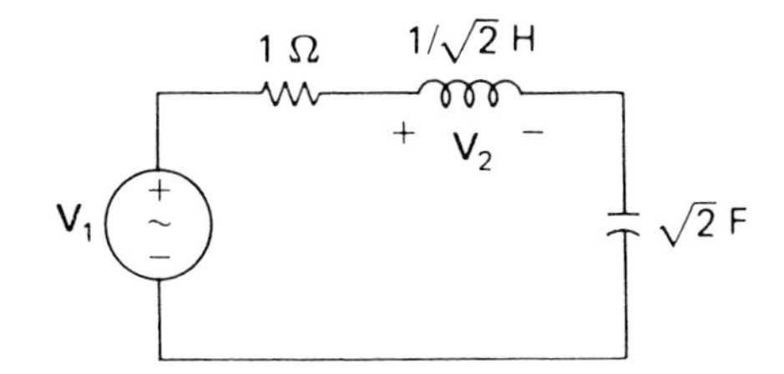

習題22.18

22.19　求電路的網路函數$\mathbf{H}(j\omega)=\mathbf{V}_2/\mathbf{V}_1$，且$R=1\,\Omega$，$L=5\,\text{H}$，及$C=0.2$法拉，並藉著求得的振幅響$\omega_0$，$B$，和$Q$值來證明此電路是拒帶濾波器。

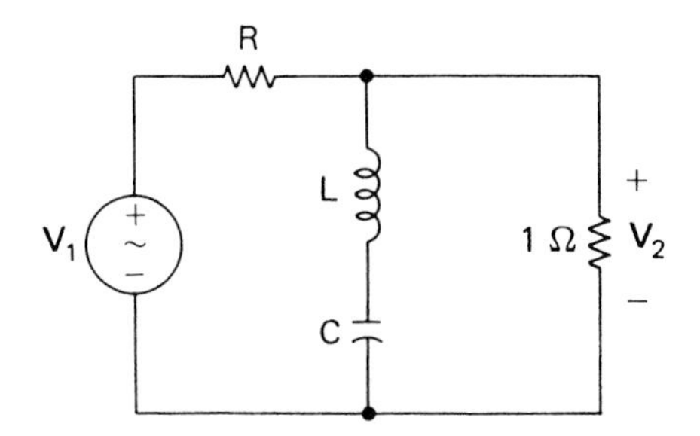

習題22.19

22.20　在習題22.19電路中，以$40\,\Omega$電阻取代$1\,\Omega$，並令$R=40\,\Omega$，$L=$

0.1H，及$C=10$奈法拉。求ω_0，B，及Q之值。

22.21 如果圖22.15中元件分別爲$L=10\,\text{mH}$，$C=0.01\,\mu\text{F}$及$R=200\,\Omega$。求ω_0，B，和Q值。

單數習題解答

第一章

1.1 *abca*，*bdcb*，*abdca*

1.3 (a) 0.62137，(b) 1.6093，(c) 0.03687

1.5 (a) 21.11，(b) 122，(c) 288.71。

1.7 (a) 0.001，(b) 0.127

1.9 (a) 2.5×10^{3}，(b) 2×10^{-5}，(c) 10^{2}，(d) 3.162×10^{4}

第二章

2.1 (a) 20，(b) 10

2.3 (a) 150，(b) 0.06

2.5 6

2.7 12.5 V

2.9 36 W

2.11 80 V

2.13 40 mV

2.15 22，380

2.17 (a) 60 W，(b) 1.2

2.19 25

2.21 (a) 30 W，(b) 1.2 kWh

第三章

3.1 (a) 0.5 A，(b) 0.5 mA

3.3 (a) 0.05 ℧，(b) 120 V，(c) 720 W

3.5 0.05 A

3.7 (a) 5 W，(b) 2.5 W

3.9 (a) 20 mA，(b) 0.4 A

3.11 4 s

3.13 96 Ω，1.25 A

3.15 5 mA

3.17 40 V

3.19 (a) 30 kΩ，27到33 kΩ，(b) 0.24 Ω，0.228到0.252 Ω，(c) 68 Ω，61.2到74.8 Ω

第四章

4.1 4 Ω

4.3 3 A，2 V

4.5 −4，−7 A

4.7 1和3 kΩ

4.9 (a) 120 Ω，(b) 0.1 A，(c) 2，3，及7 V

4.11 0.1 A，0.5 V

4.13 0.7 A

4.15 2 Ω

4.17 3 A，1.5 A

4.19 5 A

4.21 72 V，8 A，及4 A

4.23 20Ω
4.25 3Ω
4.27 (a) 1 W，(b) 0.05W
4.29 (a) 1152 W供給，(b) 288 W吸收，(c) 576 W吸收，(d) 288 W吸收

第五章

5.1 2A
5.3 42Ω
5.5 2A
5.7 18V
5.9 1W
5.11 1.5A
5.13 10A，2.5A，10V
5.15 (a) 44Ω，(b) 0.2A
5.17 6Ω
5.19 4.3V

第六章

6.1 4V，12V
6.3 4Ω，2Ω
6.5 18V，6V
6.7 1.4A，5.6A
6.9 1，2，3，4 mA
6.11 8A，4A，24V，8V
6.13 2.7A
6.15 320Ω

第七章

7.1 5A，1A
7 3 3V
7.5 2A
7.7 5A
7.9 2A
7.11 4.5A
7.13 3A，3A
7.15 10V
7.17 36W

第八章

8.1 10V
8.3 −1A
8.5 4A
8.7 $V_{oc}=14$ V，$R_{th}=4$ Ω，$P=12$W
8.9 $I_{sc}=\frac{2}{3}$ A，$R_{th}=3$ Ω，$V_2=1$V
8.11 $I_{sc}=14$ A，$R_{th}=\frac{4}{3}$ Ω，$I=2$A
8.13 $V_{oc}=27$ V，$R_{th}=3$ Ω，$I=3$ A
8.15 $R=6$ Ω，$V_g=12$ V，$V_1=3$ V
8.17 $I_{sc}=13$ A，$R_{th}=2$ Ω
8.19 $V_{oc}=27$ V，$R_{th}=3$ Ω
8.21 $R_A=R_B=R_C=3R$

第九章

9.1 (a) 100Ω，(b) 11.11Ω，(c) 0.1Ω
9.3 0.3356Ω，74.5mA
9.5 333.33Ω，52.63Ω，5.025Ω
9.7 (a) 50 mA，(a) 1.998 mA，

(c) 0.1%

9.9 (a) 996 Ω, (b) 4996 Ω, (c) 19,996 Ω

9.11 9.5 kΩ, 40 kΩ, 50 kΩ

9.13 (a) 5000, (b) 2000, (c) 1000

9.15 37.5 V, 6.25%

9.17 6 V, 5900 Ω

9.19 (a) 145/9 Ω, (b) 145/3 Ω, (c) 145 Ω

第十章

10.1 (a) 289, (b) 144, (c) 62, (d) 2601

10.3 (a) 0.008 Ω, (b) 0.0085 Ω, (c) 20 Ω

10.5 0.00204 Ω

10.7 (a) 7.94 Ω, (b) 128.35 Ω, (c) 5245 Ω

10.9 0.3997 A

10.11 (a) 8.876 Ω, (b) 143.48 Ω, (c) 5863.4 Ω

10.13 (a) 26.29 Ω, (b) 26.26 Ω, (c) 29.6 Ω

10.15 0 V, 120 V, 120 V

第十一章

11.1 150 μC, 50 V

11.3 44.28 pF

11.5 1.59 mm

11.7 (a) 5 μA, (b) −10 μA

11.9 2 mJ

11.11 20 V

11.13 3 μF

11.15 8 μF

11.17 (a) 3 μF, (b) 12 μF

第十二章

12.1 (a) 2 s, (b) $10e^{-t/2}$ V, (c) $0.5e^{-t/2}$ mA

12.3 (a) 7.36 V, (b) 2.71 V, (c) 0.13 V

12.5 (a) 0.25 s, (b) 0.4 mJ, (c) 40 μC

12.7 $20(1-e^{-500t})$ V

12.9 $1.5e^{-20t}$ mA

12.11 $4.8e^{-10t}$ V

12.13 $30(1-e^{-30t})$ V

12.15 $2-e^{-5000t}$ mA

第十三章

13.1 (a) 25 T, (b) 1 T, (c) 30 T

13.3 5.305×10^{6} At/Wb, 377 μWb

13.5 0.04 Wb

13.7 0.03 Wb

13.9 (a) 0.1 T, (b) 0.377 T, (c) 0.38 T

13.11 30 μWb

13.13 15.9 A

13.15 4.54×10^{8} At/Wb

13.17 1.4 mWb

第十四章

14.1 25 mWb/s

14.3 $3e^{-1000t}$ V

14.5 1.26 mH

14.7 20 mH
14.9 (a) 40 mJ,(b) 0.09 μJ
14.11 (a) 40 V,0.32 J,(b)−40 V,0.08 J
14.13 6 mH
14.15 $20e^{-100\,000t}$ mA
14.17 $3e^{-t}$ A
14.19 $20e^{-2500t}$ V,$10e^{-2500t}$ mA
14.21 $8-4e^{-t}$ A

第十五章

15.1 (a) $\pi/3$,(b) 4π,(c) 1.431
15.3 (a) 0.866,(b) 0,(c) 0.99
15.5 (a) 4 sin 100t mA,(b) 2 cos 200t mA
15.7 50 V,400π rad/s,200 Hz,5ms
15.9 (a) 0.5 ms,(b) 1 μs,(c) 50 ms
15.11 (a) 2000π rad/s,(b) π/10 rad/s,(c) $2\pi\times10^{6}$ rad/s
15.13 15.915 V,12.732 V
15.15 $V_m/2$
15.17 12 cos 6t V

第十六章

16.1 (a) $6\angle 90^\circ$,(b) $10\angle 53.1^\circ$,(c) $4\sqrt{2}\angle -45^\circ$,(d) 15 143.1°,(e) $2.236\angle 243.4^\circ$
16.3 (a) $j8$,(b) $60-j80$,(c) $-8-j8$,(d) $15-j8$,(e) $-8.66+j5$
16.5 (a) $-1-j7$,(b) $-6-j17$,(c) $-2+j11$,(d) $j100$
16.7 (a) $50\angle 90^\circ$,(b) $26\angle -22.6^\circ$,(c) $10\angle 278.1^\circ$,(d) $36\angle 44^\circ$,(e) 40
16.9 (a) $13\angle 120.5^\circ$,(b) $17\sqrt{2}\angle -73.1^\circ$,(c) $2\sqrt{2}\angle 45^\circ$,(d) $3\angle -70^\circ$,(e) $5\angle 25^\circ$
16.11 (a) $60\angle -36^\circ$,(b) $10\angle 12^\circ$,(c) $70.7\angle 0^\circ$,(d) $35.35\angle 50^\circ$,(e) $20\angle 0^\circ$
16.13 $5\angle -40^\circ$ Ω
16.15 (a) 1 kΩ,(b) j10 Ω,(c) $-j$1 kΩ
16.17 (a) 0,(b) j10 Ω,(c) j100 kΩ
16.19 (a)無限大(短路),(b) $-j$0.1 ℧,(c) $-j$10 μ℧
16.21 2 sin(4t−23.1°)A
16.23 2 sin(4t+83.1°)A
16.25 5 sin 2t A

第十七章

17.1 $3\angle 53.1^\circ$ Ω
17.3 (a) 1 Ω,5 kΩ,(b) 1 kΩ,5 Ω,(c) 62.83 Ω,79.58 Ω
17.5 (a)領前 42°,(b)領前 30°,(c)落後 10°
17.7 $\dfrac{3+j4}{2}$ Ω,8 sin(t−53.1°)A
17.9 $\sqrt{2}$ sin(5000t+45°) mA,$10\sqrt{2}$ sin(5000t−

45°) V

17.11 1.9 68.2° A，2.69 sin (5t+68.2°) A

17.13 $5\sqrt{2}$ sin (5000t+45°) mA

17.15 12 sin (6t−90°) V

17.17 sin 2t A

17.19 sin 3t A

17.21 $10\angle{-36.9^\circ}$ V

17.23 (a) 2 sin (4t−36.9°) A，(b) 2.5 sin 2t A

第十八章

18.1 $\frac{44-j33}{50}$ A，$\frac{56+j133}{50}$ A，2+j2 A

18.3 8+6 sin (3t−22.6°) V

18.5 10 −36.9° V

18.7 $\mathbf{V}_{oc}=3+j3$ V，$\mathbf{Z}_{th}=3-j3\,\Omega$，$\mathbf{V}=\frac{3\sqrt{2}}{5}\angle{81.9^\circ}$ V

18.9 $\mathbf{V}_{oc}=\frac{40}{17}(1+j4)$ V，$\mathbf{Z}_{th}=\frac{2}{17}(1+j4)$ kΩ，$\mathbf{I}=50+j50$ mA，$i=100$ sin (5000t+45°) mA

18.11 $\mathbf{I}_{sc}=-j16$ A，$\mathbf{Z}_{th}=j4/3$ Ω，$\mathbf{I}=j2$ A

18.13 $\mathbf{V}_{oc}=-j6$ V，$\mathbf{Z}_{th}=1\,\Omega$，$\mathbf{V}=-j3$ V

18.15 $\mathbf{Z}_A=2-j1\,\Omega$，$\mathbf{Z}_B=5\,\Omega$，$\mathbf{Z}_C=-3+j4\,\Omega$

18.17 4−j4 Ω

第十九章

19.1 480 W

19.3 32 W

19.5 172 W

19.7 60 W

19.9 0.6 落後

19.11 0.8 領前

19.13 48 W，83.1 vars，96 VA

19.15 (a) 1，(b) 0.8 落後，(c) 0.894 領前，(d) 0.6 落後

19.17 5 53.1° Ω

19.19 24.76 μF

19.21 10−j6 Ω，90 W

19.23 64 W

第二十章

20.1 20 A，6 kW

20.3 7.2 kW

20.5 $100\sqrt{3}$ V，10 A，$1500\sqrt{3}$ W

20.7 35.36 A，11.25 kW

20.9 $10\angle{36.9^\circ}$ Ω

20.11 21+j18 Ω

20.13 4.8 kW

20.15 8.1 kW

20.17 69 W，531 W，600 W

20.19 0，500 W，500 W

20.21 7.97−j0.48 A，−10.83−j1.83 A，2.86+j2.31 A

第二十一章

21.1 105 V，40 V

21.3 135 V，−80 V

21.5 (a) 0.125，(b) 0.75，(c) 1

21.7 $-24+j56$ V，$-24+j48$ V

21.9 $7.5\sin(2t-36.9°)$ A，$1.5\sin 2t$ A

21.11 4 J

21.13 $3\sqrt{2}\angle{-45°}$ A，$\sqrt{2}\angle{45°}$ A

21.15 2，$100\angle{0°}$ V，$2\angle{60°}$ A

21.17 100W，100W

21.19 $20\angle{36.9°}$ A，$2\angle{36.9°}$ A

21.21 (a) 100，32W，(b) 50，8 W

21.23 $15\angle{0°}$ V，$12\angle{10°}$ A

21.25 $25+j25\,\Omega$

第二十二章

22.1 $\dfrac{1}{\sqrt{1+\omega^4}}$

22.3 $\dfrac{|\omega|}{\sqrt{\omega^4-28\omega^2+256}}$

22.5 $\mathbf{H}=(1/2)/[(j\omega)^3+2(j\omega)^2+2j\omega+1]$，$|\mathbf{H}|=\dfrac{1/2}{\sqrt{1+\omega^6}}$

22.7 1000 Hz，5，$10\angle{0°}$ A

22.9 250 Hz，9876 Hz，10,126 Hz

22.11 20,000 rad/s，0.025 μF

22.13 20 mH，707 Ω

22.15 1 rad/s

22.17 $\dfrac{\omega^2}{\sqrt{\omega^4+4(10^4)}}$，$10\sqrt{2}$ rad/s

22.19 $\dfrac{j5(\omega^2-1)}{\omega+j10(\omega^2-1)}$，1 rad/s，0.1 rad/s，10

22.21 10^5 rad/s，2×10^4 rad/s，5

國家圖書館出版品預行編目資料

基本電學 / David E.Johnson,Johnny R.
Johnson 原著；余政光・黃國軒編譯 . -- 初版
. -- 臺北市：全華，民 83
面； 公分
譯自：Introductory electric circuit
analysis

ISBN 957-21-0455-1(一套；平裝). -- ISBN
957-21-0456-X (上冊；平裝). -- ISBN 957-21
-0457-8(下冊；平裝)

1. 電學

448.62 82006420

基本電學(下)

Introductory Electric Circuit Analysis

原　　著　David E. Johnson & Johnny R. Johnson
編　　譯　余政光・黃國軒
發 行 人　陳本源
出 版 者　全華科技圖書股份有限公司
地　　址　104 台北市龍江路 76 巷 20 號 2 樓
電　　話　(02) 2507-1300　(總機)
傳　　眞　(02) 2506-2993
郵政帳號　0100836-1 號
印 刷 者　宏懋打字印刷股份有限公司
圖書編號　02483
初版七刷　2006 年 7 月
定　　價　新台幣 250 元
I S B N　978-957-21-0457-6
I S B N　957-21-0457-8

全華科技圖書
www.chwa.com.tw
book@ms1.chwa.com.tw

全華科技網 OpenTech
www.opentech.com.tw

讀者回函卡

填寫日期：　/　/

姓名：＿＿＿＿　生日：西元＿＿年＿＿月＿＿日　性別：□男 □女

電話：（ ）＿＿＿＿　傳真：（ ）＿＿＿＿　手機：＿＿＿＿

e-mail：（必填）

註：數字零，請用 Φ 表示，數字 1 與英文 L 請另註明並書寫端正，謝謝。

通訊處：□□□□□

學歷：□博士 □碩士 □大學 □專科 □高中・職

職業：□工程師 □教師 □學生 □軍・公 □其他

學校／公司：＿＿＿＿　科系／部門：＿＿＿＿

・需求書類：

□ A. 電子 □ B. 電機 □ C. 計算機工程 □ D. 資訊 □ E. 機械 □ F. 汽車 □ I. 工管 □ J. 土木

□ K. 化工 □ L. 設計 □ M. 商管 □ N. 日文 □ O. 美容 □ P. 休閒 □ Q. 餐飲 □ B. 其他

・本次購買圖書為：＿＿＿＿　書號：＿＿＿＿

・您對本書的評價：

封面設計：□非常滿意 □滿意 □尚可 □需改善，請說明＿＿＿＿

內容表達：□非常滿意 □滿意 □尚可 □需改善，請說明＿＿＿＿

版面編排：□非常滿意 □滿意 □尚可 □需改善，請說明＿＿＿＿

印刷品質：□非常滿意 □滿意 □尚可 □需改善，請說明＿＿＿＿

書籍定價：□非常滿意 □滿意 □尚可 □需改善，請說明＿＿＿＿

整體評價：請說明＿＿＿＿

・您在何處購買本書？

□書局 □網路書店 □書展 □團購 □其他＿＿＿＿

・您購買本書的原因？（可複選）

□個人需要 □幫公司採購 □親友推薦 □老師指定之課本 □其他＿＿＿＿

・您希望全華以何種方式提供出版訊息及特惠活動？

□電子報 □ DM □廣告（媒體名稱＿＿＿＿）

・您是否上過全華網路書店？（www.opentech.com.tw）

□是 □否 您的建議＿＿＿＿

・您希望全華出版那方面書籍？＿＿＿＿

・您希望全華加強那些服務？＿＿＿＿

～感謝您提供寶貴意見，全華將秉持服務的熱忱，出版更多好書，以饗讀者。

全華網路書店 http://www.opentech.com.tw　客服信箱 service@chwa.com.tw

2011.03 修訂

親愛的讀者：

感謝您對全華圖書的支持與愛護，雖然我們很慎重的處理每一本書，但恐仍有疏漏之處，若您發現本書有任何錯誤，請填寫於勘誤表內寄回，我們將於再版時修正，您的批評與指教是我們進步的原動力，謝謝！

全華圖書　敬上

勘誤表

書號		書名		作者	
頁數	行數	錯誤或不當之詞句		建議修改之詞句	

我有話要說：（其它之批評與建議，如封面、編排、內容、印刷品質等・・・）